U0298778

机器人科学与技术丛书 04

机械工程前沿著作系列 HEP MEF
HEP Series in Mechanical Engineering Frontiers

并联机器人机构学基础

BINGLIAN JIQIREN
JIGOUXUE JICHU

Fundamental of Parallel Robotic Mechanisms

刘辛军　谢福贵　汪劲松　著

高等教育出版社·北京

内容简介

本书基于作者对并联机器人机构学基础理论20余年的持续研究，紧紧围绕并联机构的"型（构型）"、"性（性能）"、"度（尺度）"，建立了系统的并联机器人设计理论与方法。

全书总共分为3篇：构型分类与综合、性能评价与优化设计以及综合设计实例。

第1~2章为构型分类与综合篇，主要围绕并联机构的"型"来展开描述。第1章基于现有构型系统地对并联机器人机构进行了分类综合；第2章则从方法论（观察法、演化法、线图法）的角度对2~6自由度并联机器人机构进行了构型综合，旨在找到简单、实用的新机构。

第3~5章为性能评价与优化设计篇，主要针对并联机构的"性"和"度"建立相应的运动学优化设计方法，是全书的精华与核心所在。第3章构建了反映并联机构运动和力传递/约束特性的性能评价体系；第4章则在第3章所提性能评价指标的基础上对并联机构的奇异性进行了研究；第5章基于运动和力传递/约束性能指标定义了设计指标，建立了一套并联机构运动学尺度综合方法。

第6~7章为综合设计实例篇，是对前两部分理论方法的综合应用。第6章介绍了一种5自由度大摆角全并联加工机器人的构型与优化设计过程；第7章则对一种4自由度高速并联拾取机器人开展了运动学优化设计。

作为全书的数学基础，在附录中还增加了对旋量理论基础的概述。

本书可供机构学、机器人学、机械制造、精密工程等相关专业的研究生参考，也可以作为相关行业工程师、设计师的参考资料。

《机器人科学与技术》丛书编委会

前　言

　　并联机器人机构具有多闭环的结构特征, 通过多个运动支链协同作用实现末端的运动输出, 是一类与传统串联机器人机构互为补充的机构。与传统的串联机器人机构相比, 并联机器人机构具有结构紧凑、刚度高、动态响应快等优点, 在自动化生产线、先进制造装备、生物医学装置、航空航天运动模拟等领域的应用取得了巨大成功。

　　运动学设计 (含构型设计与参数设计) 是机器人/装备设计开发的主要环节之一, 直接影响整机的性能。然而, 由于并联机构的多环结构与多参数特点, 相关的运动学设计是一个非常具有挑战性的难题, 突出体现在构型创新、性能评价和尺度综合上。以性能评价为例, 近年来研究表明, 若以评价串联机构性能的局部条件数指标来评价具有混合自由度或平动型等部分并联机构时, 会出现异常。IFToMM 法国委员会主席 J. P. Merlet 教授在美国机械工程年会的主题报告中也承认 "机构综合是一个非常困难的问题"。

　　针对并联机构设计过程中的创新设计、性能评价与优化设计等难题, 本书作者系统地开展了并联机构构型设计、性能分析与评价、尺度综合等基础理论研究及其应用工作, 借助旋量理论和空间模型理论等工具, 在构型综合与创新设计方法、运动与力传递/约束性能评价、图谱化尺度综合等方面形成了原创性、系统性的研究成果。目前已发表相关学术论文 100 余篇, 其中在 *ASME Transactions*、*Mechanism and Machine Theory* 等国际核心期刊发表 SCIE 论文 50 余篇。所提出的理论方法得到国际同行的认可并予以借鉴。此外, 相关研究成果获中国发明专利授权 30 余项。

　　全书共分为 3 篇。第 1~2 章为构型分类与综合篇, 主要围绕并联机构的 "型" 来展开描述。第 3~5 章为性能评价与优化设计篇, 主要针对并联机构的 "性" 和 "度"建立相应的运动学优化设计方法, 是全书的精华与核心所在。第 6~7 章为综合设计实例篇, 分别围绕航空加工与工业自动化生产线应用, 给出两个成功的设计案例, 同时也是对前面两部分理论方法的综合应用。

　　第 1 章基于现有构型系统地对并联机器人机构进行了分类综述; 第 2 章则从方法论 (观察法、演化法、线图法) 的角度对 2~6 自由度并联机器人机构进行了构型综合, 旨在找到简单、实用的新机构。第 3 章构建了反映并联机构运动和力传递/约束特性的性能指标评价体系; 第 4 章则在第 3 章所提指标的基础上对并联机构的奇异性进行了研究; 第 5 章基于运动和力传递/约束性能指标定义了设计指标, 建立了一套并联机构运动学尺度综合方法。第 6 章介绍了一种 5 自由度大摆角全并联加工机器人的构型与优化设计过程; 第 7 章则对一种 4 自由度高速并联拾取机器人开展了运动学优化设计。

本书作者均为从事并联机器人机构学基础理论及技术应用研究的科研人员。作者指导的博士生的研究成果为本书的撰写提供了素材, 博士毕业生包括吴超、陈祥等。对本书的所有贡献者表示诚挚的感谢!

本书研究工作得到了国家自然科学基金 (资助号: 91748205、51425501、51675290)、北京市科技计划 (课题编号: Z171100000817007) 等项目的资助。本书的出版得到了高等教育出版社的大力支持, 在此表示衷心感谢!

由于作者水平有限, 书中难免有疏虞之处, 热忱欢迎读者和专家批评指正。

作者

于北京　清华园

2018 年 6 月

目 录

第二篇　性能评价与优化设计

第一篇　构型分类与综合

　　构型创新设计是机器人/装备开发的起点和关键，也是其创新的根本，机构原理构型从本质上决定了机器人/装备的整体性能。由于并联机构的多闭环结构特征，根据所需的自由度形式设计机构原理构型是非常具有挑战性的复杂过程。

　　本篇分为两章，主要围绕并联机构的"型"来展开描述。第 1 章基于现有构型系统地对并联机器人机构进行了分类综合；第 2 章则从创新设计方法的角度对并联机器人机构进行了构型综合，旨在找到简单、实用的新机构。

第 1 章　并联机器人机构的分类

并联机器人机构是一类与传统串联机器人机构互为补充的机构。与串联机构的开链结构形式截然不同，并联机构具有空间多闭环的结构特征，通过多个运动学支链的协同作用实现终端的运动输出。这种结构形式使得并联机构具有结构紧凑、刚度高、动态响应快等优点，这也是并联机构问世几十年以来一直被工业界和学术界广泛关注的主要原因。最早在工业上获得成功应用的是用于开发飞行模拟器的 6 自由度 Gough–Stewart 平台 (Huang et al., 2005)。后续影响较大的包括用于开发包装生产线上高速机械手的 3 自由度 DELTA 并联机构 (clavel, 1990) 和 4 自由度 H4 并联机构 (Pierrot et al., 1999)，以及应用于加工领域的基于 3–PRS (P —— 移动副; R —— 转动副; S —— 球副) 并联机构的 Sprint Z3 主轴头 (Wahl, 2000) 和德国 Metrom 公司开发的 5 自由度全并联加工中心 (Schwaar, 2004)。

本章将从运动副、支链以及机构层面逐步介绍并联机构的结构体系，并基于自由度类型对并联机构进行分类枚举。

1.1　并联机器人的定义和特征

可以使一个刚体相对于固定平台 (简称定平台) 运动的机械系统在很多实际应用领域中都占有举足轻重的地位。刚体在空间中可以以移动和转动等不同方式运动，这些运动称为自由度 (degrees of freedom, DOF)。一个刚体在空间中的自由度总数不能超过 6 个 (如图 1.1 所示，3 个沿 x、y、z 方向的平动自由度和绕 3 个轴的转动自由度)。一个能够控制末端执行器实现若干个自由度的机械系统称之为机器人 (robot 或 manipulator)。

近年来，机器人在工业领域得到了广泛应用。对机器人需求的增长，主要源于机器人的灵活性。然而常见工业机器人的结构构型在某些任务中并不适用，因此人们

3

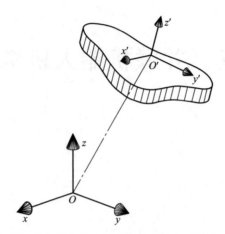

图 1.1 笛卡儿坐标系下的刚体相对转动

开始研究其他类型的构型并逐步将其应用到工业领域。并联机器人就是这样发展起来的, 将多体运动转化为其他部件受限运动的系统就是并联机构。

并联机构是由一个 n 自由度的末端执行器 (或动平台)、一个固定平台以及 m $(m > 1,$ 且可能大于或小于 $n)$ 个连接动平台和固定平台的独立运动支链组成的闭环系统。这些运动支链由构件和运动副组成, 机构由 k $(k \geqslant n)$ 个指定运动副上的驱动器驱动。根据定义, 并联机构有如下几种:

(1) $k = n$, 非冗余驱动并联机构, 属并联机构中最常见的一种;

(2) $k > n$, 冗余驱动并联机构;

(3) $m > n$, 具有冗余支链的并联机构;

(4) $m < n$, 每条支链上具有一个或多个驱动副的并联机构;

(5) $n = m = k$, 全并联机构。

在情况 (3) 中, 通常只有一条没有驱动副的冗余支链 (通常称之为被动支链)。对于这种机构, 动平台的自由度通常取决于被动支链的活动度[1]。

并联机构又可分为对称型和非对称型, 其中对称并联机构需满足以下条件:

(1) 全并联机构;

(2) 动平台与定平台上的运动副遵循特定的规则布局;

(3) 所有支链中相应的固长构件长度相等;

(4) 所有支链上的运动副都以相同布局排列;

(5) 所有支链上的驱动副数量相同, 位置一致。

不满足以上条件的则是非对称并联机构。并联机构之所以引起人们的关注有以下两点原因:

---

[1]机构的活动度是指完全确定机构的位形所需要的独立输入数量。一般情况下, 与自由度相一致, 不过, 两者之间有所区别。

(1) 最少可用两条支链完成力在支链上的分布。

(2) 当驱动副被锁定时, 机构停留在原有位置。在某些场合, 这对安全保障很重要。

由于所受外力可以由多个驱动器来分担, 因此并联机构可实现更大的承载能力。通常, 并联机构在精度、刚度和重载操作能力方面都有着出色的表现。它们已经大量应用于从天文到飞行模拟器等很多方面, 并逐渐扩展到机床领域。

1.2 运动副和支链

并联机构是由运动副和支链以特定形式组成的闭环系统。其中的运动副可分为简单副和组合副两大类。图 1.2 列举了一些简单副类型, 如转动副 (R), 移动副 (P), 圆柱副 (C) 和球面副 (S) 等。图 1.3a 所示的是一种典型的组合运动副 —— 万向节 (U)。注意到, 如果将球面副 (也称球铰) 设计成 3 个转动副的交叉组合, 它就变成了一个组合运动副 (图 1.3b)。

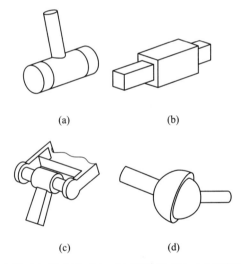

(a)　　　　　　　　　　(b)

(c)　　　　　　　　　　(d)

图 1.2 一些简单运动副: (a) 转动副 (R); (b) 移动副 (P); (c) 圆柱副 (C); (d) 球面副 (S)

表 1.1 列举了并联机构中最常见的运动支链, 这些支链称为简单支链。其中, 一个 6 自由度的支链意味着它的末端执行器在笛卡儿坐标系下有独立的 3 个移动自由度和 3 个转动自由度, 图 1.4 ∼ 图 1.8 分别列举出了几种 2∼6 自由度的简单支链。

为了提高并联机构的性能或限制某些特定的自由度, 一些以平行四边形机构为代表的简单机构也应用在运动支链上, 这样的支链称为复杂支链, 如图 1.9 所示的平面平行四边形机构、由 S 副组合而成的空间平行四边形机构、由 U 副组合而成的空间平行四边形机构等。

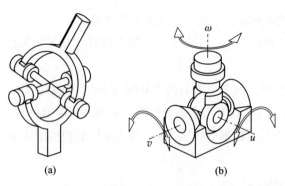

图 1.3 两种组合运动副: (a) 万向节 (U); (b) 球面副

表 1.1 并联机构中最常见的运动支链

自由度	运动副	支链举例	图示
	R,R	RR	图 1.4a
2	R,P	RP,PR	图 1.4b, 图 1.4c
	P,P	PP	
	R,R,R	RRR	图 1.5a, 图 1.5b
3	R,P,R	RPR,PRR	图 1.5c
	P,C	PC	图 1.14d
	R,C	RC,CR	
	P,R,U	PUR,PRU,UPR,RPU	图 1.6a
	P,R,C	PRC,RPC,CPR	图 1.6b
	P,S	PS	图 1.6c
4	P,R	PRRR	图 1.14c
	R,S	RS	
	R,C	CRR,RRC	图 1.6d
	R,R,S	RRS,RSR	图 1.7a
	R,P,S	RPS,PRS,SPR,PSR	图 1.7b, 图 1.7c
	P,S	PPS	图 2.49b
	P,C,U	PCU	图 2.50
5	R,U	RUU,URU,RRRU	图 1.7d
	R,C	RRCR	
	P,U	PUU,UPU	图 2.11
	R,P,U	RPUR (满足特殊条件)	图 1.32
	P,S	PSS,SPS	图 1.8a
	P,U,S	PUS,UPS,SPU	图 1.30
6	R,S	RSS,SRS	
	U,R,S	RUS,URS,SRU	图 1.8b
	P,R,S	PPRS,PPSR	图 1.8c

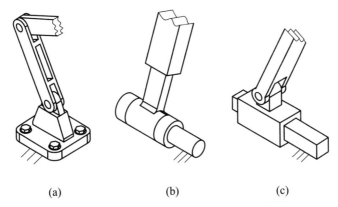

图 1.4　3 种 2 自由度简单支链: (a) RR 支链; (b) RP 支链; (c) PR 支链

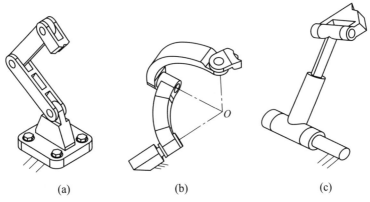

图 1.5　3 种 3 自由度简单支链: (a) 平面 RRR 支链; (b) 球面 RRR 支链; (c) RPR 支链

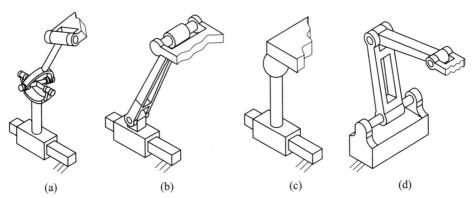

图 1.6　4 种 4 自由度简单支链:(a) PUR 支链; (b) PRC 支链; (c) PS 支链; (d) CRR 支链

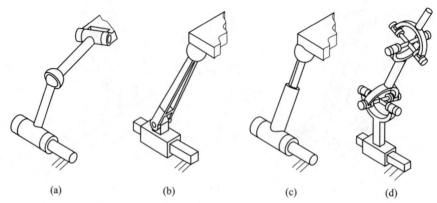

(a)　　　　　　(b)　　　　　　(c)　　　　　　(d)

图 1.7　4 种 5 自由度简单支链:(a) RSR 支链; (b) PRS 支链; (c) RPS 支链; (d) RUU 支链

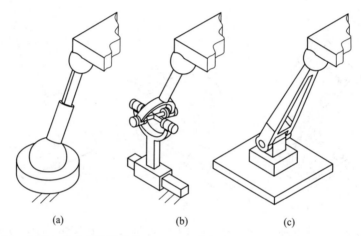

(a)　　　　　　(b)　　　　　　(c)

图 1.8　3 种 6 自由度简单支链: (a) SPS 支链; (b) RUS 支链; (c) PPRS 支链

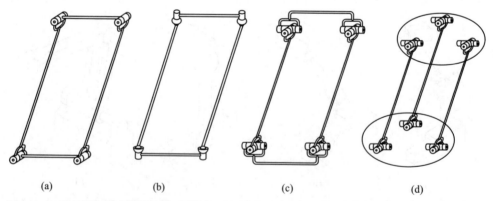

(a)　　　　　　(b)　　　　　　(c)　　　　　　(d)

图 1.9　4 种简单机构可作为复杂支链: (a) 平面平行四边形机构; (b) 带 S 副的平行四边形机构;
(c) 带 U 副的平行四边形机构; (d) 3 条 UU 支链组成的机构

表 1.2 列举了一些复杂支链。图 1.10 ~ 图 1.12 分别列举了几种 3~5 自由度的复杂支链。需要指出的是,6 自由度支链上基本不用简单机构。

表 1.2 并联机构中的复杂支链

自由度	运动副和简单机构	支链举例	图示
2	R,Pa	R(Pa),(Pa)R	
	P,Pa	P(Pa)	图 2.24
	Pa	(Pa)(Pa)	图 2.21
3	R,Pa	R(Pa)R	图 2.10
	P,Pa,R	P(Pa)R	图 2.27
	Pa,U	(Pa)U	
	P,P^P	P(P^P)	图 1.10
4	R,Pa	RR(Pa)R	图 1.11a
	P,Pa,R	PR(Pa)R	图 1.11b, 图 2.14
	C,Pa,R	C(Pa)R	
	S,Pa	(Pa)S	图 2.38b
	P,P^P,R	P(P^P)R	图 1.11c
	P^P,U	(P^P)U	
5	P,Pa,S	P(Pa)S,(Pa)PS	图 1.12a, 图 1.12b
	R,R,Pa,U	RR(Pa)U	图 1.12c
	P,R,Pa,U	PR(Pa)U	图 1.12d
	P,P^P,U	P(P^P)U	图 1.12e
	P^P,S	(P^P)S	
6	P^{5R},R,S	(P^{5R})SR,(P^{5R})RS	图 1.39d

注: (Pa)、(Ps)、(P^P) 和 (P^{5R}) 分别代表平面平行四边形机构、带有 S 副或 U 副的空间平行四边形机构、由两个平台 3 条 UU 支链组成的机构和平面 5R 并联机构。

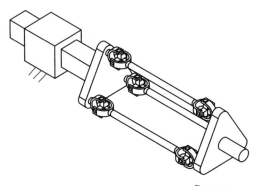

图 1.10 3 自由度复杂支链:P(P^P) 支链

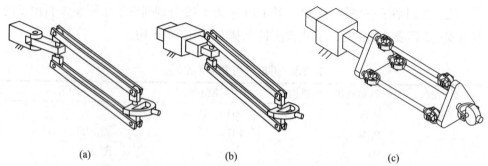

(a)   (b)   (c)

图 1.11   3 种 4 自由度复杂支链:(a) RR(Pa)R 支链; (b) PR(Pa) 支链; (c) P(P^P)R 支链

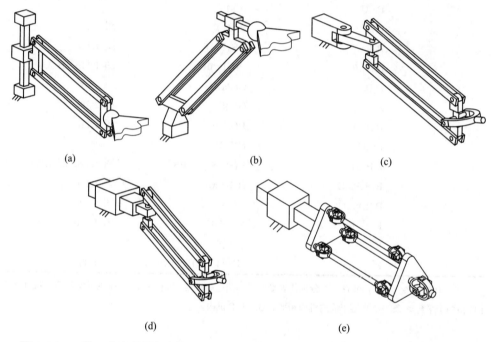

图 1.12   5 种 5 自由度复杂支链:(a) P(Pa)S 支链; (b) (Pa)PS 支链; (c) RR(Pa)U 支链; (d) PR(Pa)U 支链; (e) P(P^P)U 支链

1.3 结构体系

    由于刚体在空间中的自由度不能超过 6, 一个并联机构的自由度可以是 2~6 中的任意一个整数[1]。从第一个并联机构诞生起, 已经出现大量 2~6 自由度的并联机构, 本节将介绍一些典型的并联机构。

---

[1]单自由度的并联机构非常罕见 (如 Sarrus 机构), 因此一般只考虑 2~6 自由度的并联机构。

1.3.1　2 自由度并联机构

现有的 2 自由度并联机构, 大多是具有两个移动自由度的平面机构。在这些设计中, 只有移动副和转动副。McCloy (1990) 指出, 在只有 5 根杆的情况下, 存在 20 种不同组合。如果所有驱动副都在定平台上, 没有被动的移动副存在, 并且每个驱动不会承担其他驱动的重量, 该数字将减少到 6 (图 1.13)。在这些机构中, 图 1.13f 所示

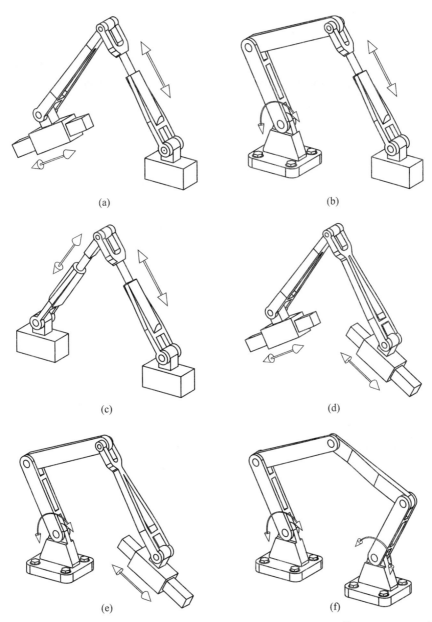

图 1.13　平面 2 自由度并联机构: (a) PRRPR 机构; (b) RRRPR 机构; (c) RPRPR 机构; (d) PRRRP 机构; (e) RRRRP 机构; (f) 5R 机构

的 5R 对称并联机构是研究的热点 (Gao et al., 1998; Cervantes-Sánchez et al., 2001; Liu et al., 2006b; Liu et al., 2006c; Macho et al., 2008); 而图 1.13d 所示的 PRRRP 机构在驱动方向上刚度相等, 已应用在了机床上 (Stengele, 2002)。

除了图 1.13 所示的几种平面并联机构之外, 还有其他一些特殊的 2 自由度并联机构, 见图 1.14。对于图 1.14a 所示机构, 每一条支链都有一个主动 R 副, 因此该机构为一个冗余机构 (Kock and Schumacher, 1998)。图 1.14b 所示机构由两条 RRR 支链和一条 RR 支链组成, 其中只有前者是主动支链, 后者则是被动支链, 因此该机构只具有 RR 支链的活动度, 即平面两自由度。图 1.14c 给出了一个有趣的机构, 它的动平台有两个沿 x、y 方向的平移自由度 (Chen et al., 2007), 并且其带有 PRRR 支链的分支在 z 方向上没有刚度。而图 1.14d 展示的是一个拥有两条 PC 或 PP 支链的运动解耦机构, 因两个驱动副以相互垂直的方式排列, 两个被动的 P 副也是如此, 所以动平台在两个方向上的平移是解耦的。

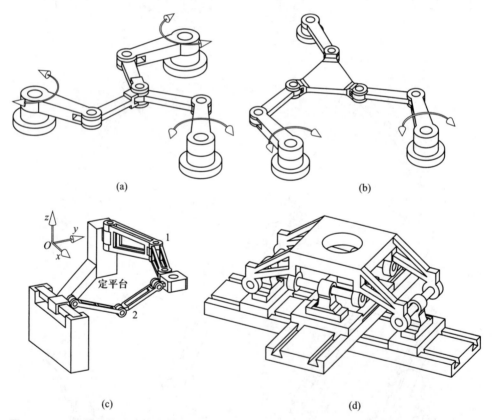

(a)　　　　　　　　　　　　(b)

(c)　　　　　　　　　　　　(d)

图 1.14　一些特殊的 2 自由度并联机构:(a) 带一条冗余主动支链的 3–RRR 机构; (b) 带一条冗余支链的 2–RRR&1–RR 机构; (c) 解耦的 RRR&PRRR 机构; (d) 解耦的 2–PC(或 2–PP) 机构

图 1.14c 和图 1.14d 所示机构的动平台有两个平动自由度。图 1.15 展示了两种

有两个转动自由度的并联机构。图 1.15a 所示的机构是一个 5 杆球面机构 (Gosselin and Caron, 1999)。而在图 1.15b 所示的机构中, 包括两个移动副和一个转动副在内的 3 个运动副被固定在定平台上, 动平台通过转动副与一个摇杆滑块机构的输出构件相连, 同时由一条 PUR 支链和定平台相连。动平台上的两个转动副相互平行, 并且和万向节中的一个转动副平行。基座上转动副的转轴和万向节中的另一个转动副共轴。在任意时刻, 此并联机构都可以被看作两个摇杆滑块机构的组合。当两个移动副为主动副时, 图 1.15b 所示机构的两个转动是解耦的 (Carricato and Parenti-Castelli, 2004)。

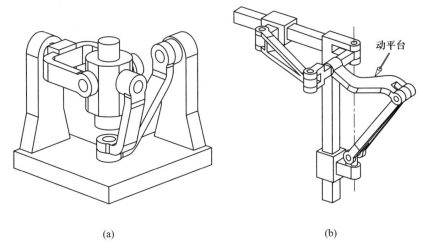

(a) (b)

图 1.15 2 转动自由度并联机构: (a) 5R 并联机构; (b) PRRURUP 机构

1.3.2 3 自由度并联机构

本节将介绍几种常见的 3 自由度并联机构。其中一个例子就是图 1.16 所示的 3–

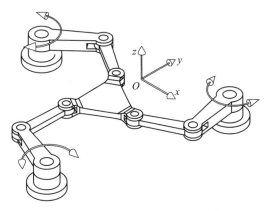

图 1.16 平面 3–RRR 并联机构

RRR 并联机构 (Gosselin and Angeles, 1988)。它的动平台有 3 个自由度, 包括两个沿 x 轴和沿 y 轴的平动自由度, 以及绕 $O-xy$ 平面法线的转动自由度。图 1.17 展示了其他几种平面 3 自由度机构。在这些机构中, 图 1.17d 所示的机构是图 1.17c 所示机构的冗余驱动版, 这样可以避免奇异, 并改善转动工作空间 (Wu et al., 2007)。图 1.18 展示了一个解耦的平面 3 自由度机构 (Yu et al., 2008)。它的动平台通过 PPRP、PR 和 PRP 支链与定平台相连, 其中两个 C 副的轴线共线, 3 个 P 副是驱动副。

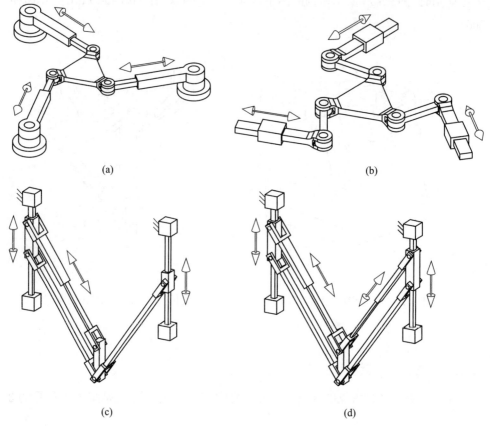

(a)   (b)

(c)   (d)

图 1.17 4 种平面 3 自由度机构: (a) 3–RPR 机构; (b) 3–PRR 机构; (c) 2–PRR&1–RPR 机构; (d) 2–PRR&2–RPR 机构

    3–RRR 运动链构成并联机构的另外一个例子是球面机构 (Gosselin and Angeles, 1989; Liu et al., 2000), 如图 1.19a 所示。在此设计中, 所有运动副的轴线汇于一点。此机构中任意点的运动都是绕该点的旋转运动。而且, 动平台相对于定平台只有转动自由度。在每个 RRR 支链中, 相邻 R 副的相对角度可以变化。例如, 当定平台上的 R 副和它的相邻运动副呈 90° 时, 机构如图 1.19b 所示。另外, 如图 1.20a 所示, 可以由一个平面四杆机构作为输入端。对于图 1.19b 中的机构, 输入构件末端点的轨迹是一个圆。因此, 可以将输入构件安装在一个环形导轨上, 这样, 球面 3–RRR 并

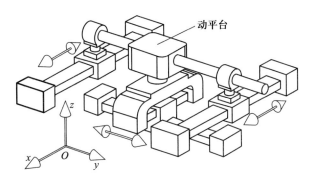

图 1.18 解耦平面 3 自由度并联机构

联机构就变成了球面 3-PRR 机构 (见图 1.20b)。

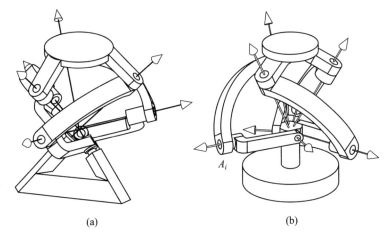

(a)   (b)

图 1.19 球面 3-RRR 并联机构:(a) 一般分布; (b) 特殊分布

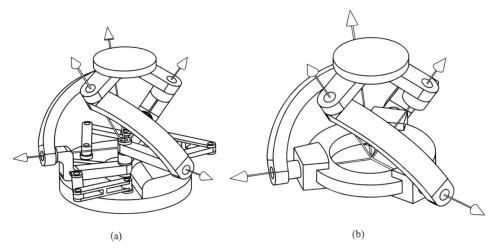

(a)   (b)

图 1.20 球面 3-RRR 并联机构的改进版: (a) 以平面四连杆机构作为输入; (b) 3-PRR 型

在所有 3 自由度并联机构中, 有一类机构备受关注。它们有着共同的特征, 那就是动平台有着复杂的自由度, 即有 3 个独立自由度 (两个平动, 一个转动) 的同时还存在伴随运动。当运用不同的姿态描述方法表达其运动时, 伴随运动也会不同。当用 3 个欧拉角来描述时, 它们是一个转动和两个平动 (Carretero et al., 2000)。当用方位角 azimuth 和倾角 tilt 描述时, 是两个平动 (Liu and Bonev, 2008)。当 3 个球面副在 3 个汇于一条公共线的竖直平面内运动时, 这些机构称作 3–[PP]S 并联机构 (Bonev, 2002), 也就是零扭矩机构 (Bonev, 2002)。已有大量介绍关于 3–[PP]S 机构的论著, 例如, 由 Hunt (1983) 提出的 3–RPS 并联机构 (图 1.21a) 就是这样的机构, 并且已为许多学者所研究 (Lee and Arjunan, 1991; Fang and Huang, 1997)。Carretero 等 (1998) 分析了另一种带有 3 条 PRS 运动支链的 [PP]S 并联机构 (图 1.21b);Pond and Carretero (2004) 研究了一种倾斜的 3–PRS 并联机构 (图 1.21c); Li 等 (2002) 研究了一种 3–RRS 机构 (图 1.21d)。最后, Liu 等 (2004) 提出了一种 3–PCU 机构 (图 2.50)。值得一提的是, 基于图 1.22 所示的 3–PRS 机构, 德国的 DS Technologie 公司研制了一种主轴头 —— Sprint Z3 (Wahl, 2000), 大大改善了对薄壁铝制航空结

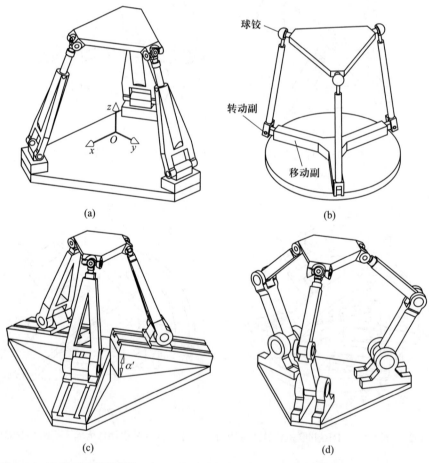

图 1.21 3–[PP]S 并联机构: (a) 3–RPS; (b) 3–PRS; (c) 倾斜的 3–PRS; (d) 3–RRS

构件的加工。2000 年 5 月, Cincinnati Machine 和 DS Technologie 宣布进行战略联盟。通过此项联盟, 两家公司的机床、服务和技术支持将通过 Cincinati Machine 提供给北美和南美的航空企业。配有 Z3 头的 5 轴机床在工业领域取得了巨大成功。Z3 头的成功经验表明, 带有零扭矩加工头的机床在效率和精度方面具有一定优势。并且, 零扭矩机构的运动模型也更为简单 (Liu and Bonev, 2008)。然而, 由于 3–[PP]S 并联机构存在伴随运动, 它的运动学、标定和控制相对较难。

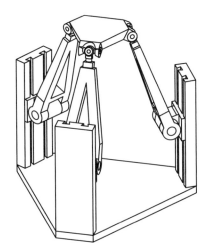

图 1.22 德国 DS Technologie 应用于 Sprint Z3 上的 3–PRS 机构 (Wahl, 2000)

所有的 3 自由度平动并联机构中, 最有名的要属 DELTA 机构 (图 1.23)。它是由 Clavel 于 1986 年提出的, 并由 Demaurex 公司和 ABB 公司以 IRB 340 FlexPicker 之名进行市场化。在 DELTA 机构中, 动平台通过 3 条 R(Ps) 支链和定平台相连。此处的 (Ps) 是指带有 4 个球面副的空间平行四边形机构;R 为驱动副。DELTA 拥有由 36

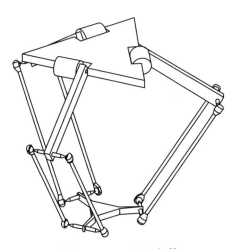

图 1.23 DELTA 机构

项发明专利构成的技术保护群, 被工业界视为一项极为引人注目的创新成果 (Bonev, 2001)。当探讨 3 自由度平动并联机构时, 需要着重强调的是 Tsai 提出的 Tsai 机构 (Tsai and Stamper, 1996; 图 1.24), 在这项设计中, 3 条支链都是 RR(Pa)R 支链, 其中 (Pa) 指带有 4 个转动副的平面平行 4 杆机构。尽管 Tsai 所提出的机器人具有和 DELTA 一样的平动自由度, 但它并不是 DELTA 机器人的翻版, 而大概是第一个解决了 UU 支链问题的设计 (见 2.3.1 节)。另一个 3 自由度平动并联机构是 Hervé (1992) 基于李群设计的星形机构 (图 1.25)。这类并联机构在工业领域有着广泛的应用, 具体实例包括抓取装置、并联机床以及医疗设备等 (Bonev, 2001)。尽管这些 3 自由度机器人功能相同, DELTA 机构还是凭借其易组装的特点在轻工业领域获得了比 Tsai 机构以及星形机构更大的成功。

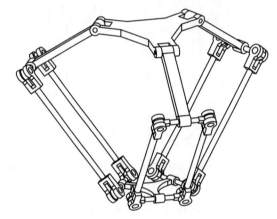

图 1.24　Tsai 机构

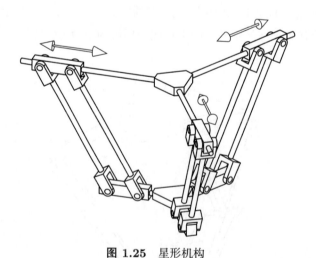

图 1.25　星形机构

　　DELTA 机构和 Tsai 机构都有着高速和高加速度的优点。当输入模式改变时, 两种机构的构型也相应改变。最常见的方法是将转动副和输入构件分别用移动副和滑块代替。图 1.26 所示的就是直线驱动的 DELTA 机构和 Tsai 机构。这些机构可以实现在驱动方向上性能相同，并且有一个相对简单的运动学设计 (Liu, 2006)。另外，如果 3 个直线驱动和笛卡儿坐标系的 3 个轴共线 (图 1.27)，一些性能将会有所提升。例如，机构在原点将是各向同性的，并且运动学将变得非常简单 (Liu et al., 2003)。

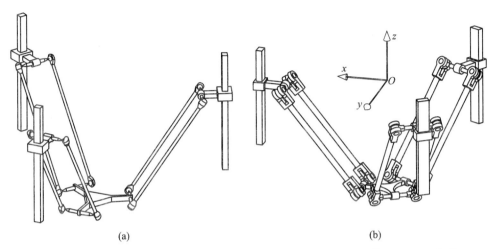

图 1.26　两种直线驱动的 3 自由度平动并联机构:(a) DELTA 机构; (b) Tsai 机构

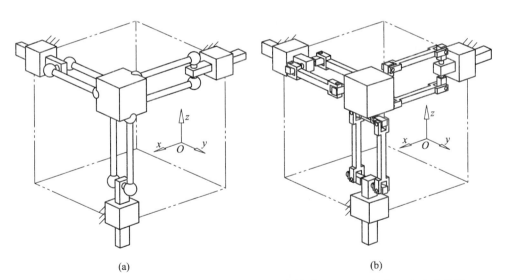

图 1.27　两个立方体形的 3 自由度并联机构: (a) 立方体形 DELTA 机构; (b) 立方体形 Tsai 机构

　　还有一些其他 3 自由度平动并联机构，如图 1.28 所示。图 1.28a 中的机构包括了 3 条 CRR 支链 (赵铁石, 2000), 图 1.28b 所示的机构由 3 条 PRRR 支链构成，其所有 R 副的轴汇于一点 (Kong and Gosselin, 2004a)。在 3–CRR 和 3–RRC 机构中，每条支链上的所有 R 副转轴相互平行，并且与其他两条支链的 R 副转轴垂直。在工作空间方面, 3–CRR 机构比 3–RRC 机构要好一些, 因为后者存在被动的移动。关于更多的 3 自由度平动并联机构, 可参阅参考文献 (Carricato and Parenti-Castelli, 2003)。

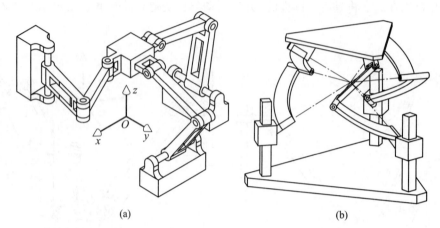

(a) (b)

图 1.28　两种平动并联机构: (a) 带有 3–CRR 支链的 (每条支链上的所有 R 副转轴相互平行, 并且与其他两条支链的垂直); (b) 带有 3–PRRR 支链的 (所有 R 副的轴汇交于一点)

一些 3 自由度平动并联机构的支链上有两个万向节。例如, Tsai 在 1996 年提出了一种新的 3 自由度 3–UPU 平动并联机构构型。该设计中, 动平台和定平台通过 3 条相同的支链相连。每条支链包括一个移动驱动副和两个装在末端的万向节。在这个机构中, 两个内转动副相互平行, 两个外转动副也是如此。这种万向节轴线的特殊布置 (图 1.29) 为保持动平台姿态提供了必要的约束。然而在实际应用中, 这些条件几乎不可能实现; 通常, 带有两个万向节的运动支链都有约束奇异 (Zlatanov et al.,

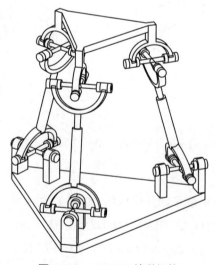

图 1.29　3–UPU 并联机构

2002)。韩国首尔大学开发的 3–UPU 并联机构在动平台平面移出初始位形时会失去控制 (Zlatanov 等, 2002)。因此本书作者不推荐使用每条支链带两个万向节的对称 3 自由度平动机构。要解决这个问题, 可以采用 2.3.1 节中介绍的方法, 在这些支链上使用平行四边形机构。

在另一种 3 自由度并联机构中, 动平台通过 4 条支链和定平台相连, 其中第 4 条支链是被动支链也是导向支链, 即此支链决定了动平台的运动。图 1.30a~d 分别展示了带有 3–PUS&1–UP 支链的球坐标并联机构, 带有 3–UPS&1–UP 支链的类似机构 (Siciliano, 1999), 带有 3–UPS&1–S 支链的纯转动并联机构 (Wang and Gosselin, 2004), 以及带有 3–UPS&1–R(Pa)(Pa) 支链的纯平动并联机构 (Schoppe et al., 2002)。它们有一些共同点: 例如每一个驱动支链都有 6 个自由度, 且动平台的自

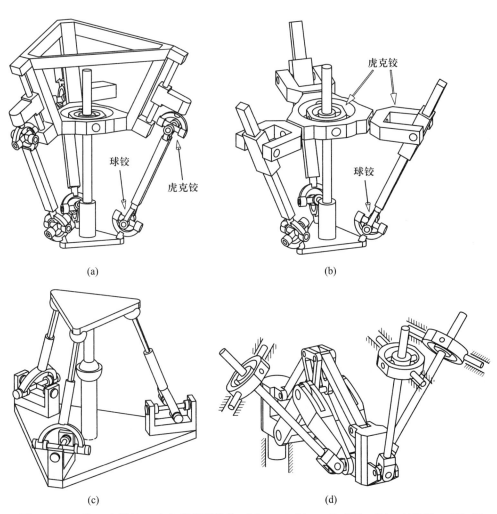

(a)

(b)

(c)

(d)

图 1.30 4 种 4 支链的 3 自由度并联机构: (a) 3–PUS&1–UP 机构; (b) 3–UPS&1–UP 机构 [Tricept 系列机床中的并联机构 (Neumann, 2006)]; (c) 3–UPS&1–S 机构; (d) 3–UPS&1–R(Pa) (Pa) 机构 [SKM 400 中的并联机构 (Schoppe 等, 2002)]

由度和被动支链的自由度相同。图 1.30a 所示的机构用在了 Hannover 大学设计的机床 IFW 中。Tricept 机床则运用了图 1.30b 所示的机构, 并且将加工头安装在其动平台上 (见 http://www.neosrobotics.com/)。它也在机床和工业机器人领域取得了巨大的成功。图 1.30d 所示为德国 Heckert 公司开发的并联装置, 用于固定 SKM 400 机床的主轴 (Schoppe et al., 2002)。

直到 2001 年, 才出现了带有两个平动自由度和一个转动自由度的空间全并联机构 (图 2.33; Liu et al., 2001)。在此之后, 有学者基于单开链单元 (Yang, 2004) 和旋量理论 (Kong and Gosselin, 2005) 提出了类似的机构。第 2 章还将介绍一些其他新构型。

图 1.31 所示是空间 3 自由度并联机构的另一种设计形式,Exechon (Neumann, 2006)。动平台通过 3 条支链, 即两条 UPR 支链和一条 SPR 支链, 与定平台相连, 这种机构通常具有非常大的工作空间。在动平台上装有串联式两转轴加工头的 Exechon 具有敏捷加工、一次装卡加工、复合角度加工和多重路径混合及消除拖刀纹等能力; 此外, 它还可以在一次装卡后进行 5 面加工。

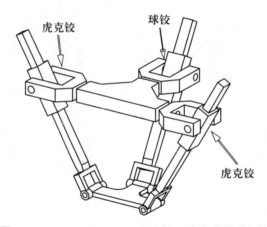

图 1.31　2–UPR&1–SPR 型空间 3 自由度并联机构

1.3.3　4 自由度并联机构

在并联机构中,4 自由度机构较为少见。设计一个每条支链有 2 个构件和 3 个运动副组成的对称 4 自由度并联机构尤其困难。有些学者基于旋量理论提出了一些对称并联机构 (Fang and Tsai, 2002; Huang and Li, 2003; Kong and Gosselin, 2004b)。这类机构中, 每条支链上都有 3 个构件和 3 个以上的运动副。图 1.32 展示了 Huang 和 Li(2003) 提出的 4 自由度并联机构。它的每条支链都有 3 个构件和 4 个运动副 (从定平台到动平台依次是一个 R 副、一个 P 副、一个 U 副和一个 R 副)。如果所有动平台上的 R 副和所有 U 副中的一个 R 副的轴线汇交于一点, 此机构将有 3

个转动自由度和一个平动自由度。因为每条支链上都有较多的运动副和构件，这样的机构精度相对较差。

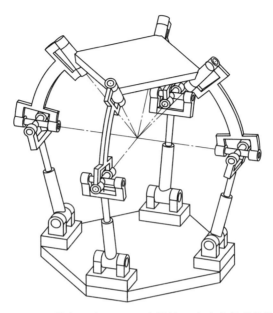

图 1.32 带有 4 个 RPUR 支链的 4 自由度并联机构

H4 (Pierrot et al., 2001) 是 4 自由度并联机构中最有名的一个，其构型如图 1.33 所示。它的动平台通过转动副和两个可移动部件相连，而上述每个部件都通过两个相同的 R(Ps) 支链和定平台相连。Company et al. (2006) 曾就 4 个支链的排布问题进行了讨论。在此设计基础上，提出了该机构的多个改进版本，如 I4 (Krut et al., 2003a)、Eureka (Krut et al., 2003b)、Par4 (Nabat et al., 2005)、Heli 4 (Krut, 2006) 和 Dual 4 (Pierrot et al., 2006)。Par4 (图 1.34) 是 I4 和 H4 的改进版。Par4 的移动铰接

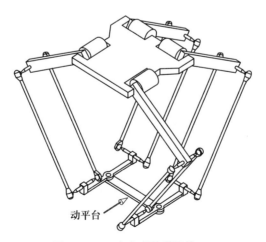

动平台

图 1.33 4 自由度并联机构 H4

平面由 4 部分组成: 两个主要部分 (1 和 2) 由两根杆 (3 和 4) 连接, 连接处为转动副。为了获得完整的转动, 两个主要部分之间另有一个齿轮或皮带作为放大机构。在此机构基础上, Adept Technology 发布了 Quattro 机器人 (见 http://www.adept.com/products/robots/parallel/quattro-s650/general), 它以 240 次/min 的速度实现了目前工业界最快的抓取。

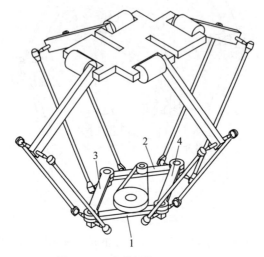

图 1.34 改进版的 H4 (Par4)

1.3.4　5 自由度并联机构

设计一个具有对称构型的 5 自由度全并联机构同样具有挑战性。Fang 和 Tsai (2002), Huang 和 Li (2003) 等学者基于旋量理论综合出一些 5 自由度并联机构。图 1.35 展示了 Fang 和 Tsai (2002) 提出的 5 自由度并联机构中的一种。动平台

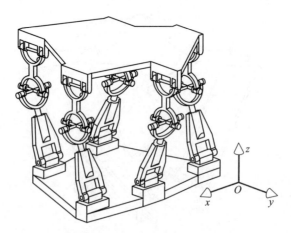

图 1.35　5–RPUR 型 5 自由度并联机构 (Fang and Tsai, 2002)

通过 5 条 RPUR 支链和定平台相连, 其中 P 副作为驱动副。在此机构中, 应满足以下条件: 定平台上的 R 副与其相邻 U 副的 R 副平行; 动平台上的 R 副与其相邻 U 副的 R 副平行。此机构有 3 个平动自由度和两个转动自由度, 其绕 z 轴的转动是受限的。图 1.36 所示的机构带有 3 条 PRRRR 支链 (Huang and Li, 2003), 在此机构中, 上方 6 个 R 副应交汇于一公共点, 而下方 6 个 R 副应与 z 轴平行。相对于定平台, 机构的动平台有 3 个转动和 2 个平动自由度。然而, 这个机构是非对称的, 因为 3 条支链中的两条需各提供两个驱动。而且这些机构的每条支链都含有 3 个构件和多于 3 个的运动副。此类机构的运动学和动力学分析更为复杂, 在应用到工业之前, 还需要作相当的改进。

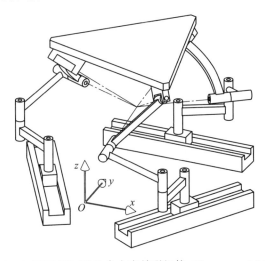

图 1.36 3–PRRRR 型 5 自由度并联机构 (Huang and Li, 2003)

1.3.5 6 自由度并联机构

6 自由度并联机构是最普遍且被学者们研究最早的并联机构。图 1.37 所示的构型是一个带 6 条 UPS 运动支链的经典 6 自由度并联机构。大多数 6 自由度并联机构都有 6 条支链。理论上, 它们可以任意分布。例如, 6–6 型 (定平台上 6 个运动副, 动平台上 6 个运动副) (Sreenivasan et al., 1994), 6–3 型 (Hunt 1983), 5–5 型 (Hunt and Primrose, 1993), 5–4 型 (Innocent and Parenti-Castelli, 1993), 4–4 型 (Lin et al., 1992), 3–2–1 型 (Bruyninckx, 1997), 或立方式机构 (立方体的每条边上安置 6 条中的两条支链) (Dafaoui et al., 1998)。这样的并联机构具有刚度高、惯量低、有效负载大等优点。不足的是, 它们的有效工作空间相对较小, 设计较为困难。另外, 正向运动学求解也是个难题。

一个刚体在空间中最多有 6 个自由度。一个 6 自由度的并联机构意味着它的动平台在笛卡儿空间中完全自由。因此, 从构型综合的角度来看,6 自由度并联机构比少

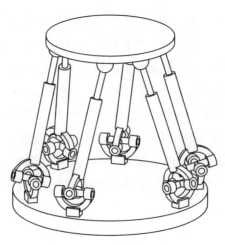

图 1.37　Stewart 平台

于 6 自由度的并联机构更容易设计。任意运动支链 (如 UPS、PUS、RUS、SPS、RSS、PSS、PPRS、PRPS 和 PPSR 支链), 只要其末端执行器有 6 个自由度 (不是活动度), 就可以成为 6 自由度并联机构中的一条支链, 因为这种类型的运动支链不会对动平台施加约束。图 1.38 展示了一些典型的 6 自由度并联机构。

　　事实上, 这些支链并不能任意排布, 有一条规则必须满足: 定平台上的运动副组成的六边形不能与动平台上运动副组成的六边形相似。否则, 并联机构将会出现结构奇异 (Ma and Angeles 1991), 导致在其工作空间中失去控制。

　　还有一些含外接支链的机构。此类机构或是由平面机构驱动 (如一个 5 连杆机构), 或是每条支链上有两个驱动。在这种情况下, 机构通常有 3 条支链。图 1.39a 所示是一个带有 3 条 PRPS 支链的机构, 其中两个 P 副是驱动副。图 1.39b 和图 1.39c 所示的机构分别有 PPRS 和 PPSR 支链, 且两种都由平面电动机驱动。图 1.39d 展示了一种带有 3–(P^{5R})SR 支链的机构, 在此机构中, 每一个 S 副的位置由一个平面 5 杆机构确定。

　　一般情况下, 含 6 条支链并联机构的动平台倾角有限。采用冗余驱动是解决倾角问题的方法之一。Eclipse 系列机构 (Kim et al., 2001; Kim et al., 2002) 就含有冗余驱动。特别是 Eclipse II, 它的动平台绕 3 条垂直轴的倾角可达 360°。图 1.40 展示的是 Eclipse I 机构, 它的动平台通过 3 条 PPRS 支链和定平台相连。在这个机构中, 6 个 P 副都是驱动副。为了获得更大的动平台倾角, 3 个转动副中的两个装上了额外的驱动器 A1 和 A2 (图 1.40)。这样, 基于 Eclipse I 机构开发的机床可以实现 5 面加工 (Kim et al., 2001)。

　　由于 6 自由度并联机构可以模拟刚体在空间中的任意复合运动, 它们广泛应用于运动模拟器、减振器、定位仪和其他需要 6 自由度的装置中。然而, 很多实验表明,

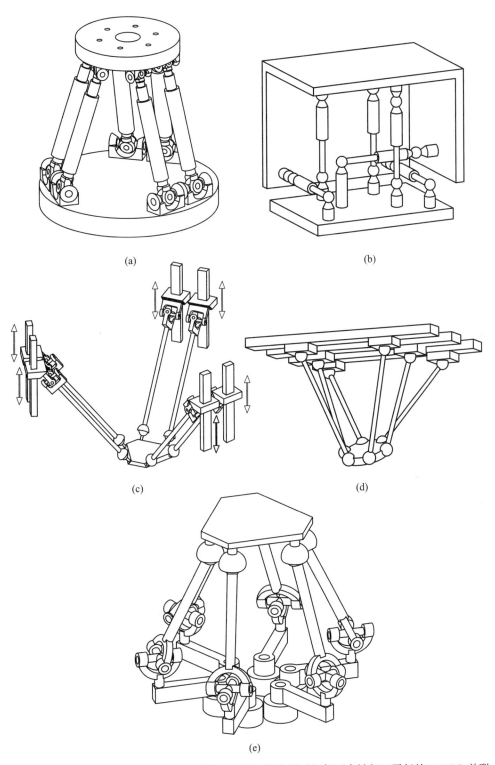

图 1.38 一些典型的 6 自由度并联机构: (a) 在初始位形时相邻两支链相互平行的 6–UPS 并联机构; (b) 带 6 条 UPS 支链的 3–2–1 类型的机构; (c) 6–PUS 并联机构; (d) Hexaglide 机构 (Honegger et al., 2000); (e) 6–RUS 机构

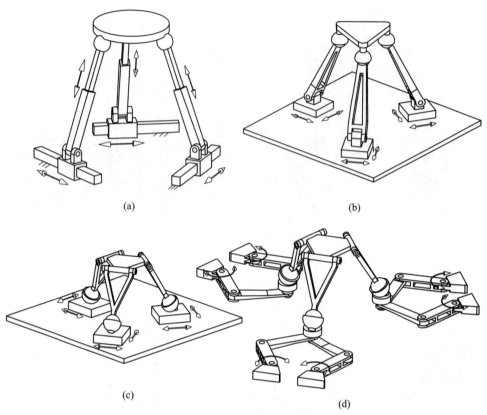

(a)

(b)

(c)

(d)

图 1.39 一些含 3 条支链的 6 自由度并联机构: (a) 3–PRPS 机构; (b) 3–PPRS 机构;
(c) 3–PPSR 机构; (d) 3–(P^{5R})SR 机构

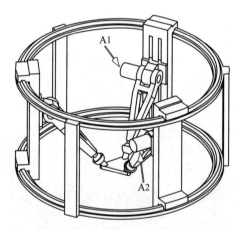

图 1.40 带 8 个驱动器的 6 自由度并联机构, Eclipse I

由于可能出现的标定困难和倾角限制, 此类机构用于机床会面临很多困难。自 20 世纪末以来, 混联机床因其综合了串联和并联机床两者的优点而获得了很多人的关注。此后, 越来越多的 2 或 3 自由度并联机构被学者们提出, 一些已应用于工业领域。可以预见的是, 对此类机构的探索还将继续。

1.4　小结

- 并联机构是一类多闭环机构, 具有结构紧凑、刚度高、动态响应快等优点, 几十年以来一直为工业界和学术界广泛关注, 并在飞行模拟器、自动化生产线、精密加工等领域获得了成功应用。

- 本章从运动副、支链以及机构层面建立起并联机构的结构体系, 并基于自由度类型对并联机构进行了分类综合。

- 本章枚举了大量经典的并联机构构型。从中发现,3 自由度和 6 自由度的并联机构占大多数, 应用也十分广泛, 如定位、调姿、运动模拟等。

参考文献

Bonev I (2001) The DELTA parallel robot-the story of success. http: //www. parallelmic. org/Reviews/Review002p. html.

Bonev I A (2002) Geometric analysis of parallel mechanisms. Ph. D. thesis, Laval University, Quebec.

Bruyninckx H (1997) The 321-HEXA: A fully-parallel manipulator with closed-form position and velocity kinematics. In: Proceedings of IEEE International Conference on Robotics and Automation. IEEE Computer Society Press, Washington, DC, pp 2657-2662.

Carretero J A, Nahon M, Podhorodeski R P (1998) Workspace analysis of a three DOF parallel mechanism. In: Proceedings of the IEEE/RSJ International Conference on Intelligent Robots and Systems, IEEE Press, Piscataway, N. J., Victoria, pp 1021-1026.

Carretero J A, Podhorodeski R P, Nahon M A, Gosselin C M (2000) Kinematic analysis and optimization of a new three degree of freedom parallel manipulator. Journal of Mechanical Design, 122(1): 17-24.

Carricato M, Parenti-Castelli V (2003) A family of 3-DOF translational parallel manipulators. Journal of Mechanical Design, 125(2): 302-307.

Carricato M, Parenti-Castelli V (2004) A novel fully decoupled two-degrees-of-freedom parallel wrist. International Journal of Robotics Research, 23(6): 661-667.

Cervantes-Sánchez J J, Hernández-Rodríguez J C, Angeles J (2001) On the kinematic design of the 5R planar, symmetric manipulator. Mechanism and Machine Theory 36: 1301-1313.

Cervantes-Sánchez J J, Hernández-Rodríguez J C, Rendón-Sánchez J G (2000) On the workspace, assembly configurations and singularity curves of the RRRRR-type planar manipulator. Mechanism and Machine Theory, 35: 1117-1139.

Chen C, Angeles J (2007) Generalized transmission index and transmission quality for spatial linkages. Mechanism and Machine Theory, 42: 1225-1237.

Clavel R (1986) Device for displacing and positioning an element in space. WIPO Patent, WO87/03528.

Clavel R (1990) Device for the movement and positioning of an element in space. US Patent, No. 4 976 582.

Company O, Krut S, Pierrot F (2006) Internal singularity analysis of a class of lower mobility parallel manipulators with articulated traveling plate. IEEE Transactions on Robotics, 22(1): 1-11.

Dafaoui E M, Amirat Y, Pontnau J, Francois C (1998) Analysis and design of a six-DOF parallel mechanism, modeling, singular configurations, and workspace. IEEE Transactions on Robotics and Automation, 14(1): 78-92.

Fang Y, Huang Z (1997) Kinematics of a three-degree-of-freedom in-parallel actuated manipulator mechanism. Mechanism and Machine Theory, 32(7): 789-796.

Fang Y, Tsai L W (2002) Structure synthesis of a class of 4-DOF and 5-DOF parallel manipulators with identical limb structures. International Journal of Robotics Research, 21(9): 799-810.

Gao F, Liu X J, Gruver W A (1998) Performance evaluation of two-degree-of-freedom planar parallel robots. Mechanism and Machine Theory, 33(6): 661-668.

Gosselin C M, Angeles J (1988) The optimum kinematic design of a planar three-degree-of-freedom parallel manipulator. Journal of Mechanisms Transmissions and Automation in Design, 110(1): 35-41.

Gosselin C M, Angeles J (1989) The optimum kinematic design of a spherical three-degree-of-freedom parallel manipulator. Journal of Mechanisms Transmissions and Automation in Design, 111(2): 202-207.

Gosselin C M, Caron F (1999) Two degree-of-freedom spherical orienting device. US Patent, No. 5 966 991.

Hervé J M (1992) Group mathematics and parallel link mechanisms. In: Proceedings of IMACS/SICE International Symposium on Robotics, Mechatronics, and Manufacturing Systems, International Association for Mathematics and Computers in Simulation (IMACS), Kobe, pp 459-464.

Huang Z, Li Q C (2003) Type synthesis of symmetrical lower mobility parallel mechanisms using the constraint-synthesis method. International Journal of Robotics Research, 22(1): 59-79.

Hunt K H (1983) Structure kinematics of in parallel actuated robot arms. Journal of Mechanisms Transmissions and Automation in Design, 105: 705-712.

Hunt K H, Primrose E J F (1993) Assembly configurations of some in-parallel actuated manipulators. Mechanism and Machine Theory, 28(1): 31-42.

Innocent C, Parenti-Castelli V (1993) Direct kinematics in analytical form of a general 5–4 fully parallel manipulators. In: Angeles J, Kovacs P, Hommel G (eds) Computational kinematics, Schloss Dagstuhl, Germany, Kluwer Academic Publishers, pp 141-152.

Kim H S, Tsai L W (2004) Design optimization of a Cartesian parallel manipulator. Journal of Mechanical Design, 125(1): 43-51.

Kim J, Hwang J C, Kim J S et al (2002) Eclipse II: A new parallel mechanism enabling continuous 360-degree spinning plus three-axis translational motions. IEEE Transactions on Robotics and Automation, 18(3): 367-373.

Kim J, Park F C, Ryu S J, et al (2001) Design and analysis of a redundantly actuated parallel mechanism for rapid machining. IEEE Trans. Robot Autom., 17(4): 423-434.

Kock S, Schumacher W (1998) A parallel x-y manipulator with actuation redundancy for high speed and active-stiffness applications. In: Proceedings of the IEEE International Conference on Robotics and Automation, IEEE Press, Piscataway, N. J., Leuven, pp 2295-2300.

Kong X, Gosselin C M (2004a) Type synthesis of 3-DOF translational parallel manipulators based on screw theory. Journal of Mechanical Design, 126(1): 83-92.

Kong X, Gosselin C M (2004b) Type synthesis of 3T1R 4-DOF parallel manipulators based on screw theory. IEEE Transactions on Robotics and Automation, 20(2): 181-190.

Kong X, Gosselin C M (2005) Type synthesis of 3-DOF PPR-equivalent parallel manipulators based on screw theory and the concept of virtual chain. Journal of Mechanical Design, 127: 1113-1121.

Krut S, Company O, Benoit M, Ota H, Pierrot F (2003a) I4: A new parallel mechanism for SCARA motions. In: Proceedings of IEEE International Conference on Robotics Automation, IEEE Press, Piscataway, N. J., Taipei, pp 1875-1880.

Krut S, Company O, Rangsri S, Pierrot F (2003b) Eureka: A new 5-degree-of-freedom redundant parallel mechanism with high tilting capabilities. In: Proceedings of IEEE/RSJ International Conference on Intelligent Robots Systems, IEEE Press, Piscataway, N. J., Las Vegas, pp 3575-3580.

Krut S, Company O, Nabat V, Pierrot F (2006) Heli4: A parallel robot for SCARA motions with a very compact traveling plate and a symmetrical design. In: Proceedings of the IEEE/RSJ International Conference on Intelligent Robots and Systems, IEEE Press, Piscataway, N. J., Beijing, pp 1656-1661.

Lee K M, Arjunan S (1991) A three-degrees-of freedom micromotion in-parallel actuated manipulator. IEEE Transactions on Robotics and Automation, 7(5): 634-641.

Li J, Wang J, Liu X J (2002) An efficient method for inverse dynamics of the kinematic defective parallel platforms. Journal of Robotic Systems, 19(2): 45-61.

Lin W, Duffy J, Griffis M (1992) Forward displacement analysis of the 4–4 Stewart platform. Journal of Mechanical Design, 114: 444-450.

Liu X J, Bonev I A (2008) Orientation capability, error analysis, and dimensional optimization of two articulated tool heads with parallel kinematics. Journal of Manufacturing Science and Engineering, 130(1), Article Number: 011015.

Liu X J (2006) Optimal kinematic design of a three translational DOFs parallel manipulator. Robotica, 24(2): 239-250.

Liu X J, Jeong J, Kim J (2003) A three translational DOFs parallel cube-manipulator. Robotica, 21(6): 645-653.

Liu X J, Jin Z L, Gao F (2000) Optimum design of 3-DOF spherical parallel manipulators with respect to the conditioning and stiffness indices. Mechanism and Machine Theory,

35: 1257-1267.

Liu X J, Pruschek P, Pritschow G (2004) A new 3-DOF parallel mechanism with full symmetrical structure and parasitic motions. In: Proceedings of the International Conference on Intelligent Manipulation and Grasping, IEEE Press, Piscataway, N. J., Genoa, pp 389-394.

Liu X J, Wang J, Gao F, Wang L P (2001) On the analysis of a new spatial three degrees of freedom parallel manipulator. IEEE Trans. Robot Autom., 17(6): 959-968.

Liu X J, Wang J, Pritschow G (2006b) Kinematics, singularity and workspace of planar 5R symmetrical parallel mechanisms. Mechanism and Machine Theory, 41(2): 145-169.

Liu X J, Wang J, Pritschow G (2006c) Performance atlases and optimum design of planar 5R symmetrical parallel mechanisms. Mechanism and Machine Theory, 41(2): 119-144.

Ma O, Angeles J (1991) Optimum architecture design of platform manipulators. In: Proceedings of the Fifth International Conference on Advanced Robotics, IEEE Press, Piscataway, N. J., Pisa, pp 1130-1135.

Macho E, Altuzarra O, Pinto C, et al (2008) Workspaces associated to assembly modes of the 5R planar parallel manipulator. Robotica, 26(3): 395-403.

McCloy D (1990) Some comparisons of serial-driven and parallel driven manipulators. Robotica, 8: 355-362.

Nabat V, Company O, Krut S, Rodriguez M, Pierrot F (2005) Par4: Very high speed parallel robot for pick-and-place. In: Proceedings of IEEE International Conference on Intelligent Robots and Systems, IEEE Press, Piscataway, N. J., Edmonton, pp 553-558.

Neumann K E (2006) Exechon concept. In: Proceedings of the 5th Chemnitz Parallel Kinematics Seminar. Verlag Wissenschaftliche Scripten, Zwickau, pp 787-802.

Pierrot F, Company O (1999) H4: A new family of 4-DOF parallel robots. In: 1999 IEEE/ASME International Conference On Advanced Intelligent Mechatronics, pp 508-513.

Pierrot F, Company O, Krut S, Nabat V (2006) Four-DOF PKM with articulated travelling-plate. In: Proceedings of the 5th Chemnitz Parallel Kinematics Seminar. Verlag Wissenschaftliche Scripten, Zwickau, pp 677-693.

Pierrot F, Dauchez P, Fournier A (1991) Towards a fully-parallel 6 d.o.f. robot for high speed applications. In: Proceedings of IEEE International Conference on Robotics & Automation, Sacramento, IEEE Press, Piscataway, N. J., pp 1288-1293.

Pierrot F, Marquet F, Company O, Gil T (2001) H4 parallel robot: Modeling, design and preliminary experiments. In: Proceedings of the 2001 IEEE International Conference on Robotics and Automation, Seoul, IEEE press, Piscataway, N. J., pp 3256-3261.

Pond G T, Carretero J A (2004) Kinematic analysis and workspace determination of the inclined PRS parallel manipulator. In: Proceedings of 15th CISM-IFToMM Symposium on Robot Design, Dynamics, and Control, Montreal, Paper Rom04-18.

Schoppe E, Pönisch A, Maier V, et al (2002) Tripod machine SKM 400 design, calibration, and practical application. In: Proceedings of the 3rd Chemnitz Parallel Kinematics Seminar. Verlag Wissenschaftliche Scripten, Zwickau, pp 579-594.

Schwaar M, Jaehnert T, Ihlenfeldt S (2004) 5 Sides manufacturing with reconfigurable PKMs. In: Proceedings of 4th Chemnitz Parallel Kinematics Seminar, Chemnitz.

Siciliano B (1999) The Tricept robot: Inverse kinematics, manipulability analysis and closed-loop direct kinematics algorithm. Robotica, 17: 437-445.

Sreenivasan S V, Waldron K J, Nanua P (1994) Closed-form direct displacement analysis of a 6–6 Stewart platform. Mechanism and Machine Theory, 29(6): 855-864.

Stengele G (2002) Cross Huller Specht Xperimental, a processing center with new hybrid kinematics. In: Proceedings of the 3rd Chemnitz Parallel Kinematics Seminar. Verlag Wissenschaftliche Scripten, Zwickau, pp 609-627.

Tsai L W (1996) Kinematics of a three-DOF platform with extensible limbs. In: Lenarcic J, Parenti-Castelli V (eds) Recent advances in robot kinematics. Kluwer Academic Publishers, Dordrecht/Boston, pp 401-410.

Tsai LW, Stamper R (1996) A parallel manipulator with only translational degrees of freedom. In: Proceedings of the ASME Design Engineering Technical Conference, Irvine, 96-DETC-MECH-1152, ASME Press, New York.

Wahl J (2000) Articulated tool head. WIPO Patent No. WO 00/25976.

Wang J, Gosselin C M (1999) Static balancing of spatial three-degree-of-freedom parallel mechanisms. Mechanism and Machine Theory, 34: 437-452.

Wu J, Wang J, Li T, Wang L (2007) Performance analysis and application of a redundantly actuated parallel manipulator for milling. Journal of Intelligent Robotic Systems, 50(2): 163-180.

Yu A, Bonev I A, Zsombor-Murray P (2008) Geometric approach to the accuracy analysis of a class of 3-DOF planar parallel robots. Mechanism and Machine Theory, 43(3): 364-375.

Zlatanov D, Bonev I A, Gosselin C M (2002) Constraint singularities of parallel mechanisms. In: Proceedings of the 2002 IEEE International Conference on Robotics and Automation, IEEE Press, Piscataway, N. J., Washington, DC, pp 496-502.

杨廷力 (2004) 机器人机构拓扑结构学. 北京: 机械工业出版社.

赵铁石 (2000). 空间少自由度并联机器人机构分析与综合的理论研究. 博士学位论文, 秦皇岛: 燕山大学.

第 2 章　并联机器人机构的构型综合

众所周知, 构型创新设计是机器人/装备开发的起点和关键, 也是其创新的根本, 机构原理构型从本质上决定了机器人/装备的整体性能。由于并联机构的多闭环结构特征, 根据所需的自由度形式设计机构原理构型是非常具有挑战性的复杂过程 (Yu et al., 2010; Lu et al., 2012)。

本章将从方法论的角度介绍几种适合并联机构的构型综合方法, 如观察法、演化法、线图法等, 基于这些方法, 找出多种新型、简单、实用的并联机构。

2.1　自由度分析

鉴于并联机构在其奇异位形下可能失去或得到一个或多个自由度, 本节所提到的自由度数是在并联机构非奇异位形下的。至于奇异位形下并联机构的自由度数将在第 4 章作详细的论述。

当对一个机构进行研究时, 其自由度分析是首要考虑的问题。机构的自由度是指为完全确定该机构位形所需的独立参数或输入的个数。在自由度分析中, 经典的 Grübler–Kutzbach 公式 (Kutzbach, 1933) 普遍使用, 具体可表示如下:

$$M = d(n - g - 1) + \sum_{i=1}^{g} f_i \tag{2.1}$$

式中, M 为该系统的自由度数; d 为机构的阶数 (当做平面或球面运动时, $d=3$; 当做空间运动时, $d = 6$); n 为包括机架在内的构件数; g 为运动副数; f_i 为第 i 个关节所允许的相对运动自由度。

通过式 (2.1) 可计算出一个机构的自由度数, 但该公式并不适用于所有并联机构。然而, 如 Hunt (1978) 和 Lerbet (1987) 所述, 针对闭环运动链给出一个统一的自由度公式是非常困难的, 经典的自由度计算公式会导致一些自由度的遗漏。比如具有过约束的并联机构, 当利用该公式计算 Tsai 机构时, 其自由度数为 –3, 这显然是不恰当的。

为了正确计算出一个并联机构的自由度数, 许多学者详细阐释了式 (2.1) 或提出新的计算公式。Huang 和 Li (2003) 在 Grübler–Kutzbach 公式的基础上, 利用约束分析方法, 针对各支链均为闭环的少自由度并联机构提出了自由度计算公式。Gogu (2005) 简明扼要地总结并审视了近 150 年来文献中所提出的 35 种计算自由度的方法/公式及其原理、相似性、局限性。在他的文章中, 解释了这些公式为何在用于某些机构时会失效, 并对由基本支链组成的并联机构提出了能快速计算自由度的计算公式。Dai 等 (2006) 借助旋量和反旋量, 针对过约束并联机构提出了自由度的计算方法。Rico 等 (2006) 基于欧氏群 (SE(3)) 中, 李代数 (se(3), 又称作螺旋代数) 的子代数分析, 提出一种自由度计算方法。

然而, 自由度分析的目标不仅仅是得到自由度数本身, 而且要得到各自由度的类型, 即不但要解决有多少自由度的问题, 还要解决各自由度分属于何种类型。基于旋量理论和李代数的自由度分析方法可能能够给出自由度数及其类型。下面就来介绍几种常用的自由度分析方法。

2.1.1 观察法

此方法可以应用于对简单并联机构、一些含有被动支链的并联机构和 6 自由度并联机构的自由度分析之中。

在对一个机构进行自由度分析时, 运动副是最重要的考虑因素。而观察法就是基于对一个运动副活动度的全面、综合的理解。比如, 仅含有一个 R 副的构件只能绕着该运动副轴线旋转, 并被限定在一个特定的平面内。此时, 该构件上的任意点的运动轨迹均可描述为以运动副轴线上某点为圆心的圆。如果某构件是以移动副的方式与另一个构件相连接的, 那么此构件上所有点的运动轨迹均为互相平行的直线。如果换成球面副, 则该构件可以绕着所有通过该运动副中心的轴线旋转。

首先来看平面并联机构。在平面并联机构中, 运动副通常以单自由度形式存在。在含有多自由度运动副的平面并联机构中, 多自由度运动副的一个或多个自由度将失去其运动功能, 但将起到其他作用 (例如, 当存在误差或变形时可确保机构的自由运动)。此时可认为在此机构中含有无效 (或被动) 自由度。图 2.1 所示为具有 RRSR 运动链的 4 杆机构。从运动角度来看, 球运动副所具有的 3 个自由度中, 只有一个自由度是有效的, 剩下的两个自由度是无效的。拥有 S 副的平面 4 杆机构仍旧只具有一个自由度。然而, 无效的自由度在某些机器中是很有必要的, 特别是在重型机械中。本节仅讨论不含无效自由度的并联机构。

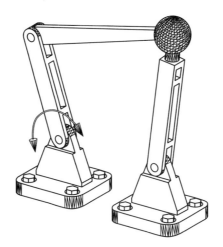

图 2.1 具有 RRSR 运动链的 4 杆机构

旋转副和移动副是应用于平面并联机构各运动副的典型代表 (如图 1.13、图 1.14、图 1.16 和图 1.17)。通过分析如图 1.13b 所示的 RRRPR 并联机构, 可知该机构由两条支链 (RR 和 RP 运动链) 构成。两支链由一个公共的、可被看作该机构末端执行器的旋转副连接在一起。而末端执行器的自由度是我们所关心的问题, 如图 2.2 所示, 由于在 $O-xy$ 平面内 RR 和 RP 运动链的参考点 P_1 和 P_2 具有相同的自由度, 即两移动自由度, 故 RRRPR 并联机构的末端执行器也具有同样的两个自由度。相似地, 可推断出如图 1.13 所示的其他并联机构的末端执行器具有两个移动自由度。考虑到如图 1.16 和图 1.17 所示的每一个并联机构的末端执行器是通过 3 个平面运动链与机架相连, 每条运动链由 3 个单自由度运动副构成且在平面内具有 3 个自由度, 则该并联机构的任一个支链都不会对另外两条支链产生运动约束。因此, 该机构的动平台在平面内具有 3 个自由度, 即 2 个移动自由度和一个转动自由度。

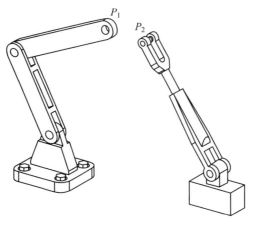

图 2.2 RR 和 RP 运动链

在并联机构大家庭中，一些具有 n 个自由度的并联机构常包括 n 个具有 6 个自由度的主动支链和一个连接动平台和机架且具有 n 个自由度的被动支链。这就意味着该机构的自由度由被动支链的自由度所决定。这样的机构具有如下优点：其刚度可通过对各杆件刚度的优化得以提高，从而达到最大的全局刚度和精度 (Zhang and Gosselin, 2002)。如图 1.30b 所示的 Tricept 并联机构就是这样一种机构。在 Tricept 机构中，第 4 个支链是 UP 运动链。此运动链具有两个转动自由度和一个移动自由度。因此，该并联机构的自由度就由 UP 运动链决定且与上述运动链的自由度相同。由此可见，探寻此种并联机构的自由度是非常容易的。

一个 6 自由度运动链的末端执行器具有 6 个自由度，即 3 个移动和 3 个转动。若动平台 (并非末端点) 是通过若干个 6 自由度运动链与机架相连接的，则该平台必然具有 6 个自由度。如果连接动平台和机架的 6 自由度运动链数等于 6，则每条支链中要提供一个自由度作为驱动关节；如果运动链数少于 6，则至少要有一条支链将提供多于一个的驱动关节。因此，对于各支链均为 6 自由度的并联机构而言，其自由度分析可能是最容易的。

2.1.2 演化法

DELTA 机构的结构轻盈且容易安装，在工业应用中取得了巨大成功。然而，其机构本身看起来很复杂。针对该机构的一个难题是，DELTA 机构到底有多少个自由度，或者说一开始人们是如何推断出它具有 3 个移动自由度的。虽然由 Clavel 构想出的 DELTA 的设计思路可能并不源于 6 自由度并联机构，但如果假设 DELTA 是由 6 自由度并联机构演变而来的，那么对 DELTA 并联机构自由度的分析就会变得相对容易。图 2.3 所示是 Pierrot 提出的具有 6 条 RUS 支链的 6 自由度并联机构。

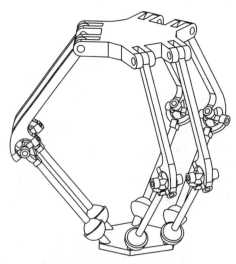

图 2.3 Pierrot 提出的 6 自由度并联机构 (Pierrot et al., 1991)

当该并联机构处于初始位形时, 每对支链中的两条支链相互平行, 若每时每刻各对支链中两支链的输入是相同的, 则该机构动平台具有 3 个移动自由度。此时, 不妨把各对支链中两平行的输入杆替换成单个杆, 同时驱动关节由 6 个就变成了 3 个。经此修改后的机构即为 DELTA 机构, 该机构具有 3 个纯移动自由度就变得不难理解了。

上述自由度分析法只有在待分析并联机构的源机构被找到时才显得有用。诚然, 找到机构的源机构并不是一件容易的事。

2.1.3 运动学分析法

诸如 3–[PP]S 并联机构 (图 1.21) 的某些并联机构具有复杂的运动链, 再利用上述两种方法对这些机构的自由度进行正确的分析是不可能实现的。比如, 如图 1.21a 所示的机构拥有 3 条 RPS 支链。每条支链具有 5 个自由度, 即 2 个移动自由度和 3 个转动自由度。该运动链只比如图 1.39a 所示的 6 自由度并联机构 (3 条支链中共有 6 个驱动关节) 中 PRPS 运动链少一个自由度。在此基础上, 我们可以得出 3–PRS 机构具有 3 个自由度。然而, 我们无法正确地指出是哪 3 个自由度。至此, 假定动平台具有 6 个自由度的情况下, 首先对其运动学进行分析, 才能使问题得以解决。

图 2.4 所示为 3–[PP]S 的运动学模型。其中, 动平台上 P_1、P_2 和 P_3 点分别保持在平面 Π_1、Π_2 和 Π_3 上。此 3 点可通过 RR、RP 和 PP 运动链中的任何一个, 或者与这些相似的运动链与机架相连接。

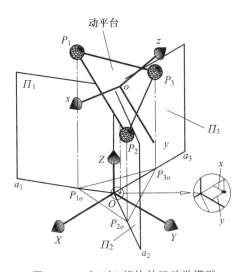

图 2.4 3–[PP]S 机构的运动学模型

用 $P_i(i = 1, 2, 3)$ 表示动平台各球面副 (球铰) 的中心, 同时用 $B_i(i = 1, 2, 3)$ 表示机架上各铰链的中心。全局参考坐标系 $\Re : O - XYZ$ 固结于 3 个平面 Π_1、Π_2

和 Π_3 的交点。其 Z 轴与三平面的交线重合且 X 轴包含在平面 Π_3 内。另一个参考系,即动参考系 $\Re' : o - xyz$,固结于等边三角形 $P_1P_2P_3$ 的中心。其 z 轴垂直于动平台 $P_1P_2P_3$,其 x 轴指向 P_3O 点且 y 轴始终存在于动平台所在平面内。

假定动平台具有 6 个自由度。其位姿可表达为一个向量 $\boldsymbol{X} = [x\ y\ z\ \psi\ \theta\ \phi]^{\mathrm{T}}$,其中 ψ、θ 和 ϕ 为 3 个欧拉角。动平台的位置相对参考系 $\Re$ 可被描述为 o 点的位置向量 $(o)_{\Re}$,其姿态可被描述为矩阵 $\boldsymbol{T}$,即

$$(\boldsymbol{o})_{\Re} = [x \quad y \quad z]^{\mathrm{T}} \tag{2.2}$$

$$
\begin{aligned}
\boldsymbol{T} = \boldsymbol{T}_{ZXY} &= \boldsymbol{R}_Y(\theta)\boldsymbol{R}_X(\psi)\boldsymbol{R}_Z(\phi) \\
&= \begin{bmatrix} c_\theta c_\phi + s_\psi s_\theta s_\phi & -c_\theta s_\phi + s_\psi s_\theta c_\phi & c_\psi s_\theta \\ c_\psi s_\phi & c_\psi c_\phi & -s_\phi \\ -s_\theta c_\phi + s_\psi c_\theta s_\phi & s_\theta s_\phi + s_\psi c_\theta c_\phi & c_\psi c_\theta \end{bmatrix}
\end{aligned} \tag{2.3}
$$

式中, c 和 s 分别代表 $\cos$ 和 $\sin$。在参考系 $\Re'$ 中 P_i 点的位置向量表示为向量 $(\boldsymbol{P}_i)_{\Re'}$,即

$$(\boldsymbol{P}_i)_{\Re'} = [P'_{ix} \quad P'_{iy} \quad P'_{iz}]^{\mathrm{T}} = [r\cos\varphi_i \quad r\sin\varphi_i \quad 0]^{\mathrm{T}} \tag{2.4}$$

式中, $\varphi_i = (i-1)2\pi/3$, r 为动平台外接圆半径。则在参考系 $\Re$ 下点 P_i 的位置向量可表达为

$$(\boldsymbol{P}_i)_{\Re} = [P_{ix} \quad P_{iy} \quad P_{iz}]^{\mathrm{T}} = \boldsymbol{T}(\boldsymbol{P}_i)_{\Re'} + \boldsymbol{O}' \tag{2.5}$$

即

$$P_{ix} = x + T_{11}P'_{ix} + T_{12}P'_{iy} + T_{13}P'_{iz} \tag{2.6}$$

$$P_{iy} = y + T_{21}P'_{ix} + T_{22}P'_{iy} + T_{23}P'_{iz} \tag{2.7}$$

$$P_{iz} = z + T_{31}P'_{ix} + T_{32}P'_{iy} + T_{33}P'_{iz} \tag{2.8}$$

式中, $T_{jk}(j, k = 1, 2, 3)$ 为矩阵 $\boldsymbol{T}$ 中第 j 行 k 列的元素。

由图 2.4 可知,动平台上铰链的中心点 $P_i(i = 1, 2, 3)$ 均各处于某固定的平面内。因此可得 3 个约束方程如下:

$$P_{1y} = 0 \tag{2.9}$$

$$P_{2y} = -\sqrt{3}P_{2x} \tag{2.10}$$

$$P_{3y} = \sqrt{3}P_{3x} \tag{2.11}$$

代入式 (2.6) ～ 式 (2.8) 中, 可得

$$y + T_{21}r = 0 \tag{2.12}$$

$$y - \frac{r}{2}T_{21} + \frac{\sqrt{3}r}{2}T_{22} = -\sqrt{3}x + \frac{\sqrt{3}r}{2}T_{11} - \frac{3r}{2}T_{12} \tag{2.13}$$

$$y - \frac{r}{2}T_{21} - \frac{\sqrt{3}r}{2}T_{22} = \sqrt{3}x - \frac{\sqrt{3}r}{2}T_{11} - \frac{3r}{2}T_{12} \tag{2.14}$$

由式 (2.12) ～ 式 (2.14) 可得如下等式:

$$T_{21} = T_{12} \tag{2.15}$$

$$x = \frac{r}{2}(T_{11} - T_{22}) \tag{2.16}$$

对比式 (2.3)、式 (2.12)、式 (2.15) 和式 (2.16) 可进一步改写为

$$y = -rc_\psi s_\phi \tag{2.17}$$

$$-c_\theta s_\phi + s_\psi s_\theta c_\phi - c_\psi s_\phi = 0 \tag{2.18}$$

从而得

$$\phi = \arctan \frac{s_\psi s_\theta}{c_\psi + c_\theta} \tag{2.19}$$

$$x = \frac{r}{2}(c_\theta c_\phi + s_\psi s_\theta s_\phi - c_\psi c_\phi) \tag{2.20}$$

由此可知, 在向量 $\boldsymbol{X} = [x \quad y \quad z \quad \psi \quad \theta \quad \phi]^{\mathrm{T}}$ 中, 只有 z、ψ 和 θ 是独立的, 其余 3 个参数 x、y 和 ϕ 可用 z、ψ 和 θ 来表示。也就是说, 3–[PP]S 并联机构具有 3 个独立的自由度, 分别为沿着 Z 轴的移动以及绕 X 轴和 Y 轴的转动。

然而, 上述 3 种方法并不适用于对任意并联机构的自由度分析。而应用旋量理论或李代数可实现对机构自由度及其类型的成功辨识。

2.1.4　旋量法

在旋量理论中, 单位旋量 $\boldsymbol{\$}$ 被定义为一条具有节距的直线 (图 2.5), 并可表达为 Plücker 坐标的形式:

$$\boldsymbol{\$} = (\boldsymbol{s}; \boldsymbol{s}^0) = (\boldsymbol{s}; \boldsymbol{s}_0 + p\boldsymbol{s}) = (\boldsymbol{s}; \boldsymbol{r} \times \boldsymbol{s} + p\boldsymbol{s}) \tag{2.21}$$

式中, $\boldsymbol{s}$ 表示旋量轴线方向的单位矢量; $\boldsymbol{s}_0 = \boldsymbol{r} \times \boldsymbol{s}$ 定义了关于参考坐标系原点的旋量轴的运动; $\boldsymbol{r}$ 表示在参考坐标系下旋量轴线上任意一点的位置向量; p 表示该旋量的节距。当 p 为零时, 单位旋量退化为

$$\boldsymbol{\$} = (\boldsymbol{s}; \boldsymbol{s}_0) = (\boldsymbol{s}; \boldsymbol{r} \times \boldsymbol{s}) \tag{2.22}$$

另一方面, 当 p 为无穷时, 单位旋量退化为

$$\$ = (0; s) \tag{2.23}$$

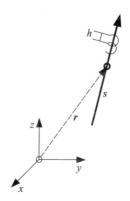

图 2.5　一般螺旋运动

　　由式 (2.22) 给出的单位旋量可表示运动学上的纯转动或者静力学上的纯力。由式 (2.23) 给出的单位旋量则可表示运动学上的纯移动或者静力学上的纯力偶。我们将可表征刚体瞬时转动或移动的单位旋量称之为单位运动旋量, 将可表征作用于刚体的力或力偶的单位旋量称为单位力旋量。这样, 一个单位运动旋量的前 3 个元素表示单位角速度, 后 3 个元素则表示刚体上与参考系原点重合的那一点单位线速度。相似地, 一个单位力旋量的前 3 个元素表示单位合力, 后 3 个元素则表示关于参考系原点的单位合力矩。节距为零的力旋量表示一个纯力, 节距为无穷的力旋量则表示一个纯力偶。与之相应, 转动副可由式 (2.22) 所描述的单位旋量来表示, 移动副可由式 (2.23) 所描述的单位旋量来表示, 这些单位旋量又称作运动副旋量。

　　当满足如下方程时, 单位旋量 $\$^{\mathrm{r}} = (s^{\mathrm{r}}; s^{0\mathrm{r}})$ 和一个单位旋量集合中各元素 $\$_1$, $\$_2, \cdots, \$_n$ 被称为是互易的。

$$\$^{\mathrm{r}} \circ \$_i = s_l \cdot s^{0\mathrm{r}} + s_l^0 \cdot s^{\mathrm{r}} = 0 \quad (i = 1, 2, \cdots, n) \tag{2.24}$$

式中, "∘" 表示互易积; $\$_i$ 表示该旋量集中的第 i 个旋量。

　　有关旋量理论中一些基本概念的详细描述见附录。

　　在一个具有 n 个自由度的串联机构中, 所有运动副对应的运动旋量将构成一个以 n 个线性无关运动副旋量为基的 n 阶旋量系, 称为 n 系。对于一个空间机构, 当 $n = 6$ 时, 则不存在任何旋量与该运动旋量系中的元素互易; 当 $n < 6$ 时, 存在 $6 - n$ 个线性无关的约束力旋量构成一个 $6 - n$ 系。在 $6 - n$ 系中, 每一个约束力旋量都与 n 阶运动旋量系中各旋量互易, 即

$$\$_j^{\mathrm{r}} \circ \$_i = 0 \quad (i = 1, 2, \cdots, n; j = 1, 2, \cdots, 6 - n) \tag{2.25}$$

上式可用于求解与运动旋量互易的约束力旋量所构成的 $6 - n$ 阶旋量系。另一方面，若给定 $6 - n$ 个线性无关的约束力旋量，n 阶运动旋量系可由式 (2.25) 求解得到。

对于并联机构来说，一个支链中所有描述各运动副的单位旋量可构成一个支链运动旋量系 (limb twist system, LTS)，如图 2.6 所示。该旋量系中，相互之间线性无关的运动副旋量可构成一个 n 系，与这些运动副旋量互易的旋量将构成一个 $6 - n$ 系，称为支链约束旋量系或支链约束力系 (limb constraint system, LCS)。对于少自由度并联机构，各个支链会对动平台产生约束作用，则加载在动平台上的全部约束是所有支链约束力系共同作用的结果，被称为平台力旋量系或平台约束力系 (platform constraint system, PCS)。由于平台约束力系反映动平台被约束的自由度，故动平台的自由度是由与平台约束力系互易的平台运动旋量系 (platform twist system, PTS) 决定的。换而言之，动平台的运动特性完全由平台约束力系的特性决定。比如，对于一个 3 自由度移动并联机构，其平台约束力系由 3 个线性无关的约束力偶组成

$$\boldsymbol{\$}_1^r = (0\ 0\ 0; 1\ 0\ 0)$$
$$\boldsymbol{\$}_2^r = (0\ 0\ 0; 0\ 1\ 0) \tag{2.26}$$
$$\boldsymbol{\$}_3^r = (0\ 0\ 0; 0\ 0\ 1)$$

3 个约束力偶限制了动平台的 3 个方向的转动。

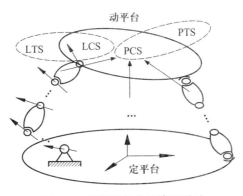

图 2.6 并联机构中的旋量系对

通常，利用基于旋量理论的方法确定少自由度并联机构自由度的整个分析过程描述如下：首先，从机构中取出单条支链。为了分析方便，将该支链中所有多自由度运动副等效成若干个单自由度运动副。于是该支链中所有单自由度运动副就构成了支链运动旋量系。然后，通过式 (2.25) 可求得与支链运动旋量系互易且描述作用于动平台上的支链约束力系。同理可求得其他支链所提供的约束力或约束力偶。所有这些求得的约束旋量构成了描述机构整体约束情况的平台约束力系。最后，通过计

算平台约束力系的互易积可得反映该机构所有瞬时运动的平台运动旋量系, 从而确定该机构的自由度。

上述过程同时也可为实现某类并联机构的构型综合提供一些启发。换而言之, 旋量理论在综合过程中仍旧是非常有效的 (黄真等, 2006)。具体的综合过程可描述成如下步骤流程。

步骤 1: 求出作用于动平台上所有约束力旋量。

对于任何一个三维平动并联机构, 其动平台失去了 3 个转动自由度, 仅含有 3 个移动自由度。故存在着 3 个线性无关的约束偶量 (constraint couples, CCs) 作用于动平台上。此 3 个约束偶量构成了该平动并联机构的一个平台约束力系, 如式 (2.26) 所示。

步骤 2: 在一个给定的平台约束力系下分析相应各支链约束力系间的几何关系。

在一个并联机构中, 各个支链约束力系在不同几何条件下的合成将会导致不同的平台约束力系。由此可知, 为了获得一个可用的支链配置形式, 在一个给定的平台约束力系下分析相应各支链约束力系间的几何关系是非常有必要的。

所有三维平动并联机构均可分为两大类: 一类是具有独立约束的机构, 另一类是具有重复约束的机构 (或称其为过约束机构)。在一个过约束机构中, 其支链含有的基本运动副数少于 5 个。这就意味着具有同样的运动学性能时, 过约束机构比独立约束的机构含有更少的运动副和更紧凑的结构。由此, 要分别对具有独立约束和过约束的移动并联机构之中支链约束力系的几何关系进行分析进而得到相应的平台约束力系。

步骤 3: 利用与支链约束力系的互易关系求解支链运动旋量系。

由旋量理论可知, 支链运动旋量系中每一个旋量都与支链约束力系是互易。故只要给定支链约束力系中的旋量, 则支链运动旋量系中的旋量可通过式 (2.25) 求得。为了用一个简单的方法来描述支链运动旋量系, 需要找到该支链运动旋量系的一个基。然后通过上述作为基的运动旋量的线性组合, 可得到能反映出支链结构的其他支链运动旋量系的形式。

步骤 4: 针对不同的支链约束力系, 分析相应的支链运动旋量系的几何条件。

在一个三维平动并联机构中, 每条支链会向动平台提供少至 0~3 个约束力偶。因此, 为了能找到支链运动旋量系中所有运动副之间的几何关系, 进而构造出此支链, 有必要针对任意种类的支链约束力系, 分析相应的支链运动旋量系的几何条件。此外, 为了确保动平台可获得连续运动而非一个瞬时运动, 各支链中运动副的配置应满足一些附加的几何条件。

步骤 5: 配置运动链。

只要获得了满足某些几何条件的支链运动旋量系, 便可根据反映该支链运动旋量系的旋量表达来构建支链。此外, 由于在支链运动旋量系中各旋量的顺序是可变的, 故支链中运动副的配置也并不唯一。

步骤 6: 按照步骤 2~5, 构造符合自由度要求的并联机构。

2.2　构型演化

在并联机构领域, 一个有趣的问题是给定并联机构自由度数及其类型之后, 如何来设计其构型。1947 年, Gough 针对具有闭环结构的机构建立了一些基本原则之后, 许多具有特定的自由度数及其类型的并联机构相继被提出。其实, 一些并联机构之间存在着内在的联系: 某些并联机构可能是从其他并联机构演化而来的。本节介绍一种典型的并联机构演化方式。

图 1.37 所示为 6 自由度并联机构的一般构型。理论上讲, 该类机构的 6 条支链可以任意分布, 由此会发现一些具有潜在应用价值的 6 自由度并联机构。图 1.38b 所示的支链排布为 3–2–1 型的并联机构就是一个例子。该构型在微动系统 (Pernette and Clavel, 1996) 及振动台等领域显示了其应用优势。图 1.38c 和 1.38d 所示的 6 支链的布置形式使得机构可沿着一个特定的方向自由运动。该特点在某些工业应用中也得到了一定的青睐。

若令如图 1.37 所示的 6 支链机构中每两个支链相互平行, 则该机构将演变成如图 1.38a 所示的 6 自由度并联机构。如果两个邻近的支链拥有完全相同的输入, 则该机构的自由度数将会改变, 这就是直线驱动型 DELTA 机构的拓扑模型。将如图 1.38a 所示机构中的 P 副替换成 R 副, 便得到 Pierrot (1991; 如图 2.3 所示) 所提出的具有转动驱动副的优化机构。相似地, 该机构可演化出 DELTA 机构。实际上, 著名的 DELTA 机器人 (图 1.23) 的特征之一就是图 2.3 中两相邻的转动驱动关节始终具有相同的输出。

上述的构型演化方法不仅仅加深了对机构的理解, 而且为设计一个新机构指明了方向。比如, Dafaoui 等 (1998) 所提出的 6 自由度并联机构 (图 2.7) 可看作图 1.37a 所示的机构通过将 6 条支链重新排列而得到的拓扑构型。这极大地鼓舞了通过对 DELTA 和 Tsai 并联机构的 3 条支链重新排列的方式而设计出新的并联机构 (图 1.27a 和图 1.27b)。在这两种新的设计中, 3 个驱动关节依照笛卡儿坐标轴布置, 即各驱动轴方向相互垂直。此外, 连接动平台的运动副布置于一个立方体的 3 个边上。由此, 我们称该种机构为并联立方机构。与 DELTA 和 Tsai 机构类似, 该种机构同样具有 3 个平动自由度。然而, 在一些重要特性上该种机构与 DELTA 和 Tsai 机构是不同的, 这也是该设计的新颖所在。Liu 等 (2003) 的最重要研究成果之一表明: 该种机构的工作空间中存在柔顺中心, 并常常作为初始位置。此时, 这类并联立方机构处于速度和刚度均各向同性配置, 这些特性使得该类机构成功地应用于微动机构 (Liu et al., 2001b; Ohya et al., 1999)、远程柔顺中心装置 (Kim et al., 1997)、精密装配机器 (Dafaoui et al., 1998)、并联运动学机器 (Huang et al., 2002), 等等。当应用于并联运动学机器时, 机构的刚度是最重要的问题之一。上述机构的优势就是可通过增加冗余约束 (Liu et al., 2003) 来提高其刚度, 如图 2.8 所示。以图 2.8b 所示的机构为例, 图 1.27b 中的每个平行四边形被细分为两个或更多的平行四边形。如此改进后的机构与图 1.27 所示的机构具有相同的运动学模型。而其工作空间及其他性能并没有因改进而变差。一般情况下, 支链的约束越冗余, 机构的刚度就越高, 制造精度的要求也就越高。

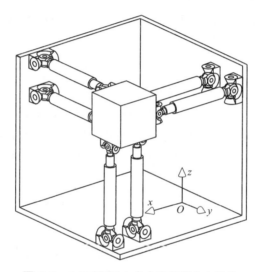

图 2.7 6–UPS 型 6 自由度并联立方机构

图 1.30b 所示的 Tricept 并联机构具有 3–UPS 和 1–UP 两种运动链, 3 个 UPS 运动链中的 P 运动副均为驱动副,UP 运动链中 P 运动副为被动副。在此机构的基础上, Huang 等 (2005a) 设计出一个具有 2–UPS 和 1–UP 运动链的改进版 (图 2.9), 机构中 3 个 P 副均为驱动副; 利用此改进后的机构研发出一台 5 自由度混联机床 TriVariant。改进后的机构不但继承了 Tricept 的许多优势, 而且由于省去了一条驱动支链从而导致与 Tricept 相比成本更低。Huang 等 (2005a) 分析后得出, 在同样的任务空间和类似的几何尺寸条件下,TriVariant 的运动学性能与 Tricept 相比更优。

再者, 在如图 1.30d 所示的 SKM400 并联机构中, 各 UPS 支链中的 P 运动副均为驱动副, 而 R(Pa)(Pa) 支链中的 R 运动副为被动副。在此基础上, Huang 等 (2005b) 提出一个 3 自由度平动并联机构。与 SKM400 机构相比, 该机构少一条 UPS 支链且 R 运动副成了驱动副 (图 2.10)。

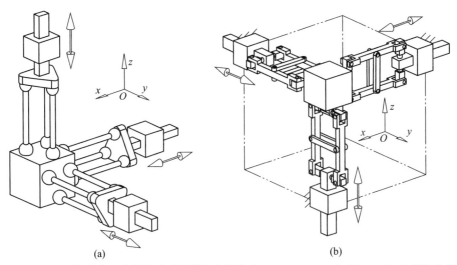

图 2.8 两类具有约束冗余的纯移动并联立方机构 (Liu et al., 2003): (a) DELTA 机构的改进机构和 (b) Tsai 机构的改进机构

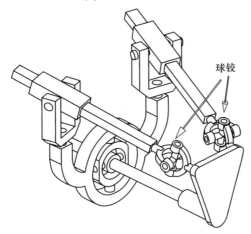

图 2.9 具有 2–UPS 和 1–UP 运动链的 3 自由度并联机构 [TriVariant 中的并联机构 (Huang et al., 2005a)]

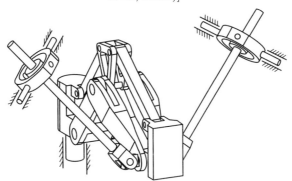

图 2.10 具有 2–UPS 和 1–R(Pa)(Pa) 运动链的 3 自由度纯转动并联机构 (Huang et al., 2005a)

虽然以上思路已给我们设计新的机构提供了许多灵感, 但是仍有些额外的问题需要去解决, 特别是在设计同时具有移动和转动自由度的少自由度并联机构时。只有少量的空间 3 自由度并联机构同时具有两空间移动和一转动自由度, 这些机构会在后续的章节中一一呈现。

2.3 构型综合

在并联机构研究领域中, 最重要且最有趣的问题之一就是构型设计, 即构型综合。至今已提出大量具有特定自由度数及其类型的并联机构 [正如 Merlet(2000) 所述]。针对并联机构型综合提出了许多系统的方法, 如基于位移群理论的方法 (Hervé, 1999)、旋量理论 (赵铁石, 2000; Huang and Li, 2002; Fang and Tsai, 2002; Kong and Gosselin, 2004)、单开环运动链单元法 (Yang, 2004)、GF 集法 (高峰等, 2010)、向量法 (Carricato and Parenti-Castelli, 2003) 以及特殊欧氏群 (SE(3)) 的李子群和子流形法 (Meng et al., 2007)。利用上述方法, 研究者提出了许多之前从未构想出的新并联机构, 从而极大地丰富了并联机构理论。本节接下来将介绍除上述之外的一些并联机构构型综合方法。

2.3.1 含平行四边形闭环子链的并联机构构型综合

目前在并联机构中, 很少有空间并联机构具有两个移动和一个转动自由度, 也很少有全并联机构具有高转动能力。为此, 以下将设计出满足上述要求的机构。

式 (2.1) 指出, 在一个对称的空间并联机构中, 3 条支链的每一条都应具有 5 个自由度, 3-PRS 并联机构就是一个典型的例子。在如图 2.11 所示的机构中, 动平台

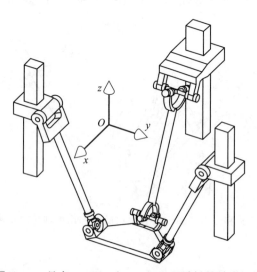

图 2.11 具有 2–PRS 和 1–PUU 运动链的并联机构

通过两条 PRS 运动链和一条 PUU 运动链与定平台相连接。该设计中, 两 PRS 支链处于同一平面内且两支链中 R 运动副相互平行。按照设计目标, 上述构型的机构应具有 3 个自由度。在两条 PRS 支链的约束下, 动平台无法沿着 x 轴运动, 也无法绕着 z 轴转动。此时动平台只剩下 4 个自由度: 两个移动和两个转动。若假定动平台所具有的 3 个空间自由度为两移动和一转动, 则 PUU 运动链所构成的第 3 条支链需要约束掉动平台关于 x 轴的转动自由度。于是, 该设计是否合理有效就取决于 UU 运动链的性质。那么,UU 运动链是否具有约束上述转动自由度的能力呢? 为解决该问题, 首先对此 UU 运动链的运动学特性进行研究。

图 2.12a 所示为一个 UU 运动链, 其中 4 个转动关节的轴线分别标记为 y_1、z_1、y_2、z_2。不论运动链如何运动, y_1 轴和 y_2 轴始终保持平行。通常, 杆 1、2 和 3 共线

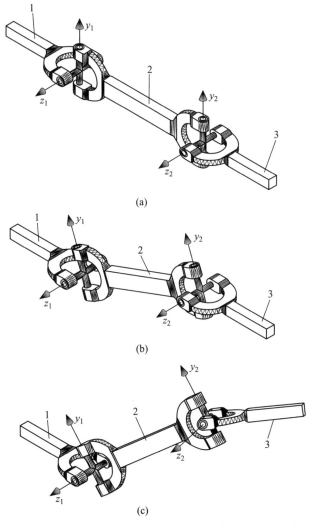

图 2.12 UU 运动链运动学特性分析: (a) 初始位形; (b) 当杆 1 和杆 3 相互平行时的位形; (c) 当杆 1 和杆 3 相互不平行时的位形

时认为是初始位形。该运动链具有 4 个自由度, 即绕四个轴的 4 个转动。在运动中, 将 z_1 轴始终平行于 z_2 轴时的运动称作平移运动, 否则则称为空间运动。在平移运动中, 轴 y_1、y_2 和轴 z_1、z_2 分别始终保持平行 (图 2.12b)。杆 3 相对于杆 1 的传递矩阵表达如下:

$$Q_1 = R_{(z_1,\theta_1)} R_{(y_1,\theta_2)} R_{(y_2,-\theta_2)} R_{(z_2,\theta_3)} = R_{(z_1,\theta_1)} R_{(z_2,\theta_3)} \tag{2.27}$$

式中, $R_{(z_1,\theta_1)}$ 为当杆 3 绕 z_1 轴转动角 θ_1 时的传递矩阵。其他矩阵含义类似。式 (2-1) 表明在平移运动过程中, 杆 3 不会发生自转。

当杆 3 相对于杆 1 为空间运动时 (图 2.12c), 其传递矩阵表达如下:

$$Q_2 = R_{(z_1,\theta_1)} R_{(y_1,\theta_2)} R_{(y_2,\theta_3)} R_{(z_2,\theta_4)} \tag{2.28}$$

考虑到 y_1 轴始终平行于 y_2 轴, 式 (1.28) 可改写为

$$Q_2' = R_{(z_1,\theta_1)} R_{(y',\theta_2+\theta_3)} R_{(z_2,\theta_4)} \tag{2.29}$$

该矩阵为欧拉角 $z-y-z$ 意义下的传递矩阵。故在 UU 运动链由其初始位形变至杆 1 和 3 互不平行的位形过程中, 杆 3 相对于杆 1 具有包括自转在内的 3 个转动。

因此可得如下结论: ① 当该 UU 运动链处于初始位形下时, 杆 3 不会发生自转; ② 当杆 3 相对于杆 1 做平移运动时, 杆 3 也不会发生自转; ③ 当杆 3 相对于杆 1 做空间运动时, 杆 3 才具有自转自由度。

上述分析表明, 如图 2.11 所示的机构中 PUU 运动链无法完全限制动平台关于 x 轴的旋转, 即该并联机构在某位形下具有 4 个自由度。由图 2.12 和式 (1.28) 可知, 为限制转动自由度, UU 运动链中的两内侧转动关节以及两外侧转动关节应分别相互平行。只有在这样的几何条件下, 图 2.11 所示的机构才能满足具有 3 个空间自由度 (即两个移动和一个转动自由度) 的要求。

然而, 在实际应用中, 上述几何条件并不能在任意时刻均被满足。那么, 是否能找到可替代 UU 运动链的机构呢?

为此给出一种方案来解决上述难题。如图 2.13 所示, UU 运动链被替换成一个转动运动副、平面平行四边形以及另一个转动运动副的连接。两转动关节的轴线互相平行, 且与平行四边形闭环子链中 4 个转动关节轴线相互垂直。这样的结构配置使得轴 y_1 和轴 y_2 以及轴 z_1 和轴 z_2 始终保持平行。该方案称作 UU 运动链的演化, 即 R(Pa)R 运动链。经演化变形后, 杆 3 相对于杆 1 不再具有自转自由度。

在图 2.11 所示的机构中, PUU 运动链可替换成如图 2.14 所示的 PR(Pa)R 运动链, 从而得到如图 2.15 所示的新的并联机构 (Liu et al., 2001)。该机构具有 3 个自由度: 分别为在 $O-yz$ 平面内的移动以及绕动平台上两 S 铰链中心所在直线的转动。

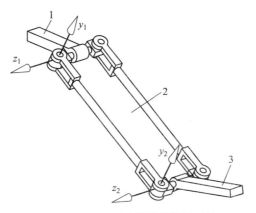

图 2.13 UU 运动链的替代运动链

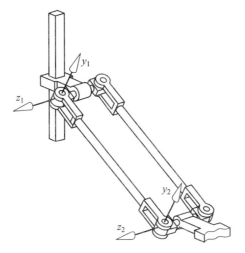

图 2.14 PUU 运动链的演化运动链: PR(Pa)R 运动链

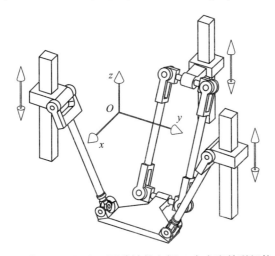

图 2.15 具有 2–PRS 和 1–PR(Pa)R 运动链的空间 3 自由度并联机构 (Liu et al., 2001)

2.3.1.1 平行四边形机构的设计理念

为什么一个平行四边形机构 (子链) 就能解决 UU 运动链所遇到的问题呢? 其实, 在其他并联机构中也用到了平行四边形闭环子链。在 DELTA 机构中 (图 1.23), 3 条支链的每一条都含一个空间 4 杆机构。4 根杆通过球运动副首尾相连。虽然该机构是一个空间机构, 但 4 根杆中每两跟杆需时刻保持平行。正因如此,DELTA 机构才具有 3 个平动自由度。这样的设计理念在 1999 年延伸至了 4 自由度并联机构中: H4 (图 1.33)。该设计理念对于并联机构的设计是非常重要的。

4 根杆通过转动副首尾连接构成了平面平行四边形机构。在图 2.16 中, 杆 1 和 3 以及杆 2 和 4 分别具有相同的长度。同时, 杆 1 和杆 2 分别与杆 3 和杆 4 保持着相同的姿态。Hervé于 1992 年首次将平行四边形闭环子链应用于实践,并设计出星形机构 (图 1.25), 该机构同样具有 3 个平动自由度。平行四边形机构被 Tsai 于 1996 年应用于另一个具有 3 个移动自由度的并联机构 (图 1.24) 的设计之中。之后, 利用平行四边形闭环子链设计机构的理念受到了学者们的广泛关注。包括具有 6 自由度的 TURIN(Sorli et al., 1997) 和具有 3 自由度的 CaPaMan (Ceccarelli, 1997) 等皆为上述理念的应用实例。

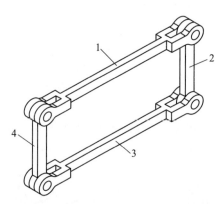

图 2.16 平面平行四边形闭环子链

诚然, 平面平行四边形机构中输出杆上任何一点的轨迹均为圆, 但输出杆相对于输入杆可以始终保持着一个固定的姿态。这也是为什么在上述并联机构的设计中要采用平行四边形闭环子链的理念。特别地, 在解决上述 UU 运动链所遇到的问题时尤为有用。在上述所提到的并联机构中, 平行四边形闭环子链可以保证机构产生期望的输出。比如在星形机构及 Tsai 机构中, 平行四边形闭环子链可以约束掉某些不希望其存在的转动自由度。

此外, 平面平行四边形闭环子链当作为并联机构的一条支链时可提高整个系统的运动学性能。通常, 对于大部分并联机构来说, 支链中的定长杆仅仅是单个杆。若支链是由一个简单的机构组成的, 则并联机构将在运动学和力学特性方面拥有更好的性能。首个在支链中加入简单机构的应用实例是由 Hudgens 和 Tesar (1988) 提出的一个微动机构。该机构中，每条支链都是由一个安装于机架的 4 杆机构驱动的，此方法可以提高该机构的位置分辨率。Tahmasebi (1992) 将平面 2 自由度 5 杆机构用于对一个 6 自由度并联机构的改进之中，该机构的位置分辨率、刚度以及力控制精度都有所提高。Frisoli 等 (1999) 提出一个新的腱－驱动 5 杆机构，该机构具有较大的各向同性工作空间。Frisoli 等将此机构应用于一个 6 自由度触觉设备的支链中，并由此取得了较优的运动学各向同性以及加速性能。Chung 和 Lee (2001) 提出一种 2 自由度并联机构，该机构中每条支链都包括一个 4 杆机构，也由此表现出好的运动学性能以及静态平衡等优势 (Wang and Gosselin, 1999)。

在设计机构时，将平行四边形闭环子链看作定长杆应用于各支链中的另一个好处就是：使得支链刚度得到大幅度的提升。这是由于与单根杆相比，平行四边形机构具有更高的刚度。而且支链刚度可通过增加冗余约束而得到进一步的提升。比如，平行四边形闭环子链可设计为如图 2.17 所示的形式，即增加了结构中平行四边形的数量。支链中所含有的平行四边形闭环子链越多，机构的刚度也就越高。由于冗余约束的存在，制造精度的要求也就越高。当然，平行四边形闭环子链的使用也会带来负面效应，比如平行四边形机构的制造误差将给并联机构的输出精度产生无法补偿的影响。

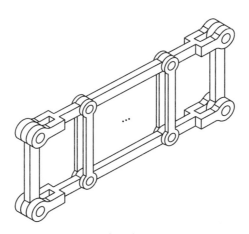

图 2.17　含有冗余约束的平行四边形机构

对于大多数并联机构来说，其旋转能力在工作空间的原点处最强。而由于球铰链摆动角的限制，一些含有球运动副的并联机构旋转角往往受到限制。并且，从工作空间原点至边界点，并联机构动平台倾斜角的变化范围会变得越来越小。平行四边形闭环子链可使输出杆相对于输入杆始终保持某个固定的姿态。通过在输出杆末端加一个球窝式铰链的方式可使得铰链的摆动角范围相对增加。此方法将会最终提高动平台的转动能力。比如，假定在如 2.18 所示的并联机构中，驱动关节 M_1 和 M_2 的

合成运动使得其动平台可绕 A 点 (局部参考点) 转动。图 2.18a 中, 两支链均为由定
长杆组成的一般支链。该杆与动平台通过球窝式铰链相连接。图 2.18b 中, 各支链均
由平行四边形闭环子链组成, 并与动平台以同样的球窝式铰链相连接。同时, 球窝式
铰链中的球座固结在各平行四边形闭环子链中的输出杆上。在图 2.18 中, 线 a 为铰
链摆动角范围 $\pm 45°$ 的参考线。若令动平台关于局部原点 A 从 $0°$ 姿态转动 $15°$, 参
考线 a 的姿态在图 2.18a 的情况下会随着杆姿态的变化而变化, 而在图 2.18b 的情
况下始终保持不变。正因如此, 当动平台处于 $15°$ 姿态时图 2.18a 中球窝式铰链的
摆动角会超出其允许范围 ($54.2° > 45°$), 而图 2.18b 中该铰链摆动角仍在其允许的
范围内。因此, 与图 2.18a 相比, 图 2.18b 中的动平台具有更高的转动能力。故可得
如下结论: 与只含有传统支链的并联机构相比, 含平行四边形闭环子链的并联机构可
能具有更高的转动能力。此外, 由于球窝式铰链中的球座在各个瞬时都保持其初始
姿态, 故与局部原点处相比, 机构在局部原点附近点的转动能力并没有减弱。

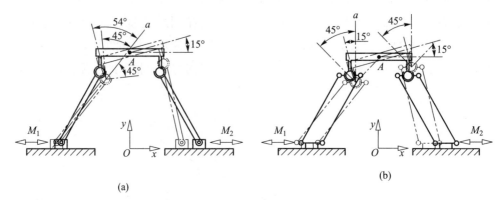

(a)

(b)

图 2.18 含两种支链机构转动能力的比较: (a) 具有单杆; (b) 具有平面 4 杆平行四边形闭环
子链

将平行四边形闭环子链融入并联机构的设计之中的优势颇为突出: 预期的自由
度输出、高刚度、高转动能力以及较优的运动学和力学性能。其劣势源于与单转动
副和单定长杆相连接的结构相比较, 结构相对复杂。一个平行四边形闭环子链具有 4
个转动副和 4 根杆: 所有转动关节的轴线应相互平行, 4 根杆中每两根杆的长度应分
别相等。正因如此, 其制造精度应足够高。否则会产生误差的累积, 并最终反映在机
械设备的误差累积上。但由于所有的运动副均为单自由度运动副, 鉴于其诸多优势,
平行四边形闭环子链上的复杂性是可以容忍的。

为充分发挥平行四边形闭环子链可提供预期输出的优势, 一些学者提出了许多
含有平行四边形闭环子链的并联机构 (Liu and Wang, 2003; Liu et al., 2005b; Liu and
Wang, 2005)。

2.3.1.2 包含平行四边形闭环子链的并联机构

本小节将给出一些基于平行四边形闭环子链理念所设计出的并联机构。在这些设计中，平行四边形闭环子链在提供预期自由度的输出、提高转动能力以及增加刚度等方面起到关键角色。

1. 2 自由度并联机构

常见的平面 2 自由度并联机构 (图 1.13) 是具有移动或转动驱动关节的 5 杆机构。具有转动驱动关节的 2 自由度并联机构由 5 个转动副构成，其中固定于机架的两个转动副为驱动关节 (图 1.13f)。该机构的输出为末端执行器上点的平移运动。由图 1.13f 可知，与机架相连的杆 (即驱动杆) 上任意一点的轨迹为一个圆。这与平行四边形闭环子链输出杆上点的轨迹是相同的。此特征提醒我们将驱动杆替换为平行四边形闭环子链，便得到了如图 2.19 所示的并联机构。同理，如图 1.13b 和图 1.13e 所示的 RRRPR 和 RRRRP 机构可分别替换为 (Pa)RRPR 和 (Pa)RRRP。图 2.20a 所示为另一个平面 2 自由度并联机构，该并联机构是由 (Pa)RR(Pa)P 运动链构成。其中，第一个平行四边形中的某一转动运动副和移动副为该机构中的驱动关节。该机构的动平台同样具有两个平面自由度。在这些设计中，平行四边形闭环子链取代了原支链中转动关节和定长杆的连接，也提高了支链的刚度。与图 2.19 和图 2.20a 所示的不同，图 2.20b 所示的设计由两条 R(Pa)R 运动链组成。在该设计中，当转动驱动关节 M_1 被锁住，而只驱动关节 M_2 时，该机构等效于一个平面 4 杆机构；当 M_2 被锁住而只驱动 M_1 时，该机构可沿 x 轴移动的同时，也会有绕 x 轴转动的耦合运动。因此，该机构的输出运动为沿 x 轴的移动和在 $O - yz$ 平面内另一个移动或者绕 x 轴的转动。

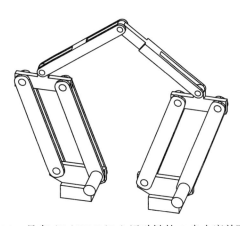

图 2.19 具有 (Pa)RRR(Pa) 运动链的 2 自由度并联机构

如上所述，多数平面 2 自由度并联机构的输出为点的平面运动，并伴随着姿态的实时变化。在一些应用中，控制对象需要在固定位形下移动。这就需要动平台可

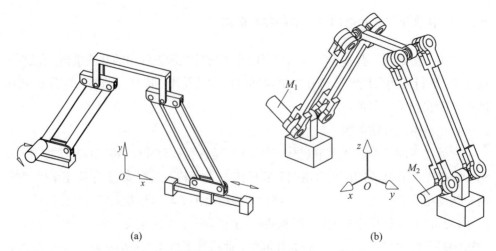

(a)   (b)

图 2.20 两种平面 2 自由度并联机构: (a) (Pa)RR(Pa)P 运动链; (b) 2–R(Pa)R 运动链

在固定姿态下实现平移运动。而上文提到的 2 自由度并联机构无法满足上述要求。
将平行四边形闭环子链用于机构的设计就能很好地解决此问题。图 2.21a 所示为具
有 2–P(Pa) 运动链的并联机构。当驱动两移动副时, 机构将获得两个移动自由度。为
使系统中一刚体具有两个自由度, 如图 2.21b 所示的 P(Pa)&PRR 运动链亦可充分
保证机构具有两个移动自由度。两个平行四边形机构的引入可使得系统的刚度增加,
并使系统呈对称布置。该并联机构已应用于一个加工叶轮的五轴混联机床之中 (Liu,
2001; Liu et al., 2005c)。在如图 2.21 所示的机构中, 一些 P 运动副可被替换为平行
四边形机构, 比如由 4(Pa) 和 2(Pa)&3R 运动链所构成的机构, 后者如图 2.22 所示

对基于上述设计理念所设计出的一些 2 自由度并联机构进行归纳, 如表 2.1 所
示。

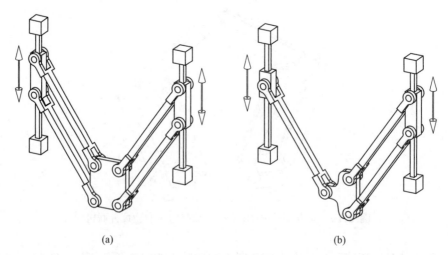

(a)   (b)

图 2.21 具有两个纯移动自由度的并联机构: (a) 对称结构; (b) 非对称结构

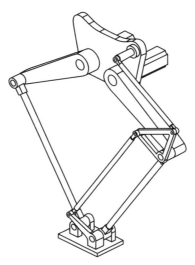

图 2.22 由 2(Pa)&3R 运动链构成的 2 自由度并联机构

表 2.1 一些 2 自由度并联机构

序号	支链中的运动链		机构运动链	注释
	1 支链	2 支链		
1	(Pa)RR	(Pa)RR	(Pa)RRR(Pa)	如图 2.19 所示
2	(Pa)RR	RPR	(Pa)RRPR	演化自 RRRPR 机构
3	(Pa)RR	PRR	(Pa)RRRP	演化自 RRRRP 机构
4	(Pa)R	P(Pa)R	(Pa)R&P(Pa)R	如图 2.20a 所示
5	R(Pa)R	R(Pa)R	2–R(Pa)R	如图 2.20b 所示
6	P(Pa)	P(Pa) 或 PRR	P(Pa)(Pa)P(或 P(Pa)PRR)	依照驱动关节 P 运动副为垂直或水平布置而分为两种类型。如图 2.21 所示为垂直的类型
7	(Pa)(Pa)	(Pa)(Pa) 或 RRR	4(Pa) (或 2(Pa)&3R)	各支链中，与机架相连的平行四边形闭环子链中输入杆的一转动副为驱动关节。2(Pa)&3R 机构如图 2.22 所示

　　一个平行四边形机构的输出杆具有一个自由度的同时, 其姿态也保持恒定。那么, 被称为 (Pa)(Pa) 运动链的双平行四边形机构的输出杆应具有两个自由度, 且其姿态亦保持恒定。故可利用一条被动 (Pa)(Pa) 运动链和两条主动运动链组成一个 2 自由度并联机构。每一个驱动支链可为 3、4、5 以及 6 自由度运动链, 但至少要为 3 自由度运动链, 如 PRR、RRR、RPR 和 PPR 等运动链。比如, 具有 2–PRR&1–(Pa)(Pa) 运动链和具有 2–RPR&1–(Pa)(Pa) 运动链的并联机构分别如图 2.23a 和图 2.23b 所示。由于双平行四边形闭环子链的存在, 上述两机构均具有两个纯移动自由度。鉴于

移动副不会改变滑块的姿态, 故双平行四边形运动链可由 P(Pa) 移动式平行四边形闭环子链所替代, 如图 2.24 所示。表 2.2 归纳了所有可能的具有被动支链的 2 自由度移动并联机构, 其中一典型例子如图 2.25 所示。

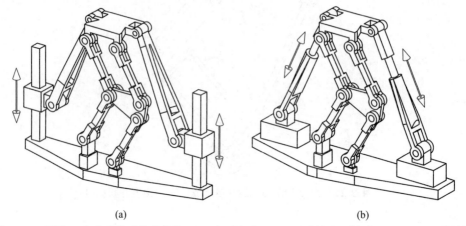

(a)　　　　　　　　　　　　　　　(b)

图 2.23　两种 2 自由度移动并联机构: (a) 由两主动 PRR 运动链和一被动 (Pa)(Pa) 运动链构成; (b) 由两主动 RPR 运动链和一被动 (Pa)(Pa) 运动链构成

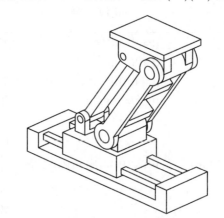

图 2.24　P(Pa) 运动链

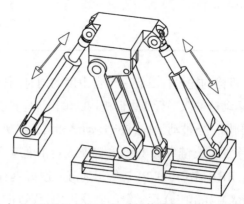

图 2.25　由 2–PRS&1–P(Pa) 运动链构成的 2 自由度移动并联机构

表 2.2　一些具有被动支链的 2 自由度移动并联机构

序号	支链运动链		机构运动链	注释
	第 1、2 支链	被动支链		
1	RRR		2–RRR&1–(Pa) (Pa) 或 2–RRR&1–P (Pa)	
2	PRR		2–PRR&1–(Pa) (Pa) 或 2–PRR&1–P (Pa)	2–PRR&1–(Pa) (Pa) 机构如图 2.23a 所示
3	RPR		2–RPR&1–(Pa) (Pa) 或 2–RPR&1–P (Pa)	2–RPR&1–(Pa) (Pa) 机构如图 2.23b 所示
4	RRU		2–RRU&1–(Pa) (Pa) 或 2–RRU&1–P (Pa)	
5	PRU		2–PRU&1–(Pa) (Pa) 或 2–PRU&1–P (Pa)	
6	RPU		2–RPU&1–(Pa) (Pa) 或 2–RPU&1–P (Pa)	
7	RRS	(Pa) (Pa) 或 P (Pa)	2–RRS&1–(Pa) (Pa) 或 2–RRS&1–P (Pa)	
8	PRS		2–PRS&1–(Pa) (Pa) 或 2–PRS&1–P (Pa)	2–PRS&1–P (Pa) 机构如图 2.25 所示
9	RPS		2–RPS&1–(Pa) (Pa) 或 2–RPS&1–P (Pa)	
10	UPS		2–UPS&1–(Pa) (Pa) 或 2–UPS&1–P (Pa)	
11	PUS		2–PUS&1–(Pa) (Pa) 或 2–PUS&1–P (Pa)	
12	URS		2–URS&1–(Pa) (Pa) 或 2–URS&1–P (Pa)	
13	RUS		2–RUS&1–(Pa) (Pa) 或 2–RUS&1–P (Pa)	

2. 3 自由度并联机构

1.3.2 节给出了多种具有 3 个自由度的并联机构。平面 3–RRR 并联机构就是一个例子 (图 1.16)。该机构的动平台具有 3 个平面自由度, 分别为在 $O-xy$ 平面上的两移动自由度以及绕 z 轴的一转动自由度。为了增加各支链的刚度, 将平行四边形闭环子链应用于 3 自由度并联机构之中, 从而得到如图 2.26 所示的机构。该机构在运动学上与图 1.16 所示的构型等价。相似地, 该类机构具有 3–P(Pa)R 运动链的两种形式, 如图 2.27 所示, 该运动链等价于 3–PRR 运动链。图 2.28 为空间 3 自由度 3–[PP]S 并联机构的 4 种类型。这些都是 3–RPS 和 3–PRS 并联机构的改进版。与改进前的机构相比, 改进后的机构具有更高的转动能力和刚度。在如图 2.28a 所示的机构中, P 副或 R 副均可以作为驱动关节。在图 2.28 所示的其他 3 个机构中, 只有 P 副是驱动关节。

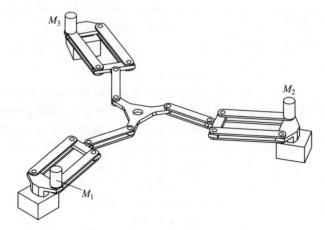

图 2.26 平面 3–(Pa)RR 并联机构

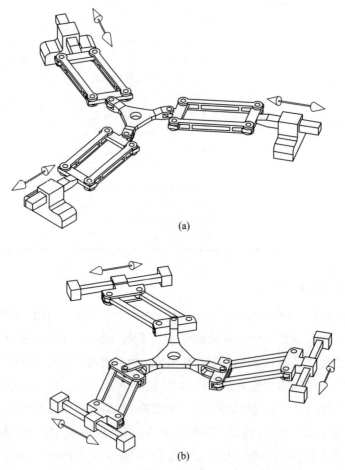

图 2.27 平面 3–P(Pa)R 并联机构的两种类型

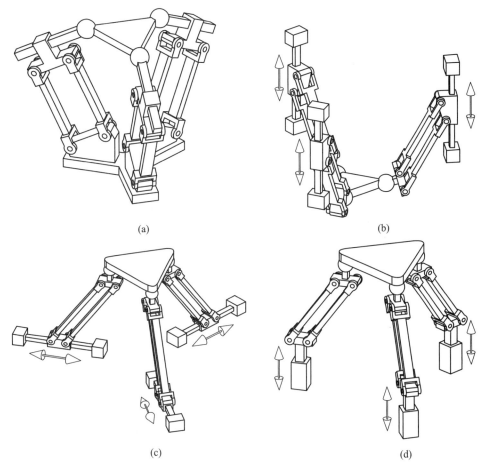

(a)

(b)

(c)

(d)

图 2.28 3–[PP]S 并联机构的 4 种类型

图 2.29 所示为另一种空间 3 自由度并联机构, 该机构具有 1–R(Pa)R&2–RR(Pa)R 运动链。当驱动关节 M_1 被锁住而只驱动 M_2 和 M_3 时, 则该机构等效为一个平面 2 自由度并联机构。故该机构的输出为绕 z 轴的转动以及在 $O-xy$ 面内的两个平面运动。此运动链亦可由 1–R(Pa)R&2–PR(Pa)R 运动链代替。

R(Pa)R 运动链 (图 2.13) 的提出与应用, 可成功地解决 UU 运动链所遇到的问题。因此, 2–PRS&1–PUU 机构通过替换运动链而改进为 2–PRS&1–PR(Pa)R 机构 (图 2.15)。通过对改进后的机构分析可知, PR(Pa)R 运动链限制了绕 x 的转动和绕 z 轴的转动, 其中绕 z 轴的转动是存在于两球面运动副的冗余自由度。故两个 PRS 运动链可替换成两个 PRU 运动链。进一步改进后的机构如图 2.30 所示, 而具有转动驱动关节的拓扑构型如图 2.31 所示。在这两个机构中, 第 1、2 条支链应在同一平面内。除此之外, 在这两条支链的 U 铰链中, 与动平台相连接的转动关节的轴线应共线; 第 3 条支链中, 与动平台连接的转动关节的轴线应与上述两轴线平行。因此, 该机构具有在 $O-yz$ 平面内的两个移动自由度和绕共线轴的一个转动自由度。

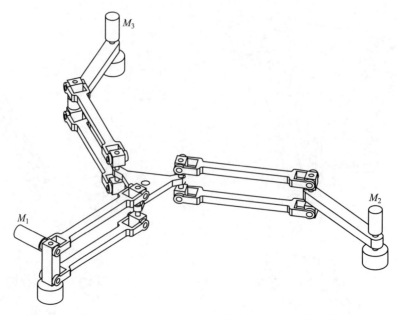

图 2.29 由 1–R(Pa)R&2–RR(Pa)R 构成的空间 3 自由度并联机构

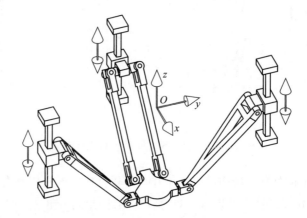

图 2.30 由 2–PRU&1–PR(Pa)R 运动链构成的 3 自由度并联机构

图 2.30 所示的机构中, 与动平台相连接的两转动关节轴线共线的特征给第 1、2 条支链的设计以新的灵感 (图 2.32)。在这两个设计中, 上述两转动关节被固结成一个转动关节。图 2.32a 所示的机构中, 第 1、2 条支链通过一个转动关节与动平台相连。图 2.32b 所示的机构中, 由 PRR 运动链所构成的第 1、2 条支链通过一个定姿态杆 2 相连接。杆 2 通过一个转动关节与动平台 1 相连。与图 2.30 所示机构的运动链 2–PRU&1–PR(Pa)R 相比, 上述两机构的运动链为 (PRR)₂R&PR(Pa)R。这样的改进不仅没有影响机构的转动能力, 还可以扩展至具有转动驱动关节的机构 (图 2.31)。

在如图 2.30 所示机构的运动链中, PR(Pa)R 运动链的末端具有 3 个移动自由度和一个转动自由度; PRU 运动链末端具有两个移动自由度和两个转动自由度。由两

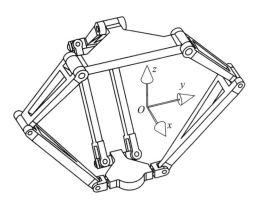

图 2.31 由 2–$\underline{R}$RU&1–$\underline{R}$R(Pa)R 构成的 3 自由度并联机构

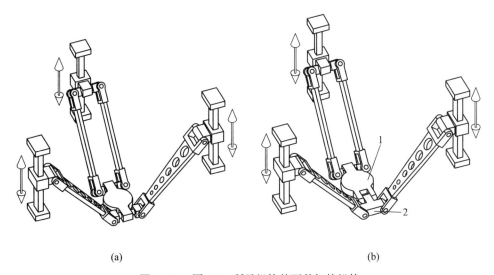

(a)   (b)

图 2.32 图 2.30 所示机构的两种拓扑机构

条 PRU 运动链和一条 PR(Pa)R 运动链构成的机构具有两个移动自由度和一个转动自由度。那么, 由两条 PR(Pa)R 运动链和一条 PRU 运动链构成的机构所具有的自由度数及其类型分别是什么呢? 该机构如图 2.33a (Liu et al., 2005a) 所示。在此机构中, 与动平台相连的 3 个 R 运动副相互平行。当驱动 3 个 P 运动副时, 该机构具有 3 个自由度。具有转动驱动关节的该类机构如图 2.33b 所示。考虑到该机构各杆和运动副的布置, 3 条支链共同作用的结果使得动平台失去了绕 x 和 z 轴的转动以及沿 x 轴的移动。故两机构具有在 $O-yz$ 平面内两个移动自由度和一个绕 y 轴的转动自由度。表 2.3 描述了具有移动驱动副的该类机构相关能力。图 2.30 所示和图 2.33a 所示的机构虽然具有相同的输出, 但对于转动自由度, 两者有着明显的区别: 前者是驱动冗余, 而后者不是。即前者的转动自由度是由第 1、2 条支链 [由 PR(Pa)R 运动链构成] 共同的作用所决定的。图 2.31 和图 2.33b 所示机构的原理与上述类似。

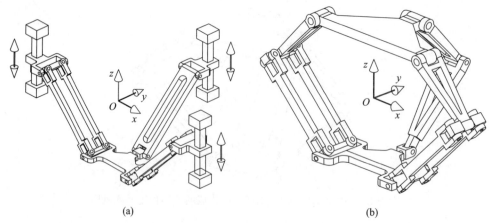

(a)   (b)

图 2.33 两个空间 3 自由度并联机构: (a) 由 2–PR(Pa)R&1–PRU 运动链构成;
                  (b) 由 2–RR(Pa) R&1–RRU 运动链构成

表 2.3 图 2.33a 所示并联机构所受的约束和具有的自由度

	单支链		3 条支链共同作用	
序号	运动链类型	约束	约束	自由度
1	PR(Pa)R	$\{RO_x,RO_z\}$		
2	PR(Pa)R	$\{RO_x,RO_z\}$	$\{T_x,RO_x,RO_z\}$	$\{T_y,T_z,RO_y\}$
3	PRU	$\{T_x,RO_z\}$		

图 2.34 所示为另一种空间 3 自由度并联机构。该机构含有两个 P(Pa)R 运动链和一个 PR(Pa)R 运动链。表 2.4 详细呈现了该机构的相关运动能力。从表中可以看出，第 1 条支链本身可以限制动平台沿 x 轴的移动和绕 z 和 x 轴的转动。第 2 条支链可以与第 1 条支链相同, 也亦可不同 (即第 2 条支链可以由 PRU 运动链构成)。

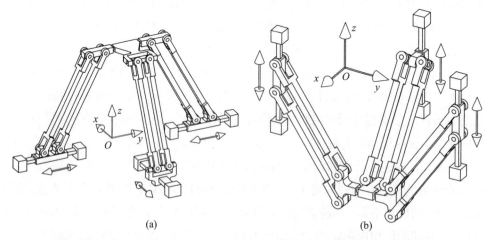

(a)   (b)

图 2.34 由 2–P(Pa)R&1–PR(Pa)R 运动链构成的并联机构的运动学构型

第 1 条支链和第 2 条支链共同作用的结果使该机构受到相同的约束, 即沿 x 轴的移动和分别绕 z 轴和 x 轴的转动。进一步, 第 3 条支链可以由 4、5 以及 6 自由度运动链 (即 PUU 和 PUS) 构成, 也可以由移动 PSS 运动链构成。表 2.5 归纳了能构成第 3 条支链的可行运动链。该表还列出了具有不同支链的 6 种机构。比如, 分别如图 2.35a 和图 2.35b 所示的由 P(Pa)R–PRU–PR(Pa)R 和 P(Pa)R–P(Pa)R–PUU 运动链构成的机构。在 PUU 运动链中, 连接 P 副的转动关节轴线应与连接动平台的转动关节轴线共同平行于 y 轴。则该机构同样具有 3 个自由度, 即在 $O-yz$ 平面内两个移动自由度和一个绕 y 轴的转动自由度。对于表 2.5 所示的 PUS 运动链, 第一个 U 副中与 P 副相连的转动关节轴线同样要平行于 y 轴。许多拓扑构型都是基于上述设计理念提出的, 在此就不一一列举了。

表 2.4 图 2.34 所示并联机构所受的约束和具有的自由度

单支链			3 条支链的共同作用	
序号	运动链类型	约束	约束	自由度
1	P(Pa)R	$\{RO_x, RO_z, T_x\}$		
2	P (Pa)R	$\{RO_x, RO_z, T_x\}$	$\{T_x, RO_x, RO_z\}$	$\{T_y, T_z, RO_y\}$
3	PR(Pa)R	$\{RO_x, RO_z\}$		

表 2.5 图 2.34 所示并联机构可能的支链类型及拓扑结构

支链			机构运动链
第 1 条支链	第 2 条支链	第 3 条支链	
P(Pa)R	P(Pa)R	PR(Pa)R	P(Pa)R–P(Pa)R–PR(Pa)R
			P(Pa)R–PRU–PR(Pa)R
		PUU	P(Pa)R–P(Pa)R–PUU
	PRU		P(Pa)R–PRU–PUU
		PUS (或 PSS)	P(Pa)R–P(Pa)R–PUS
			P(Pa)R–PRU–PUS

比较图 2.34 和图 2.30 所示的机构可知: 两者虽然具有同样的输出, 但它们之间也有诸多不同之处。在如图 2.30 所示的机构中, 由 PRU 运动链所构成的第 1、2 条支链可限制动平台沿 x 轴的移动和绕 z 轴的转动。两条支链共同作用的结果使得动平台可绕平行于 x 轴的直线自由转动。由于该自由度是不期望的输出运动, 故需要被第 3 条支链约束掉。鉴于此, 第 3 条支链的刚度应足够高, 以平衡动平台上的内部力矩。与之相对, 在如图 2.34 所示的机构中, 第 1、2 条支链自身就可约束动平台绕 x 轴的转动自由度。这也就不需要对第 3 条支链的刚度提额外的要求。故与图 2.30 所示的机构相比, 该机构整个系统的刚度会相对较高。与 2 自由度并联机构

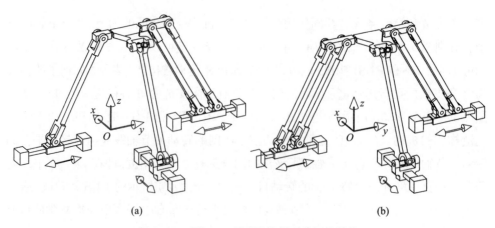

(a)   (b)

图 2.35　图 2.34 所示机构的两种拓扑结构

类似,平行四边形机构同样可被用于设计含有一条被动支链的 3 自由度并联机构。比如,图 2.36 所示的空间 3 自由度并联机构是由 3 条由 UPS 运动链构成的主动支链和一条 (Pa)U 运动链构成的被动支链构成的。该机构具有一个移动自由度和两个转动自由度。

图 2.36　含有被动关节的空间 3 自由度并联机构

表 2.6 归纳了可能存在的含有一个平行四边形闭环子链的 3 自由度并联机构。

3. 4 自由度并联机构

基于平行四边形闭环子链的设计理念可设计出一些 4 自由度并联机构。图 2.37a 所示为由 2–PR(Pa)U& 2–PR(Pa)R 运动链构成的 4 自由度并联机构。图 2.37b 所示为由 2–PUU&2–PR(Pa)R 运动链构成的 4 自由度并联机构。上述两机构的动平台均具有 4 个自由度,即 3 个移动自由度和一个绕基坐标系 y 轴的转动自由度。若动平台四边形与定平台的相似,则在初始位姿下该机构会处于奇异位形。

表 2.6　一些含有平行四边形闭环子链的 3 自由度并联机构

序号	各支链的运动链			机构的运动链	注释
	第 1 条支链	第 2 条支链	第 3 条支链		
1	(Pa)RR	(Pa)RR	(Pa)RR	3–(Pa)RR	如图 2.26 所示
2	P(Pa)R	P(Pa)R	P(Pa)R	3–P(Pa)R	如图 2.27 所示
3	(Pa)PS	(Pa)PS	(Pa)PS	3–(Pa)PS	如图 2.28a 所示
4	P(Pa)S	P(Pa)S	P(Pa)S	3–P(Pa)S	如图 2.28b~d 所示
5	R(Pa)R	RR(Pa)R	RR(Pa)R	1–R(Pa)R&2–RR(Pa)R	如图 2.29 所示
6	PRU(S)	PRU(S)	PR(Pa)R	2–PRU(S)&1–PR(Pa)R	如图 2.30 所示
7	RRU(S)	RRU(S)	RR(Pa)R	2–RRU(S)&1–RR(Pa)R	如图 2.31 所示
8	PR(Pa)R	PR(Pa)R	PRU	2–PR(Pa)R&1–PRU	如图 2.33a 所示
9	RR(Pa)R	RR(Pa)R	RRU	2–RR(Pa)R&1–RRU	如图 2.33b 所示
10	P(Pa)R	P(Pa)R	PR(Pa)R	2–P(Pa)R&1–PR(Pa)R	如图 2.34 所示, 其他拓扑结构见表 2.5
	第 1、2 和 3 支链	第 4 支链 (被动)			
11		(Pa)U		3–UPS&1–(Pa)U	如图 2.36 所示
12	UPS (PUS或RUS)	(Pa)PR		3–UPS&1–(Pa)PR	
13		(Pa)PR		3–UPS&1–(Pa)PR	

图 2.38 所示为两种含有一个被动支链的 4 自由度并联机构, 均含有 4 条由 UPS (或 SPS) 运动链构成的支链。其中, P 副是驱动关节。图 2.38a 所示的机构中, 第 5 条 (被动) 支链是由 (Pa)PU 运动链构成的; 而在图 2.38b 所示的机构中, 第 5 条 (被动) 支链则是由 (Pa)S 运动链构成的。表 2.7 列出了其他 4 自由度并联机构构型。

表 2.7　一些含有平行四边形闭环子链的 4 自由度并联机构

序号	各支链的运动链				机构运动链	注释
	第 1 支链	第 2 支链	第 3 支链	第 4 支链		
1	PR(Pa)U	PR(Pa)R	PR(Pa)U	PR(Pa)R	2–PR(Pa)U&2–PR(Pa)R	如图 2.37a 所示
2	PUU	PR(Pa)R	PUU	PR(Pa)R	2–PUU&2–PR(Pa)R	如图 2.37b 所示
	4 个主动支链			被动支链		
3				(Pa)PU	4–UPS&1–(Pa)PU	如图 2.38a 所示
4				(Pa)RU	4–UPS&1–(Pa)RU	
5		UPS (PUS 或 RUS)		(Pa)S	4–UPS&1–(Pa)S	如图 2.38b 所示
6				P(Pa)U	4–UPS&1–P(Pa)U	
7				(Pa)UP	4–UPS&1–(Pa)UP	
8				R(Pa)U	4–UPS&1–R(Pa)R	

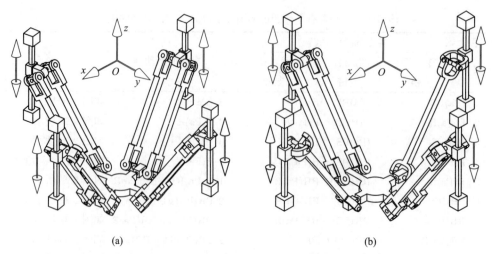

(a) (b)

图 2.37　两 4 自由度并联机构: (a) 由 2–PR(Pa)U& 2–PR(Pa)R 运动链构成; (b) 由 2–PUU&2–PR(Pa)R 运动链构成

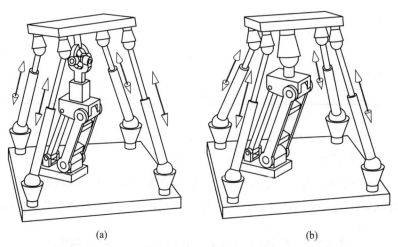

(a) (b)

图 2.38　两种含有一条被动支链的 4 自由度并联机构: (a) 由 4–SPS&1–(Pa)PU 运动链构成; (b) 由 4–SPS&1–(Pa)S 运动链构成

4. 5 自由度并联机构

前文曾提到, 设计一个具有对称结构的 5 自由度并联机构是非常困难的。利用平行四边形闭环子链设计一个具有完全对称结构的 5 自由度并联机构同样是非常困难的。图 2.39 所示为两种 5 自由度并联机构。两者均具有一条包含平行四边形闭环子链的支链。在这些设计中, 第 5 条支链是驱动支链并同为主导性支链, 即机构的输出少不了该支链的参与。其他 4 条支链由 UPS 或 SPS 运动链构成, 其中 P 副仍为驱动关节。在图 2.39a 和图 2.39b 中, 构成第 5 条支链的运动链分别为 P(Pa)S 和 P(Pa)PU 运动链。其中, 与机架相连的移动副为驱动关节。因此, 此二机构分别具有两移动、三转动和两转动、三移动的自由度。表 2.8 列出了其他 5 自由度并联机构构型。

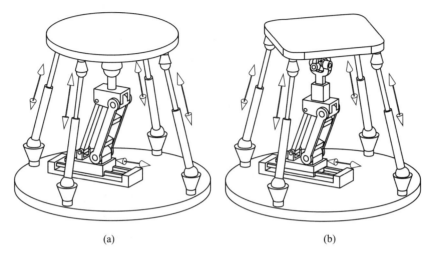

(a)   (b)

图 2.39 两类 5 自由度并联机构: (a) 由 4–SPS&1–P(Pa)S 运动链构成; (b) 由 4–SPS&1–
P(Pa)PU 运动链构成

表 2.8 一些支链中含有平行四边形闭环子链的 5 自由度并联机构

序号	各支链的运动链		机构运动链	注释
	具有相同运动链的支链	第 5 条支链		
1		P(Pa)S	4–UPS&1–P(Pa)S	依据驱动关节 P 副的垂直或水平布置而分为两种类型。垂直类型如图 2.39a 所示
2		P(Pa)PU	4–UPS&1–P(Pa)PU	依据驱动关节 P 副的垂直或水平布置而分为两种类型。垂直类型如图 2.39b 所示
3		P(Pa)RU	4–UPS&1–P(Pa)RU	在第 5 条支链中,P 副为驱动关节
4		P(Pa)UP	4–UPS&1–P(Pa)UP	在第 5 条支链中,P 副为驱动关节
5	UPS (PUS 或 RUS)	(Pa)PS	4–UPS&1–P(Pa)S	在第 5 条支链中,P 副为驱动关节
6		(Pa)RS	4–UPS&1–(Pa)RS	在第 5 条支链中,平行四边形闭环子链的 4 个转动副之一为驱动关节
7		R(Pa)S	4–UPS&1–R(Pa)S	在第 5 条支链中,R 副为驱动关节

5. 6 自由度并联机构

在过去的 20 年里, 6 自由度并联机构可能是最集中地被研究的机构。由于可提供一个刚体在三维空间中所有可能的自由度,从而激发学者们持续关注此类机构。通常,该类机构的各条支链为典型的 6 自由度串联运动链。6 自由度全并联机构通常包含至少 6 条这样的支链。而有些 6 自由度并联机构则具有 3 条支链, 每条支链具有 2 个驱动关节。与具有 6 条支链的全并联机构相比, 后者往往具有大得多的工作空间、更简单的正逆运动学求解过程以及更少的运动构件和铰链。平行四边形闭环子链的设计理念同样可应用于对这类机构的设计之中。其应用实例为: 由 3–(Pa)(Pa)PS 运动链构成的 TURIN 机构 (Sorli et al., 1997) 以及 Ebert-Uphoff (1998) 所提出的由 3–R(Pa)S 运动链构成的机构。

本节对 3 种含有平行四边形闭环子链的 6 自由度并联机构展开讨论 (图 2.40)。图 2.40a 所示的机构由 3 条完全相同的支链组成。每条支链均由 PP(Pa)S 运动链构成, 且两个移动副为驱动关节。对于如图 2.40b 和图 2.40c 所示的机构, 动平台同样是通过 3 条支链与定平台相连。同时各支链均具有 2 自由度平面驱动关节。与 3–PPRS 机构和其他具有平面驱动关节的机构相比, 该类并联机构具有更高的倾摆能

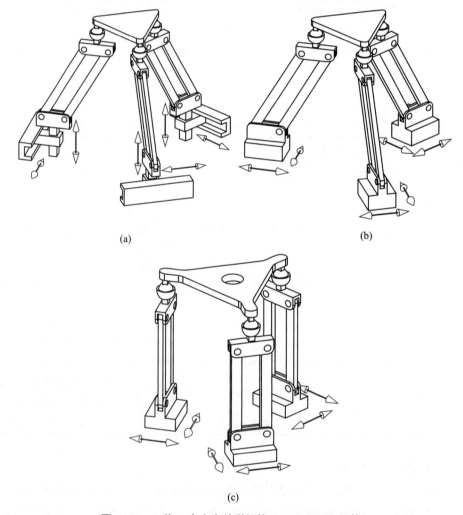

(a)

(b)

(c)

图 2.40 3 种 6 自由度并联机构 (3–PP(Pa)S 机构)

力。表 2.9 列举了一些 6 自由度并联机构。

表 2.9　一些含有平行四边形闭环子链的 6 自由度并联机构

序号	支链的运动链			机构运动链	注释
	第 1 支链	第 2 支链	第 3 支链		
1	PP(Pa)S	PP(Pa)S	PP(Pa)S	3–PP(Pa)S	如图 2.40a 所示
2	(PA)₂(Pa)S	(PA)₂(Pa)S	(PA)₂(Pa)S	3–(PA)₂(Pa)S	如图 2.40b 所示
3	(PA)₂(Pa)S	(PA)₂(Pa)S	(PA)₂(Pa)S	3–(PA)₂(Pa)S	如图 2.40c 所示

注: $(PA)_2$ 表示平面驱动副。

2.3.2　基于演化法的并联机构构型综合

利用不同的方法可找到大量的并联机构新构型。在一定程度上, 这些并联机构可为有应用潜质的新机构设计提供灵感。经优化后的机构也许具有相对的优势以及更好的工业应用前景。本节将重点介绍一些从其他机构演化而来的新的 3 自由度并联机构。

2.3.1 节 (图 2.30 ~ 图 2.35) 中已介绍了一些空间 3 自由度并联机构。在这些机构中, 至少有一条支链是由平行四边形机构构成的。平行四边形机构在应用时存在诸多问题, 比如制造及装配极为困难, 同时会影响机构的精度及应用范围。因此有必要提出一种方法来解决这些问题。

正如 2.3.1 节讨论的那样, 在如图 2.30 ~ 图 2.35 所示的各机构中, 平行四边形机构的加入确保了动平台具有唯一的转动自由度。比如图 2.30 所示的机构中, 平行四边形闭环子链可限制动平台绕 z 和 x 轴的转动。该动平台在 $O-yz$ 平面内的移动是通过驱动具有完全相同运动链的两支链 (定义为第 1 支链和第 2 支链) 的滑块来实现的。该两支链处于同一平面内, 即 $O-yz$ 平面。因此, 含有平行四边形机构的支链 (被称为第 3 条支链) 使动平台具有绕平行于 y 轴直线的主动旋转以及沿 x、y 和 z 轴的被动平移, 其沿 x 轴的移动为寄生运动。深入研究该机构发现, 动平台在任意 (y, z) 位置下, 与第 3 条支链合起来可看成是曲柄滑块机构。同时, 若固定动平台的 z 坐标, 第 3 条支链中平行四边形闭环子链的形状将顺应于动平台沿 y 轴的移动。因此, 将该并联机构的第 3 条支链所具有的运动链替换成 PRC 运动链是完全可行的。经改进后的机构如图 2.41a 所示。在新机构中, 支链 1 和支链 2 具有完全相同的运动链, 即 PRU (U 代表万向节) 运动链。一个 U 副通常包含两个转动副。两 U 副中, 与动平台相连的两 R 铰链的轴线应共线, 否则动平台将失去一个自由度。由于具有 PRC 运动链的支链 3 的存在, 上述两 U 副可替换为两 S 副 (球铰)。毋庸置疑的是, 替换后的新机构具有与如图 2.30 所示机构相同的自由度, 即当驱动各 P 副时, 动平台具有在 $O-yz$ 平面内的移动自由度以及绕平行于 y 轴直线的转动自由度。

对比旧机构和新机构发现,虽然两者具有同样的输出,但两者第 3 条支链的运动存在着很大的区别。当动平台的 z 坐标固定且动平台只沿着 y 轴平移时,旧机构第 3 条支链的滑块需被驱动以维持平台的姿态。另一方面,由于在新机构中动平台沿 y 轴的移动和转动相互解耦,故其第 3 条支链上的滑块需被锁住。这意味着新机构更加节能。鉴于驱动关节一定存在着输入误差,故如图 2.30 所示机构的驱动输入可能导致动平台的转动误差。因此,两机构的不同使得如图 2.41a 所示的新机构在精度方面优于旧机构。此外,新机构的运动学求解也相对更简单。

由于平行四边形机构的存在,改进前的机构显然更为复杂。在平行四边形闭环子链中,4 根杆应两两平行。欲达到平行的要求需要很高的制造精度。这增加了各杆制造和装配的难度以及成本。由于新机构的构型不包括平行四边形机构,故与之相比更为简单。新机构的制造也更容易,其成本也相应更低。如图 2.41a 所示,新机构的自标定可通过将传感器置于与动平台相连接的两转动运动副和圆柱运动副来实现,从而提高机构的精度。因此,与旧机构相比,新机构在实际应用中更受欢迎。

图 2.41b 所示为改进后的具有转动驱动关节的机构。其中,与定平台相连的 R 副是驱动关节。值得注意的是,如图 2.41a 所示的具有移动驱动关节的并联机构中,所有滑块的驱动方向可与垂直方向呈 α 角 (如图 2.42a 所示)。图 2.42b 所示为具有水平驱动方向的典型例子。

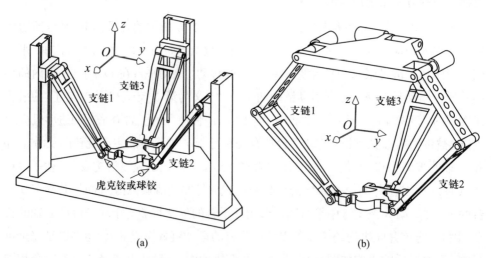

(a)   (b)

图 2.41 图 2.30 所示并联机构的改进版本: (a) 具有直线驱动关节; (b) 具有转动驱动关节

类似地,如图 2.32 所示的并联机构中的 $(PRR)_2R\&PR(Pa)R$ 运动链可替换成 $(PRR)_2R–PRC$ 运动链 (图 2.43a)。此改进不仅不会对机构的运动学及转动能力有影响,同时可扩展至具有转动驱动关节的并联机构中 (图 2.43b)。在改进后的机构中,与动平台相连的万向节可替换为球铰。

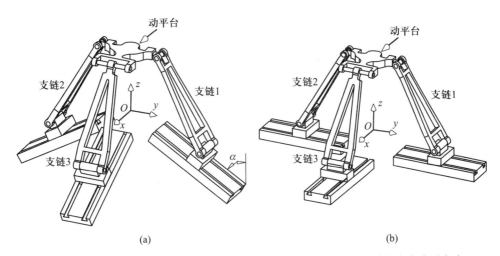

图 **2.42** 改进后的机构: (a) 驱动方向与垂直方向呈 α 角; (b) 驱动方向为水平方向

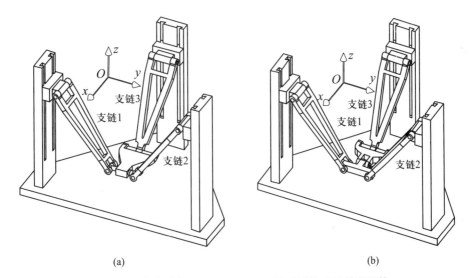

图 **2.43** 改进后由 $(PRR)_2R$–PRC 运动链构成的并联机构

在如图 2.33a 所示的机构中, 两条支链 (第 1 条和第 2 条支链) 均含有一个平行四边形闭环子链。两支链所含的运动链均与如图 2.30 所示的并联机构中的第 3 条支链所含运动链相同。因此, 该两支链亦可替换为 PRC 运动链。替换后的并联机构如图 2.44a 所示。具有转动驱动关节的新机构如图 2.44b 所示。其中, 与定平台相连的 R 副是驱动关节。

图 2.44a 所示机构的动平台通过一个 PRU 或 PRS(支链 3) 和两个 PRC 运动链 (支链 1 和支链 2) 与定平台相连。在支链 1 和支链 2 中两 C 副的轴线必须互相平行。若支链 3 是由 PRU 运动链构成的, 上述轴线也必须与 U 副中连接动平台的 R 铰链轴线相互平行。考虑到该机构各杆和各运动副的布置, 3 条支链共同作用

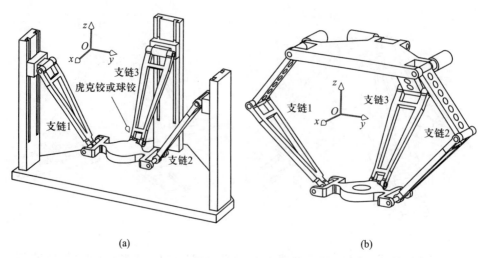

(a)   (b)

图 2.44 图 2.33a 所示并联机构的改进版本: (a) 具有直线驱动关节; (b) 具有转动驱动关节

的结果使得动平台失去了绕 y 和 z 轴的转动自由度以及沿 y 轴的移动自由度, 剩下在 $O-xz$ 平面内的两移动自由度和绕平行于 x 轴直线的一转动自由度。

同样地, 图 2.44a 所示并联机构所有滑块的驱动方向可与垂直方向呈 α 角 (图 2.45a)。图 2.45b 所示为具有水平驱动方向的典型例子。两者与图 2.44a 所示的机构具有相同的活动度。

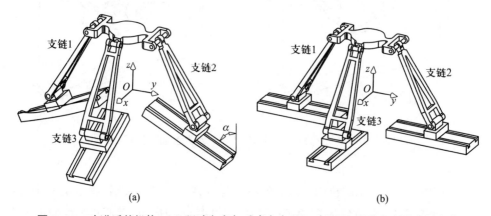

(a)   (b)

图 2.45 改进后的机构: (a) 驱动方向与垂直方向呈 α 角; (b) 驱动方向为水平方向

与如图 2.33 所示的机构相比, 此处介绍的并联机构在运动学、构型、制造、能源消耗、精度、装配等方面都具有优势。由于上述各机构中未用到平行四边形闭环子链, 故可将各支链设计为套管伸缩杆。由该类杆组成的并联机构如图 2.46 所示。

虽然与旧机构相比, 改进后的机构具有一些优势, 但也存在一些不足。比如, 由于 C 副是被动关节, 故将其引入机构可能会引起运转不畅 (卡住)。为避免该类问题, 可将被动自由度引入该机构。比如, 在如图 2.41 所示的机构中, 第 1、2 条支链与动

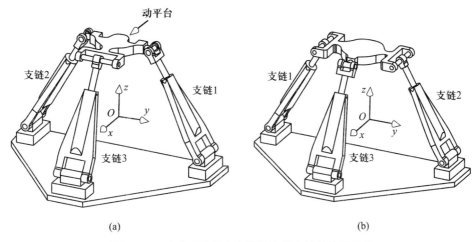

图 **2.46** 改进后的具有套管伸缩管支链的并联机构

平台相连的铰链可设计为球铰。则在各球铰中存在一个冗余自由度。图 2.41 所示机构中的第 3 条支链亦可增加一个冗余 R 副。另一方面, 为了减小运转故障的可能性, 第 1、2 条支链 C 副的轴线间平行度指标应非常高才行。

分析如图 2.41a 所示的机构可知, 由于 C 副连接于动平台, 则动平台沿着 y 轴的移动将受到限制。若 C 副过长的话, 其刚度会变得很差。此外, 增加 C 副的精度往往很困难。因此, 可将 C 副分成两个运动副, 即一个 R 副和一个同轴的 P 副, 并将 P 副置于与定平台尽可能近的地方。这样改进后的机构如图 2.47 所示, 该机构

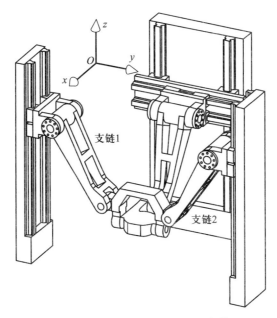

图 **2.47** 2–PRRR&1–PPRR 机构

由 2–PRRR&1–PPRR 运动链构成。经改进后, 机构的刚度和精度性能都会增加。此改进思想同样可用于其他机构中。

分析如图 2.28d 所示的 3–[PP]S 并联机构可知, 各支链中球铰的中心始终在一个平面内运动, 同时由于平行四边形闭环子链的存在, 当支链改变其位姿时, 球铰窝杆的姿态保持不变 (图 2.48)。该机构动平台的转动能力因此而得到较好的保证。鉴于由移动副构成的输出杆可维持其姿态, 故将平行四边形闭环子链替换为组合杆和 P 副。替换后的机构称为 3–PPS 并联机构。图 2.49a 所示为该类机构的一般构型。其中, 水平线与第一个 P 副方向呈 α' 角, 两 P 副方向呈 α 角, 且 $|\alpha - \alpha'| \neq 90°$。假定离定平台最近的移动运动副是驱动关节, 并被称为第 1 P 副。同时, 另一个移动副则被称为第 2 P 副。考虑到 3–PPS 机构可沿垂直方向移动, 且第 2 P 副不是驱动关节, 故该运动副不能处于垂直方向。由于圆柱副在运动学上等效于移动副和转动副的组合, 故可将 3–PPS 机构改进为 3–PCU 机构。比如, $\alpha = \alpha' = 90°$ 的 3–PPS 机构 (图 2.49b) 等价于如图 2.50 所示的 3–PCU 机构。Liu 等 (2004) 提出并分析了该机构。经 Liu 和 Bonev (2008) 分析可知, 与如图 1.22 所示的 3–PRS 机构相比, 图 2.49b 所示的 3–PPS 机构在其整个工作空间中具有非常稳定的性能。通常, 各驱动方向相同的并联机构在驱动方向上具有优势, 即其性能在该方向上保持不变 (Liu et al., 2006a)。因此, 分别如图 2.49b 和图 2.50 所示的 3–PPS 和 3–PCU 机构常受青睐。

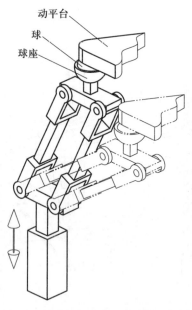

图 2.48 如图 2.28d 所示 3–[PP]S 并联机构中的一条支链, 当支链改变其位姿时, 球铰窝杆的姿态保持不变

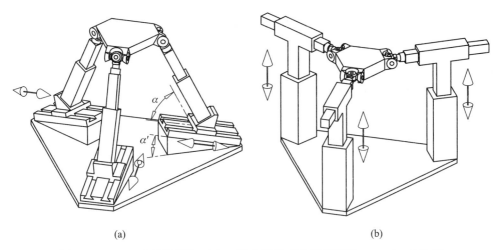

图 2.49 3–PPS 并联机构: (a) 一般构型下; (b) 特殊情况 $\alpha = \alpha' = 90°$ 下

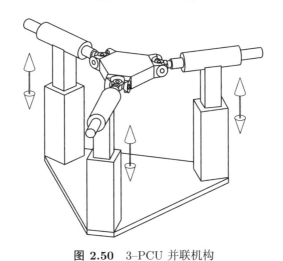

图 2.50 3–PCU 并联机构

2.3.3 基于 Grassmann 线几何和线图法的并联机构构型综合

1. 理论基础

线几何 (line geometry) 原理是探讨空间线簇几何特性的一种系统化的数学理论。该原理将线矢量的相关性用线簇的维数进行分类表达。Grassmann 研究了一些典型线簇的几何特性, 并给出了 1~5 维空间线簇的分类表达 (表 2.10), 后人称之为 Grassmann 线几何。研究发现, 这种将空间线簇按其维数进行分类表达的方式, 更容易与机构自由度和约束的相关研究相结合。而在机构学领域,Grassmann 线几何已被应用在机构奇异性分析以及柔性机构构型综合中。基于 Grassmann 线几何的分类表达, 可将空间线簇赋予相应的运动和约束的物理意义。通过线矢量和偶量线图的方式来描述机构中的运动与约束。这里定义如表 2.11 所示的描述运动和约束的 4 个基本线图元素。其中, 红色 (正文为灰色) 表示约束, 蓝色 (正文为黑色) 表示自由度;

直线线条表示线矢量, 直线带双箭头则表示偶量。表 2.11 中所示的 4 个基本线图元素可张成表达 $n(n \leqslant 6)$ 维自由度空间或者约束空间的线图。本节将这种采用自由度空间线图或约束空间线图描述机构运动或约束的方法称为线图法。该方法直观且物理意义明确, 便于以最直观的方式对机构的运动和约束进行定性分析。

表 2.10   Grassmann 线几何

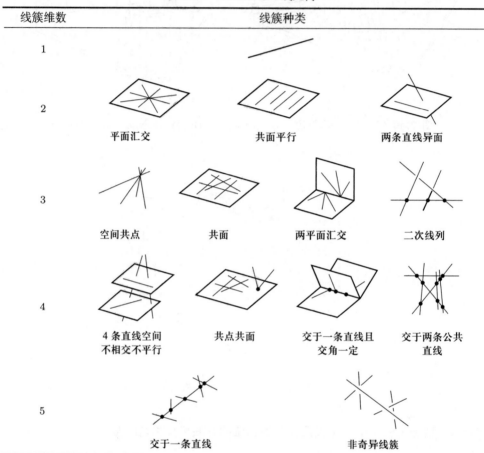

线簇维数	线簇种类
1	
2	平面汇交 共面平行 两条直线异面
3	空间共点 共面 两平面汇交 二次线列
4	4 条直线空间不相交不平行 共点共面 交于一条直线且交角一定 交于两条公共直线
5	交于一条直线 非奇异线簇

表 2.11   线图基本元素及物理意义

线图元素	数学意义	物理意义
	线矢量	转动自由度
	线矢量	约束力
	偶量	移动自由度
	偶量	约束力偶

为了获得自由度空间线图或约束空间线图的同维等价线图, 根据集合论中的维数定理 (即线图空间总维数不变原则) 可将 Grassmann 线几何的基本判据归纳如下:

(1) 平面内最多只有 3 条独立线, 所有平行线或相交于一点的所有线只有两条相互独立;

(2) 空间内相交于一点的所有线及所有平行线中只有 3 条相互独立, 所有平行偶量中只有一条独立;

(3) 两个相交平面内的两组相交线或者一组相交线和一组平行线, 如果相交线的交点在两平面的交线上, 则只有 3 条相互独立;

(4) 相交于同一直线的或有公共法线的两个及以上平面内的所有线中, 最多有 5 条相互独立。

基于以上基本判据, 可总结出如图 2.51 所示的两种常见的等价变换: 偶量与线矢量相互转换; 冗余线矢量或偶量的简化。

$$(a) \qquad\qquad\qquad (b)$$

图 2.51 等价变换方法: (a) 偶量与线矢量相互转换; (b) 冗余线的简化

基于这两种常见的等价变换可实现图 2.52 所示的空间线图的变换。其中, 可将线图①进行冗余线简化获得线图②, 再通过偶量与线矢量的转换获得线图③, 进而实现了从线图①到线图③的同维等价变换。

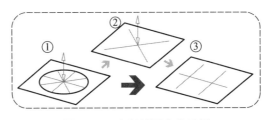

图 2.52 空间线图变换示例

通常, 线图中包含多条线及偶量, 根据上述判据可以得到线图中独立线的数量, 也可实现该线图的同维等价变换。而对同一机构的自由度和约束的描述中, 所得的自由度线图和约束线图之间存在密切的联系, 这种联系也称为对偶关系, 那么该如何揭示自由度线图和约束线图之间的对偶关系并实现两种线图之间的对偶转换呢? 为了解决这个问题, 本节引入 Blanding 法则 (Blanding, 1999) 及其广义化原则 (Yu, 2011), 可概括总结为:

(1) 自由度线图中的线矢量与约束线图中的线矢量相交, 与约束线图中的偶量正交;

(2) 自由度线图中的偶量与约束线图中的线矢量正交, 与约束线图中的偶量方向任意。

根据约束力对自由度方向上的运动不作功的原则可将上述法则表述为图 2.53 ~ 图 2.55 所示关系:

(1) 转动和纯力 (图 2.53)。力的作用线与转动轴线相交以保证功率为零。其中, 平行是相交的特殊情况。

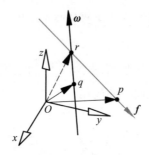

图 2.53　线与线相交

(2) 平动和纯力、转动与力矩 (图 2.54)。作用线相互垂直以保证功率为零。

图 2.54　线与偶量正交

(3) 任意平动和力矩之间功率为零 (图 2.55)。

图 2.55　偶量与偶量之间方向任意

利用上述法则可以实现同一机构的自由度空间线图和约束空间线图的对偶转换, 为构型综合奠定了重要的理论基础。为了进一步保证综合所得机构的功能有效性, 根据并联机构奇异的分类: 约束奇异、输出传递奇异以及输入传递奇异, 提出如下 3 条奇异规避原则以保证所得机构在给定初始位姿具有连续的工作空间:

(1) 规避约束奇异。按各支链的约束线图在定平台上合理布置各运动支链以保证约束力旋量 $\boldsymbol{S}_{Ci}$ 不降阶, 约束力旋量 $\boldsymbol{S}_{Ci}$ 与约束运动旋量 $\boldsymbol{S}_{CMi}$ 互易积不为零,

即

$$\dim\{\boldsymbol{S}_{\text{C2}},\boldsymbol{S}_{\text{C2}},\cdots,\boldsymbol{S}_{\text{C}(6-n)}\} = 6-n, \quad \boldsymbol{S}_{\text{C}i}\circ\boldsymbol{S}_{\text{CM}i}\neq 0 \tag{2.30}$$

式中, n 为机构自由度。

(2) 规避输出传递奇异。合理布置动平台以保证传递力旋量 $\boldsymbol{S}_{\text{T}j}$ 不降阶, 且各支链上的传递力旋量 $\boldsymbol{S}_{\text{T}j}$ 与相应的输出运动旋量 $\boldsymbol{S}_{\text{O}j}$ 之间的互易积不为零, 即

$$\dim\{\boldsymbol{S}_{\text{T}1},\boldsymbol{S}_{\text{T}2},\cdots,\boldsymbol{S}_{\text{T}n}\} = n, \quad \boldsymbol{S}_{\text{T}j}\circ\boldsymbol{S}_{\text{O}j}\neq 0 \tag{2.31}$$

(3) 规避输入传递奇异。各支链上的输入运动旋量 $\boldsymbol{S}_{\text{I}k}$ 和传递力旋量 $\boldsymbol{S}_{\text{T}k}$ 的互易积不为零, 线与线不相交 (不共面)、线与偶量不正交, 即

$$\boldsymbol{S}_{\text{I}k}\circ\boldsymbol{S}_{\text{T}k}\neq 0 \tag{2.32}$$

2. 构型综合流程

基于上述理论基础, 可以根据所要设计的机构自由度形式确定自由度空间线图, 根据 Blanding 法则及其广义化原则得到相应的约束空间线图, 通过线图等价关系确定约束空间线图的同维子空间线图, 将所得同维子空间线图进行拆分并合理分配到各个支链, 进而通过配置支链结构形式并结合奇异规避原则获得机构构型。完整的构型综合流程如图 2.56 所示。

3. 构型综合方法应用

下面以综合实现 SCARA 运动的并联机构为例, 说明线图法在构型综合中的应用。

实现 SCARA 运动的机构自由度空间可由如图 2.57a 所示的 4 维 (三转一移) 空间线图来表示。通过引入 Blanding 对偶法则, 可获得如图 2.57b 所示的对偶线图, 该线图是一个相交于一点的平面力偶约束空间。显然, 图 2.57b 所示的约束空间可直接分解为相互正交的两个一维偶量约束 (可由力旋量 $\boldsymbol{S}_{\text{C1}}$ 和 $\boldsymbol{S}_{\text{C2}}$ 表示), 如图 2.58a 和图 2.58b 所示。

由此可获得该机构各支链的约束空间和自由度空间, 如表 2.12 所示, 该机构共有 4 条支链, 且每条支链被分配了一个如图 2.58 所示的一维约束力偶。这样, 该机构每条支链的自由度空间为一个 5 维线图。以第 1 条支链为例, 其自由度空间可由图 2.59 所示的线图表示。根据该线图的物理意义, 该支链是一个能够实现三维移动和两维转动的 5 自由度运动学支链。对于这样一条支链, 从运动学角度有很多种实现方式, 如 PUU、RUU、PR (Pa)RR、UPU、RR (Pa)RR, 等等。

考虑到各条支链的刚度特性, 方便装配以及对于高速机器人通常采用转动副作为主动驱动输入, 在这里的设计中采用 R(Pa*)R 运动支链。其具体实现形式如图 2.60 所示。该支链通过主动驱动的转动副 R 与定平台相连。在该支链中, (Pa*) 为复合式平行四边形机构, 其 CAD 模型和运动简图如图 2.61a 和图 2.61b 所示。

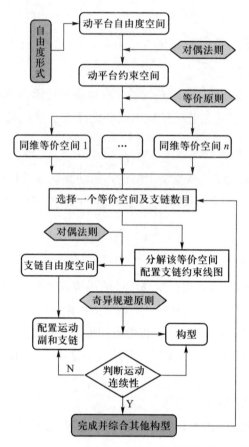

图 2.56　基于 Grassmann 线几何和线图法的并联机构构型综合完整流程

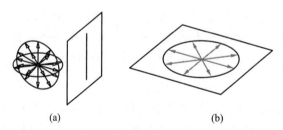

图 2.57　3T1R 型空间机构的空间线图: (a) 自由度空间; (b) 约束空间

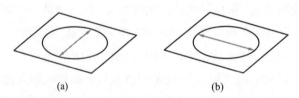

图 2.58　两个相互垂直的一维约束力偶线图: (a) 力旋量 $\boldsymbol{S}_{C1}$; (b) 力旋量 $\boldsymbol{S}_{C2}$

表 2.12　4 条支链的约束空间和自由度空间

支链	约束空间	自由度空间
支链 1		
支链 2		
支链 3		
支链 4		

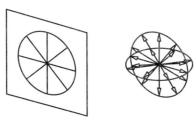

图 2.59　具有一个力偶约束的 5 自由度运动支链的自由度空间线图

从图 2.60 和图 2.61 可知, 与 DELTA 和 H4 中采用的平行四边形机构 (Pa) 类似, 该复合式平行四边形机构 (Pa*) 由 4 个球铰 (S_1、S_2、S_3 和 S_4) 将 4 个杆件首尾顺次相连, 同时含有两个弹性胀紧装置 (k_1 和 k_2)。该设计非常有利于装配。这里 (Pa) 和 (Pa*) 的主要区别在于: 杆件 S_1S_3 和 S_2S_4 之间的 RPR 运动学支链 (即 $R_{r1}P_{r1}R_{r2}$ 和 $R_{r3}P_{r2}R_{r4}$)。实际上, 为了实现该支链所需的约束至少需要其中一个 RPR。此外, 由于采用了 RPR 支链, 复合式平行四边形机构 (Pa*) 的刚度得到了明显提升。

类似地, 其他支链也可以通过同样的方式实现。值得注意的是, 图 2.60 所示支链提供了如图 2.58a 所示的约束力旋量 $\boldsymbol{S}_{C1}$, 且该力旋量的轴线应垂直于主动驱动副 <u>R</u> 的轴线。基于此, 可获得对应于表 2.12 所列出的约束空间的 4 条支链的机械设

图 2.60 5 自由度运动支链 R (Pa*) R 的 CAD 模型 (见书后彩图)

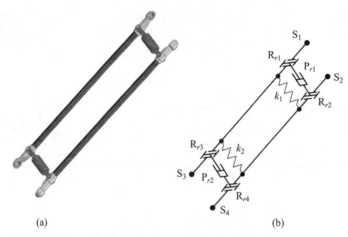

(a)   (b)

图 2.61 设计中采用的改进平行四边形机构 (Pa*) (见书后彩图): (a) CAD 模型; (b) 运动学简图

计实现方式, 具体如表 2.13 所示, 可见, 在 4 条支链中,4 个约束力旋量的轴线以及主动驱动转动副的轴线相互垂直。

表 2.13　4 条支链的机械设计实现形式

	支链 1	支链 2	支链 3	支链 4
约束空间				
对应于约束空间的支链实现形式				

通过表 2.13 所获得的支链来构建有效的并联机构, 即在其初始位置具有连续的工作空间, 首先应该消除在初始位置附近的所有可能的奇异。通常, 并联机构的奇异可以划分为 3 类: 约束奇异、输出传递奇异以及输入传递奇异。在此基础上, 按照上述奇异规避原则, 需要通过以下 3 步来实现机构构建:

(1) 严格按照约束空间布置各个支链以消除约束奇异 (即保证 $\boldsymbol{S}_{Ci} \circ \boldsymbol{S}_{CMi} \neq 0$, $i = 1, 2$; 其中, $\boldsymbol{S}_{CMj}$ 表示第 i 个支链约束的运动)。结果如图 2.62 所示, 图 2.58 中所列出的约束条件 (也就是, 力旋量 $\boldsymbol{S}_{C1}$ 和 $\boldsymbol{S}_{C2}$ 的轴线相互垂直) 得到了完全满足。此时, 力旋量 $\boldsymbol{S}_{C1}$ 和 $\boldsymbol{S}_{C2}$ 的维数为 2 (即 $\dim\{\boldsymbol{S}_{C1}, \boldsymbol{S}_{C2}\} = 2$)。

(2) 确保传递力旋量不降秩以消除输出传递奇异 (也就是保证 $\boldsymbol{S}_{Tj} \circ \boldsymbol{S}_{Oj} \neq 0, j = 1, 2, 3, 4$; 其中, $\boldsymbol{S}_{Tj}$ 表示第 j 条支链的传递力旋量, $\boldsymbol{S}_{Oj}$ 表示第 j 个输出运动旋量)。对于图 2.62 所示的每条支链均存在一个沿 C_jP_j 方向传递的纯力, 以力旋量 $\boldsymbol{S}_{Tj}$ 表示。进而, 应该满足条件 $\dim\{\boldsymbol{S}_{T1}, \boldsymbol{S}_{T2}, \boldsymbol{S}_{T3}, \boldsymbol{S}_{T4}\} = 4$。如果 4 条支链按图 2.63 所示进行全对称布置, 即点 B_j 和 P_j 在两个圆上按圆周对称分布, 所述 4 个传递力旋量将在空间交汇于一点 A, 且该点位于对称轴 OO' 上, 此时, $\dim\{\boldsymbol{S}_{T1}, \boldsymbol{S}_{T2}, \boldsymbol{S}_{T3}, \boldsymbol{S}_{T4}\} = 3$, 以 OO' 为轴线的一个螺旋运动将处于无约束状态。

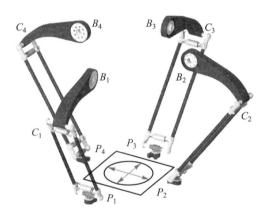

图 **2.62** 4 个支链的布置形式 (见书后彩图)

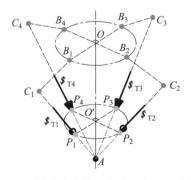

图 **2.63** 导致输出传递奇异发生的一种情形

类似地, 在图 2.64 所示的两种情形下, 绕轴线 OO' 的一个旋转运动将处于无约束状态。在图 2.64a 中, $\boldsymbol{\$}_{T1}$、$\boldsymbol{\$}_{T3}$ 和 $\boldsymbol{\$}_{T2}$、$\boldsymbol{\$}_{T4}$ 分别重叠于点 E_1 和 E_2, 且 E_1 和 E_2 位于对称轴线 OO' 上。在图 2.64b 中, $\boldsymbol{\$}_{T1}$、$\boldsymbol{\$}_{T2}$、$\boldsymbol{\$}_{T3}$ 和 $\boldsymbol{\$}_{T4}$ 分别于轴线 OO' 相交于 F_1、F_2、F_3 和 F_4。以上情形存在一个共同点:4 个传递力旋量同时与对称轴线相交, 并导致 $\dim\{\boldsymbol{\$}_{T1},\boldsymbol{\$}_{T2},\boldsymbol{\$}_{T3},\boldsymbol{\$}_{T4}\}=3$。因此, 以上布置方式应该避免。

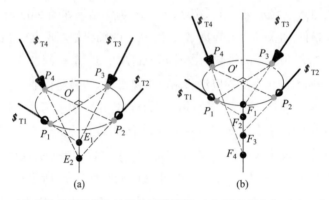

图 2.64 输出传递奇异发生的另外两种情形: (a) 两个相交点; (b) 4 个相交点

为了确保 $\dim\{\boldsymbol{\$}_{T1},\boldsymbol{\$}_{T2},\boldsymbol{\$}_{T3},\boldsymbol{\$}_{T4}\}=4$, 图 2.65 给出了一种解决方案 (图 2.65a 为前视图; 图 2.65b 为侧视图), 其中 $\boldsymbol{\$}_{T1}$、$\boldsymbol{\$}_{T4}$ 和 $\boldsymbol{\$}_{T2}$、$\boldsymbol{\$}_{T3}$ 相交于 G_1 和 G_2 两点, $\boldsymbol{\$}_{T1}$、$\boldsymbol{\$}_{T2}$ 和 $\boldsymbol{\$}_{T3}$、$\boldsymbol{\$}_{T4}$ 相交于 G_3 和 G_4 两点。值得注意的是, 这 4 个交点中没有任何一点位于对称轴线 OO' 上。如图 2.65 所示, 在 P_1P_3 和 P_2P_4 之间存在一个夹角 $\xi(\xi>90°)$。

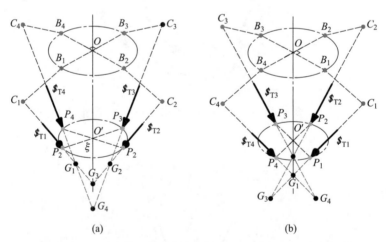

图 2.65 一种无输出传递奇异的情形: (a) 前视图; (b) 侧视图

(3) 避免输入运动旋量和传递力旋量的轴线共面以消除输入传递奇异 (即确保 $\boldsymbol{\$}_{Ij}\circ\boldsymbol{\$}_{Tj}\neq 0$; 其中, $\boldsymbol{\$}_{Ij}$ 代表第 j 条支链上的主动驱动的输入运动旋量)。图 2.66 中给出了一种发生输入传递奇异的情形, 此时主动驱动的输入运动旋量 $\boldsymbol{\$}_{Ij}$ (其轴线与

转动副 B_j 的旋转轴线重合) 与传递力旋量 $\boldsymbol{S}_{\mathrm{T}j}$ 相交于点 Q。

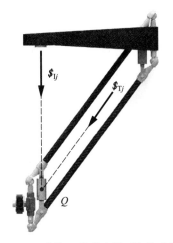

图 2.66 一种输入传递奇异 (见书后彩图)

以上 3 步可归结为表 2.14 所示的构型综合过程总结。在此基础上, 便获得了一个可实现 SCARA 运动的并联机构, 该机构可表示为 4–R(Pa*)R。其机械设计实现方式如图 2.67 所示, 在此概念设计中采用了 4 条完全相同的运动学支链以及单一动平台的结构形式。通过四个转动副的主动输入运动, 该机构的动平台可实现空间内的三维移动和一维绕竖直轴线的旋转运动 (3T1R)。

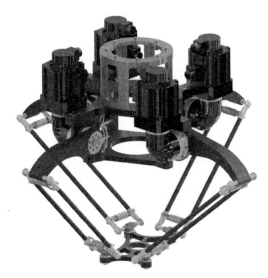

图 2.67 新并联机器人的 CAD 模型 (见书后彩图)

该并联机器人的仰视图如图 2.68 所示。值得一提的是, 4 个驱动电机 (即 4 个主动驱动的转动副 B_1、B_2、B_3 和 B_4) 在圆周上均匀布置, 而 4 个随动转动副 P_1、P_2、P_3 和 P_4 却不是以同样方式布置的。如前面的分析, P_1P_3 和 P_2P_4 之间的夹角 ξ 不等

表 2.14　构型综合过程总结

支链分布	支链约束空间图谱	自由度空间图谱	支链模型示例及运动副类型	奇异特性分析及规避
第 1 支链	一维约束力偶	三维移动和二维转动	R(Pa*)R	$\boldsymbol{\$}_{Tk} \circ \boldsymbol{\$}_{ki} \neq 0$
第 2 支链	一维约束力偶	三维移动和二维转动	R(Pa*)R	$\boldsymbol{\$}_{Ci} \circ \boldsymbol{\$}_{CMi} \neq 0$
第 3 支链	一维约束力偶	三维移动和二维转动	R(Pa*)R	$\boldsymbol{\$}_{Tj} \circ \boldsymbol{\$}_{Oj} \neq 0$
第 4 支链	一维约束力偶	三维移动和二维转动	R(Pa*)R	

于 90° ($\xi \neq 90°$)。如果 $\xi = 90°$, 该机器人将是无效的。基于该机器人动平台与各支链的分布特征, 这里将该机器人命名为 X4。

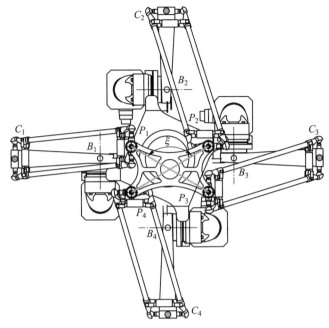

图 2.68 图 2.67 所示并联机器人的仰视图

2.4 小结

• 根据自由度类型设计并联机构新构型是非常具有挑战性的复杂过程, 通常需要系统的理论方法来支撑。现有方法有约束旋量法、位移群法、位移流形法、单开链法、G_F 集法等。

• 本章着重介绍了 3 种适合并联机构的构型综合方法: 观察法、演化法和线图法。总体特点是简单、实用。

• 基于上述方法, 对 2~6 自由度并联机构 (特别对含平行四边形闭环子链的少自由度并联机构) 进行了构型综合, 得到了大量结构紧凑、实效性较强的新构型。

• 对并联机构构型综合的同时, 还伴随有自由度分析验证、奇异分析、输入选取等内容。

参考文献

Blanding D L (1999) Exact constraint: Machine design using kinematic processing. ASME Press, New York.

Carricato M, Parenti-Castelli V (2003) A family of 3-DOF translational parallel manipulators. ASME Journal of Mechanical Design, 125(2): 302-307.

Ceccarelli M (1997) A new 3 D.O.F. spatial parallel mechanism. Mechanism and Machine Theory, 32(8): 895-902.

Chung Y H, Lee J W (2001) Design of a new 2 DOF parallel mechanism. In: Proceedings of IEEE/ASME International Conference on Advanced Intelligent Mechatronics, Como, Italy, 129-134.

Dafaoui E M, Amirat Y, Pontnau J, Francois C (1998) Analysis and design of a six-DOF parallel mechanism, modeling, singular configurations, and workspace. IEEE Transactions on Robotics and Automation, 14(1): 78-92.

Dai J S, Huang Z, Lipkin H (2006) Mobility of overconstrained parallel mechanisms. ASME J. Mech. Des., 128: 220-229.

Ebert-Uphoff I, Gosselin C M (1998) Kinematic study of a new type of spatial parallel platform mechanism. In: Proceedings of DETC ASME Design Engineering Technical Conferences, DETC/MECH-5962.

Fang Y, Tsai L W (2002) Structure synthesis of a class of 4-DOF and 5-DOF parallel manipulators with identical limb structures. Int. J. Robot. Res., 21(9): 799-810.

Frisoli A, Salsedo F, Bergamasco M (1999) Design of a new tendon driven haptic interface with six degrees of freedom. In: Proceedings of IEEE International Workshop on Robot and Human Interaction, Pisa, Italy, 303-308.

Gao F, Liu X J, Gruver W A (1998) Performance evaluation of two-degree-of- freedom planar parallel robots. Mechanism and Machine Theory, 33(6): 661-668.

Gogu G (2005) Mobility of mechanisms: A critical review. Mechanism and Machine Theory, 40: 1068-1097.

Hervé J M (1992) Group mathematics and parallel link mechanisms. In: Proceedings of IMACS/SICE Int. Symp. On Robotics, Mechatronics, and Manufacturing Systems, 459-464.

Hervé J M (1999) The Lie group of rigid body displacements, a fundamental tool for mechanism design. Mechanism and Machine Theory, 34(5): 719-730.

Honegger M, Brega R, Schweitzer G (2000) Application of a nonlinear adaptive controller to a 6 dof parallel manipulator. In: Proceedings of IEEE International Conference on Robotics & Automation, San Francisco, CA, 1930-1935.

Huang T, Li M, Zhao XM, et al (2005a) Conceptual design and dimensional synthesis for a 3-DOF module of the TriVariant: A novel 5-DOF reconfigurable hybrid robot. IEEE Transactions on Robotics, 21(3): 449-456.

Huang T, Wang Z X, Li M, et al (2005b) A 3-DOF pure translational parallel mechanism with asymmetrical architecture. China Patent, No. 03144282.X.

Huang T, Zhao X, Whitehouse D J (2002) Stiffness estimation of a tripod-based parallel kinematic machine. IEEE Transactions on Robotics and Automation, 18(1): 50-58.

Huang Z, Cao Y (2005) Property identification of the singularity loci of a class of Gough–Stewart manipulators. Int. J. Robot Res., 24: 675-685.

Huang Z, Li Q C (2002) General methodology for the type synthesis of lower-mobility symmetrical parallel mechanisms and several novel mechanisms. Int. J. Robot. Res., 21(2): 131-145.

Huang Z, Li Q C (2003) Type synthesis of symmetrical lower mobility parallel mechanisms using the constraint-synthesis method. Int. J. Robot. Res., 22(1): 59-79.

Hudgens J, Tesar D (1988) A fully-parallel six degree-of-freedom micromanipulator: Kinematics analysis and dynamic model. In: Proc. 20th Biennial ASME Mechanisms Conf., 29-38.

Hunt K H (1978) Kinematic geometry of mechanisms. Clerendon Press, Oxford.

Kim W K, Lee J Y, Yi B J (1997) Analysis for a planar 3 degree-of-freedom parallel mechanism with actively adjustable stiffness characteristics. In: Proceedings of IEEE International Conference on Robotics and Automation, New Mexico, 2663-2670.

Kong X, Gosselin C M (2004a) Type synthesis of 3-DOF translational parallel manipulators based on screw theory. ASME Journal of Mechanical Design, 126(1): 83-92.

Kong X, Gosselin C M (2004b) Type synthesis of 3T1R 4-DOF parallel manipulators based on screw theory, IEEE Trans. Rob. Autom., 20(2): 181-190.

Kutzbach K (1933) Einzelfragen aus dem gebiet der maschinenteile. Zeitschrift der Verein Deutscher Ingenieur, 77: 1168-1169.

Lerbet J (1987) Mecanique des systemes de solides rigides comportant des boucles fermees. Ph.D Thesis, Paris VI, Paris.

Liu G F, Lou Y J, Li Z X (2003) Singularities of parallel manipulators: A geometric treatment. IEEE Trans. Robot. Autom., 19(4): 579-594.

Liu X J (2001) Mechanical and kinematics design of parallel robotic mechanisms with less than six degrees of freedom. Post-Doctoral Research Report, Beijing: Tsinghua University, China. (in Chinese)

Liu X J, Bonev I A (2008) Orientation capability, error analysis, and dimensional optimization of two articulated tool heads with parallel kinematics. ASME Journal of Manufacturing Science and Engineering, 130(1), Article Number: 011015.

Liu X J, Jeong J, Kim J (2003a) A three translational DOFs parallel cube-manipulator. Robotica, 21(6): 645-653.

Liu X J, Pruschek P, Pritschow G (2004) A new 3-DOF parallel mechanism with full symmetrical structure and parasitic motions. In: Proc. International Conf. on Intelligent Manipulation and Grasping, Genoa, Italy, 389-394.

Liu X J, Tang X, Wang J (2005a) HANA: A novel spatial parallel manipulator with one rotational and two translational degrees of freedom. Robotica, 23(2): 257-270.

Liu X J, Wang J (2003b) Some new parallel mechanisms containing the planar four-bar parallelogram. International Journal of Robotics Research, 22(9): 717-732.

Liu X J, Wang J (2005) Some new spatial 3-DOF fully-parallel robotic mechanisms with high or improved rotational capability. J.X. Liu (editor). Robots Manipulators: New Research. Nova Science Publishers, New York, USA, 33-64.

Liu X J, Wang J, Kim J (2006a) Determination of the link lengths for a spatial 3-DOF parallel manipulator. Journal of Mechanical Design, 128: 365-373.

Liu X J, Wang J, Pritschow G (2005b) A new family of spatial 3-DOF fully-parallel manipulators with high rotational capability. Mechanism and Machine Theory, 40(4): 475-494.

Liu X J, Wang J, Wang L P, Gao F (2001b) On the design of 6-DOF parallel micro-motion manipulators. In: Proceedings of the IEEE/RSJ International Conference on Intelligent Robots and Systems, Maui, Hawaii, USA, 343-348.

Liu X J, Wang Q M, Wang J (2005c) Kinematics, dynamics and dimensional synthesis of a novel 2-DOF translational manipulator. Journal of Intelligent & Robotic Systems, 41(4): 205-224.

Lu Y, Lu Y, Ye N J, et al (2012) Derivation of valid contracted graphs from simpler contracted graphs for type synthesis of closed mechanisms. Mech. Mach. Theory, 52: 206-218.

McCloy D (1990) Some comparisons of serial-driven and parallel driven manipulators. Robotica, 8: 355-362.

Meng J, Liu G, Li Z (2007) A geometric theory for analysis and synthesis of sub-6 DOF parallel manipulators. IEEE Transactions on Robotics, 23(4): 625-649.

Merlet J P (2000) Parallel robots. Kluwer Academic Publishers, Netherlands: 15-49.

Metrom. PM1400. http: //www.multistation.com/METROM.

Ohya Y, Arai T, Mae Y, et al (1999) Development of 3-DOF finger module for micro manipulation. In: Proceedings of the 1999 IEEE/RSJ International Conference on Intelligent Robots and Systems, Kyongju, Korea, pp.894-899.

Pernette E, Clavel R (1996) Parallel robots and microrobotics. In: ISRAM'96, Montpellier, pp.535-542.

Pierrot F, Company O. H4: A new family of 4-DOF parallel robots. In: 1999 IEEE/ASME International Conference on Advanced Intelligent Mechatronics, 1999: 508-513.

Pierrot F, Dauchez P, Fournier A (1991) Towards a fully-parallel 6 d.o.f. robot for high speed applications. In: Proceedings of IEEE International Conference on Robotics & Automation, Sacramento, California, 1288-1293.

Pierrot F, Reynaud C, Fournier A. DELTA-a simple and efficient parallel robot. Robotica, 1990, 8: 105-109.

Rico J M, Aguilera L D, Gallardo J, et al. (2006) A more general mobility criterion for parallel platforms. ASME J. Mech. Des., 128: 207-219.

Sorli M, Ferraresi C, Kolarski M, et al (1997) Mechanics of TURIN parallel robot. Mechanism and Machine Theory 32(1): 51-57.

Tahmasebi F (1992) Kinematic synthesis and analysis of a novel class of six-DOF parallel minimanipulators. Ph.D Thesis, University of Maryland.

Tsai L W (1996) Kinematics of a three-DOF platform with extensible limbs. In: Recent Advances in Robot Kinematics, J. Lenarcic and V. Parenti-Castelli (eds.). Kluwer Academic Publishers, 401-410.

Wahl J. Articulated tool head. US Patent, US6431802 B1. 2000.

Wang J, Gosselin C M (1999) Static balancing of spatial three-degree-of-freedom parallel mechanisms, Mechanism and Machine Theory, 34: 437-452.

Yang T L (2004) Topology structure design of robot mechanisms. Beijing: China Machine Press. (in Chinese)

Yu J J, Dai J S, Bi S S, et al (2010) Type synthesis of a class of spatial lower-mobility parallel mechanisms with orthogonal arrangement based on Lie group enumeration. Science China-Technological Sciences, 53: 388-404.

Yu J J, Li S Z, Pei X, et al (2011) A unified approach to type synthesis of both rigid and flexure parallel mechanisms. Science China-Technological Sciences, 54(5): 1206-1219.

Zhang D, Gosselin C M (2002) Kinetostatic analysis and design optimization of the Tricept machine tool family. ASME Journal Manufacturing Science Engineering, 2002, 124(3): 725-733.

Zhang D, Gosselin C M (2002) Kinetostatic modeling of parallel mechanisms with a passive constraining leg and revolute actuators. Mechanism and Machine Theory 37: 599-617.

高峰, 杨加伦, 葛巧德 (2010). 并联机器人型综合的 GF 集理论. 北京: 科学出版社.

黄真, 赵永生, 赵铁石 (2006). 高等空间机构学. 北京: 高等教育出版社.

赵铁石 (2000) 空间少自由度并联机器人机构分析与综合的理论研究. 博士学位论文, 秦皇岛: 燕山大学.

第二篇　性能评价与优化设计

　　运动学设计是机器人/装备设计开发的最主要环节之一, 直接影响整机性能。由于并联机构的多闭环结构和多参数特点, 运动学设计是一个非常具有挑战性的难题, 主要探讨两个主题: 性能评价 ("性") 和尺度综合 ("度")。

　　基于运动/力的传递和约束特性更能反映并联机器人机构的本质特性, 作者以旋量理论为数学工具, 从运动/力的传递和约束层面建立起一套适用于并联机构的性能评价指标体系及运动学优化设计方法。本篇共计 3 章, 首先构建起反映并联机构运动和力传递/约束特性的性能评价体系, 基于这些性能指标, 进一步研究并联机构的奇异性, 并重点探讨了并联机器人机构的运动学优化设计方法。

第 3 章　并联机器人机构的运动/力性能分析及评价

　　运动学设计是机器人/装备设计开发的最主要环节之一, 直接影响整机性能。由于并联机构的多闭环结构和多参数特点, 在并联机构研究领域中, 运动学设计是一个非常具有挑战性的难题 (Chablat et al., 2003; Liu et al., 2006; Hay et al., 2004; Wu et al., 2010), 通常需要探讨两方面的问题: 性能评价 (Liu et al. 2008) 和尺度综合 (Chu et al., 2010)。尺度综合的目的是通过一定的方法来确定所设计机构的几何参数, 而性能评价则是尺度综合的前提和先决条件。

　　那么该如何合理有效地进行并联机构的性能评价? 这个问题一直困扰着该领域内的学者。通常, 学者们将串联机构领域的性能评价指标直接引入和应用到并联机构中。这里以应用最为广泛的局部条件数指标 LCI (Merlet, 2006; Liu et al., 2010) 为例, 该指标为雅可比矩阵条件数的倒数, 是一个在串联机构领域内定义完善且用于评价机构灵巧度的性能指标。在并联机构领域,LCI 被直接应用在精度、灵巧度以及距离奇异远近的评价中。然而研究发现, 当该指标应用在具有移动和转动混合自由度的并联机构时, 由于雅可比矩阵中元素的单位量纲不统一致使该指标存在严重的不一致性 (Merlet, 2006)。不仅如此, 在应用 LCI 分析只具有平动自由度的并联机构时, 发现该指标的分布存在集聚现象 (Liu et al., 2008; Wang et al., 2009)。另外, 为了达到消除奇异及接近奇异位形的目的, 往往通过指定一个 LCI 的最小值来定义优质工作空间 (Liu et al., 2006), 但是 LCI 的取值与坐标系的定义直接相关, 所指定的最小值是任意的和相对的。换言之, 当坐标系的建立方式改变时 LCI 值将会不同。这些事实均表明 LCI 的物理意义不明确, 指标 LCI 并不适合作为并联机构运动学设计的性能评价标准。

众所周知, 并联机构的本质功能是通过机构的内力将输入关节的运动传递到动平台, 以形成自由度方向的运动, 且约束住约束度方向上的受限运动, 与此同时抵抗动平台所受的外力, 究其本质其作用不外乎输出运动或抵抗外载荷。换言之, 并联机构的工作机理是在机构的输入端 (支链驱动端) 和输出端 (动平台、末端执行器) 之间传递、约束相关的运动和力, 运动/力传递和约束特性反映了并联机构的本质特性, 是影响并联机器人系统最终工作性能的最重要因素之一。对于串联机构主要关注其运动的传递, 用 LCI 来评价其灵巧度是合理的; 对于并联机构, 运动和力的传递/约束是其区别于串联机构的一个非常具有代表性的特征, 因此有必要综合评价其运动/力传递性能而不是灵巧度。鉴于此, 本书将从运动/力的传递和约束层面建立适用于并联机构的性能评价指标体系。

经典的传动角理论 (Balli et al., 2002) 为解决上述问题提供了一个可行的方案, 该理论已用于平面 4 杆机构的运动/力传递性能分析中。平面 4 杆机构是一个单闭环结构, 而并联机构是多闭环结构, 两者存在一定的共性特征。因此, 传动角的概念可以用于并联机构的运动/力传递性能评价。在该思想的启发下, Liu 等基于正传动角和逆传动角 (Wang et al., 2009) 提出了局部传递指标来评价平面并联机构或解耦空间并联机构的运动/力传递性能 (Xie et al., 2010)。针对任意的空间并联机构, Chen 等 (2007) 基于旋量理论的虚拟系数概念提出了广义传递指标。在上述工作的基础上, 本章将介绍针对任意并联机构的运动/力传递与约束性能评价体系。

在机构学中, 自由度 (degree of freedom, DOF) 和约束度 (degree of constraint, DOC) 是一对典型的矛盾统一。无论是并联机构整体还是其串联支链都存在有运动自由度, 即允许的空间运动; 同时存在一定的约束度, 即限制了另一部分运动 (全自由度机构或支链的约束度为空集 $\varnothing$)。此外, 所述的自由度和约束度之和为定值 n (平面机构中 $n = 3$; 空间机构中 $n = 6$)。例如一个空间并联机构允许三维移动自由度, 必然对应地约束了三维转动运动。如何描述并联机构中广义运动、广义力以及它们之间的映射关系, 是研究并联机构的本质特性的前提。本书将采用旋量理论这一现代数学工具 (关于旋量理论的数学基础, 详见附录) 描述并联机构中存在的各种运动和力, 从力旋量和运动旋量的互易积 (Ball, 1990) 着手, 在自由度空间和约束空间内分别定义运动/力传递特性指标和运动/力约束特性指标, 定性和定量地评价其运动/力传递和约束特性, 建立了如图 3.1 所示的并联机构运动学性能评价体系。

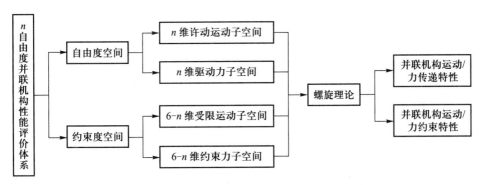

图 3.1 n 自由度并联机构运动/力本质特性评价体系

3.1 运动与力的旋量描述

3.1.1 运动旋量与螺旋运动

【**Chasles 定理**】 任意的刚体运动都可以通过螺旋运动即通过绕某轴的转动与沿该轴的移动的复合运动来实现, 也就是说刚体运动和螺旋运动是等价的, 也即刚体运动就是螺旋运动, 螺旋运动就是刚体运动。

根据 Chasles 定理可知, 任意的刚体运动都可以用一个运动旋量来表示。

【**定义 3.1**】 **螺旋运动** (screw motion) 的三要素是轴线 l、节距 h 和大小 ρ。螺旋运动表示绕轴 s 旋转 $\rho = \theta$, 再沿轴 s 平移距离 $h\theta$ 的合成运动。

当 $h = 0$ 时, 相应的螺旋运动为纯转动; 当 $h = \infty$ 时, 相应的螺旋运动为纯移动。表 3.1 给出了 4 种特殊的螺旋运动。

表 3.1 4 种特殊的螺旋运动

序号	运动形式	参数特征	Plücker 坐标	物理意义
1	过坐标原点的纯转动	$h = 0, r = 0$	$(\boldsymbol{\omega}, 0)$	可表示转动副
2	不过坐标原点的纯转动	$h = 0$	$(\boldsymbol{\omega}; r \times \boldsymbol{\omega})$	可表示转动副
3	纯移动	$h = \infty$	$(0; \boldsymbol{v})$	可表示移动副
4	单位螺旋运动	$\|\boldsymbol{\omega}\| = 1$ 或 $\boldsymbol{\omega} = 0$ 且 $\|\boldsymbol{v}\| = 1$	$(\boldsymbol{\omega}; \boldsymbol{v})$ 或 $(\boldsymbol{\omega}; r \times \boldsymbol{\omega} + h\boldsymbol{\omega})$	可描述转动副、移动副的刚体运动

3.1.2 力旋量

【**Poinsot 定理**】 作用在刚体上的任意力可等价为一个沿固定轴线的力和一个绕此轴的力矩。

于是根据 Poinsot 定理可知: 在某一参考坐标系下, 作用在刚体上的广义力包括移动分量 $\boldsymbol{f}$ (纯力) 和作用在一点上的转动分量 $\boldsymbol{\tau}$ (纯力矩)。该广义力可用一个力旋

量 $\boldsymbol{F}$ 来表示,其 Plücker 坐标为 $\boldsymbol{F} = (\boldsymbol{f}; \boldsymbol{\tau})$。

力旋量有两种特殊情况:① 力线矢,表示作用在刚体上的纯力,可表示为 $f(\boldsymbol{s}; \boldsymbol{s}_0)$,其中 f 为作用力的大小,$(\boldsymbol{s}; \boldsymbol{s}_0)$ 为单位线矢量;② 力偶,在刚体上作用两个大小相等、方向相反的平行力构成一个力偶,可用 $\tau(0; \boldsymbol{s})$ 来表示,其中 τ 为力偶的大小。力偶是自由矢量,可在刚体内自由地平行移动,但不改变对刚体的作用效果。各种物理量的旋量坐标之间的比较如表 3.2 所示。

表 3.2   各种物理量的旋量坐标比较

类别	节距特点	运动学	静力学	通用表达式
线矢量	$h = 0$	角速度 $(\boldsymbol{\omega}; \boldsymbol{r} \times \boldsymbol{\omega})$	力 $(\boldsymbol{f}; \boldsymbol{r} \times \boldsymbol{f})$	$(\boldsymbol{s}; \boldsymbol{s}_0)$ 或 $(\boldsymbol{s}; \boldsymbol{r} \times \boldsymbol{s})$
偶量	$h = \infty$	线速度 $(0; \boldsymbol{v})$	力偶 $(0; \boldsymbol{\tau})$	$(0; \boldsymbol{s})$
旋量	h 为有限值	螺旋速度 $(\boldsymbol{\omega}; \boldsymbol{v})$ 或 $(\boldsymbol{\omega}; \boldsymbol{r} \times \boldsymbol{\omega} + h\boldsymbol{\omega})$	力旋量 $(\boldsymbol{f}; \boldsymbol{\tau})$ 或 $(\boldsymbol{f}; \boldsymbol{r} \times \boldsymbol{f} + h\boldsymbol{f})$	$(\boldsymbol{s}; \boldsymbol{s}^0)$ 或 $(\boldsymbol{s}; \boldsymbol{r} \times \boldsymbol{s} + h\boldsymbol{s})$

3.1.3   运动旋量与力旋量的互易积

这里,针对上述概念所涉及的物理意义进行相应阐述。如图 3.2 所示,假设某一刚体只允许沿单位旋量 $\boldsymbol{\$}_1$ 做螺旋运动,其相应的单位运动旋量可表示为 $\boldsymbol{\zeta} = \rho_1(\boldsymbol{w}_1; \boldsymbol{v}_1) = \rho_1(\boldsymbol{w}_1; \boldsymbol{r}_1 \times \boldsymbol{w}_1 + h_1\boldsymbol{w}_1)$,在此刚体上沿单位旋量 $\boldsymbol{\$}_2$ 的方向作用一个单位力旋量 $\boldsymbol{F} = \rho_2(\boldsymbol{f}_2; \boldsymbol{\tau}_2) = \rho_2(\boldsymbol{f}_2; \boldsymbol{r}_2 \times \boldsymbol{f}_2 + h_2\boldsymbol{f}_2)$。$r_1$ 和 r_2 分别是 $\boldsymbol{\$}_1$ 和 $\boldsymbol{\$}_2$ 的轴线与它们的公垂线的交点,d 表示 r_1 和 r_2 之间的距离,θ 是 $\boldsymbol{\$}_1$ 和 $\boldsymbol{\$}_2$ 轴线之间的夹角。于是,力旋量 $\boldsymbol{F}$ 与运动旋量 $\boldsymbol{\zeta}$ 的互易积为

$$
\begin{aligned}
\boldsymbol{F} \circ (\boldsymbol{\zeta}) &= \rho_1\rho_2(\boldsymbol{f}_2 \cdot \boldsymbol{v}_1 + \boldsymbol{\tau}_2 \cdot \boldsymbol{w}_1) \\
&= \rho_1\rho_2[\boldsymbol{f}_2 \cdot (\boldsymbol{r}_1 \times \boldsymbol{w}_1 + h_1\boldsymbol{w}_1) + \boldsymbol{w}_1 \cdot (\boldsymbol{r}_2 \times \boldsymbol{f}_2 + h_2\boldsymbol{f}_2)] \\
&= \rho_1\rho_2[(h_1 + h_2)(\boldsymbol{w}_1 \cdot \boldsymbol{f}_2) + (\boldsymbol{r}_2 - \boldsymbol{r}_1) \cdot (\boldsymbol{f}_2 \times \boldsymbol{w}_1)] \\
&= \rho_1\rho_2[(h_1 + h_2)\cos\theta - d\sin\theta]
\end{aligned} \tag{3.1}
$$

由上式可见,$\boldsymbol{F}$ 与 $\boldsymbol{\zeta}$ 的互易积表示的物理意义是力旋量 $\boldsymbol{F}$ 对此运动刚体作功的瞬时功率。互易积的值越大,表示力旋量 $\boldsymbol{F}$ 作功的功率越大。当 $\boldsymbol{F}$ 与 $\boldsymbol{\zeta}$ 的互易

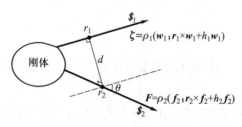

图 3.2   运动旋量与力旋量

积为零时, 则意味着力旋量与运动旋量的瞬时功率为零, 表示的物理意义为力旋量对该运动物体不作功。在机械系统中, 对机械元件不作功的力系只能是约束力系, 这就是反旋量的物理意义。

3.2　运动旋量与力旋量的求解

本节将对并联机构中的运动旋量和力旋量进行分析求解, 并研究它们之间的传递关系, 从而建立并联机构运动/力传递特性的分析方法。

3.2.1　传递与约束力旋量

在并联机构中, 末端执行器往往通过至少两条支链与机架 (或称作定平台) 相连接。一方面, 这些支链将来自输入关节的运动传递至输出端, 以实现末端执行器所要求完成的动作; 另一方面, 为了平衡作用在末端执行器上的外力, 这些支链还可能对末端执行器提供一定的约束力。无论在传递运动还是平衡外力的过程中, 支链中都会产生一些内力。运动/力传递特性分析的第一步就是求出机构运动学支链中存在的力旋量。

假设某条支链中含有 m 个运动副, 第 $i(i = 1, 2, \cdots, m)$ 个运动副具有 κ_i 个自由度, 于是可得该条支链中的运动副旋量集为

$$\boldsymbol{U} = \{\boldsymbol{\$}_1, \boldsymbol{\$}_2, \cdots, \boldsymbol{\$}_t\} \tag{3.2}$$

式中, $t = \sum\limits_{i=1}^{m} \kappa_i$, 表示该支链中运动副旋量的数目总和。

式 (3.2) 所示旋量集 $\boldsymbol{U}$ 可看作一个 $6 \times t$ 的矩阵, 若该矩阵的秩等于 $n(n \leqslant t)$, 则此支链可认为是一个 n 自由度的运动支链。于是, 可从旋量系 $\boldsymbol{U}$ 中选取 n 个相互线性无关的运动副旋量来组成一个 n 阶的旋量系 $\boldsymbol{U}_n$, 表示如下:

$$\boldsymbol{U}_n = \{\boldsymbol{\$}_1, \boldsymbol{\$}_2, \cdots, \boldsymbol{\$}_n\} \tag{3.3}$$

这 n 个运动副旋量便可作为该 n 阶旋量系的一组基。

这里, 根据支链自由度的数目来分类进行讨论。

1. $n < 6$

当支链的自由度数 $n < 6$ 时, 可得到 $6 - n$ 个线性无关的旋量 $\boldsymbol{\$}_j^r(j = 1, 2, \cdots, 6 - n)$ 与该支链运动副旋量系 $\boldsymbol{U}_n$ 中的旋量 $\boldsymbol{\$}_i(i = 1, 2, \cdots, n)$ 均互为反旋量, 即

$$\boldsymbol{\$}_i \circ \boldsymbol{\$}_j^r = 0 \quad (i = 1, 2, \cdots, n; j = 1, 2, \cdots, 6 - n) \tag{3.4}$$

由于旋量 $\pmb{\$}_j^r(j=1,2,\cdots,6-n)$ 可用来表示该支链对机构末端执行器所提供的约束力, 故将 $\pmb{\$}_j^r$ 称作该支链的约束力旋量 (constraint wrench screw, CWS), 后文中用 $\pmb{\$}_\mathrm{C}$ 来表示。

这 $6-n$ 个约束力旋量可构成该支链的 $6-n$ 阶约束力旋量系, 表示如下:

$$\pmb{U}_\mathrm{C}=\{\pmb{\$}_1^r,\pmb{\$}_2^r,\cdots,\pmb{\$}_{6-n}^r\}=\{\pmb{\$}_{\mathrm{C}1},\pmb{\$}_{\mathrm{C}2},\cdots,\pmb{\$}_{\mathrm{C}(6-n)}\} \tag{3.5}$$

若该 n 自由度支链中存在一个输入关节 (或称驱动关节), 那么该输入关节所对应的运动副旋量 $(\pmb{\$}_k)$ 就称为输入运动旋量 (input twist screw, ITS)。当此输入关节被锁住时, $\pmb{\$}_k$ 将不属于该支链的运动副旋量系 $\pmb{U}_n$, 此时 $\pmb{U}_n$ 减小为 $\pmb{U}_{n-1}$。于是可构造出至少一个新的旋量 $(\pmb{\$}_\mathrm{T})$ 不仅与 $\pmb{U}_{n-1}$ 中所有运动副旋量的互易积为零, 也即

$$\pmb{\$}_\mathrm{T}\circ\pmb{\$}_i=0\quad(i=1,2,\cdots,n;i\neq k) \tag{3.6}$$

同时还与约束力旋量系 $\pmb{U}_\mathrm{C}$ 中的所有约束力旋量相互之间线性无关。这样一个旋量表示的是支链中的广义传递力, 该传递力将来自输入关节的运动/力传递到机构的末端执行器。因此, $\pmb{\$}_\mathrm{T}$ 称作该支链的传递力旋量 (transmission wrench screw, TWS)。值得一提的是, 并联机构的一条支链可能含有一个或多个输入关节, 在该支链中, 传递力旋量的数目与输入关节的数目相等。

这里以图 3.3 所示的 CPU(C、P 和 U 分别表示圆柱副、移动副和万向节, 下划线表示驱动副) 支链为例来分析少自由度支链中的力旋量。

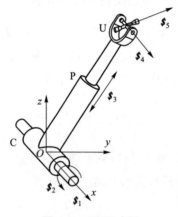

图 3.3 CPU 支链

在 CPU 支链中, 由于 P 副为单自由度运动副, 而 C 副和 U 副均为 2 自由度运动副, 那么该支链含有 5 个运动副旋量。相对于图 3.3 中所示的参考坐标系 $O-xyz$,

各运动副旋量可表示为

$$\begin{cases} \boldsymbol{S}_1 = (0, 0, 0; 1, 0, 0) \\ \boldsymbol{S}_2 = (1, 0, 0; 0, 0, 0) \\ \boldsymbol{S}_3 = (0, 0, 0; 0, \cos\alpha_1, \sin\alpha_1) \\ \boldsymbol{S}_4 = (1, 0, 0; 0, l_1\sin\alpha_1, -l_1\cos\alpha_1) \\ \boldsymbol{S}_5 = (0, \cos\alpha_2, \sin\alpha_2; l_2, 0, 0) \end{cases} \tag{3.7}$$

式中, l_1 和 l_2 分别表示旋量 $\boldsymbol{S}_4$ 和 $\boldsymbol{S}_5$ 的轴线与 x 轴之间的距离; α_1 和 α_2 分别表示旋量 $\boldsymbol{S}_3$ 和 $\boldsymbol{S}_5$ 的轴线与 x 轴之间的夹角。

通过简单的线性变换可知: 式 (3.7) 所表示的 5 个运动副旋量之间线性无关。因此, 该 CPU 支链为一个 5 自由度支链, 其运动副旋量系为一个 5 阶旋量系, 表示如下:

$$\boldsymbol{U}_5 = \{\boldsymbol{S}_1, \boldsymbol{S}_2, \cdots, \boldsymbol{S}_5\} \tag{3.8}$$

基于式 (3.4), 可求得该支链的约束力旋量为

$$\boldsymbol{S}_C = (0, 0, 0; 0, \sin\alpha_2, -\cos\alpha_2) \tag{3.9}$$

此约束力旋量表示的是 CPU 支链所提供的一个约束力矩, 其轴线经过万向节中心且与万向节平面垂直 (所谓的万向节平面指的是由万向节的两个转动副的轴线所确定的平面)。

由于支链中的 P 副为驱动副, 那么其对应的运动副旋量 $\boldsymbol{S}_3$ 为输入运动旋量。假定 P 副被锁住, $\boldsymbol{S}_3$ 将从 $\boldsymbol{U}_5$ 中删除, 此时 $\boldsymbol{U}_5$ 变为

$$\boldsymbol{U}_4 = \{\boldsymbol{S}_1, \boldsymbol{S}_2, \boldsymbol{S}_4, \boldsymbol{S}_5\} \tag{3.10}$$

因此, 根据式 (3.6) 和传递力旋量的定义可得该 CPU 支链的传递力旋量为

$$\boldsymbol{S}_T = (0, \cos\alpha_1, \sin\alpha_1; 0, 0, 0) \tag{3.11}$$

由上式可知, $\boldsymbol{S}_T$ 与式 (3.10) 中的 4 个运动旋量互易, 且与式 (3.9) 所示的约束力旋量线性无关。$\boldsymbol{S}_T$ 表示的是经过万向节中心且沿着 P 副移动方向的一个纯力。

2. $n = 6$

当支链的自由度数等于 6 时, 则称该支链为全自由度 (或 6 自由度) 支链。这类支链的运动副旋量系 $\boldsymbol{U}_6$ 中含有 6 个线性无关的运动副旋量, 因此不存在与这 6 个运动副旋量同时互为反旋量的力旋量。这意味着 6 自由度支链中不存在约束力, 故无法对机构的末端执行器提供约束力。

一般情况下, 6 自由度支链中都至少含有一个输入关节; 否则, 该支链将不会对机构运动和力的传递产生作用, 可能起到的作用是作为辅助支链对机构末端执行器

的位姿进行测量和信息反馈。这里,假设 6 自由度支链中有两个输入关节,对应的运动副旋量分别是 $\boldsymbol{S}_{k1}$ 和 $\boldsymbol{S}_{k2}$。当对应于 $\boldsymbol{S}_{k1}$ 的输入关节被锁住时,$\boldsymbol{S}_{k1}$ 将不属于该支链的运动副旋量系 U_6,由此将 $\boldsymbol{S}_{k1}$ 从 U_6 中删去,此时 U_6 减少为 U_5。那么,与 U_5 中所有运动副旋量均互为反旋量的力旋量,即为该 6 自由度支链中对应于 $\boldsymbol{S}_{k1}$ 的传递力旋量 $\boldsymbol{S}_{T1}$。同理,可得该支链中对应于 $\boldsymbol{S}_{k2}$ 的传递力旋量 $\boldsymbol{S}_{T2}$。与少自由度支链一样,6 自由度支链中传递力旋量的数目与输入关节的数目相等。

这里以图 3.4 所示的 CPS(S 表示球面副) 支链为例。由于 C 副可看作 P 副和 R 副的组合运动副,且其中的 P 副也为驱动副,故 CPS 支链也可表示为 (PR)PS 支链。

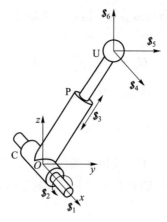

图 3.4 CPS 或 (PR)PS 支链

由于 S 副为 3 自由度运动副,其余均为单自由度运动副,那么该支链含有 6 个运动副旋量。相对于图 3.4 中参考坐标系 $O-xyz$,各运动副旋量可表示为

$$\boldsymbol{S}_1 = (0,0,0;1,0,0) \tag{3.12}$$

$$\boldsymbol{S}_2 = (1,0,0;0,0,0) \tag{3.13}$$

$$\boldsymbol{S}_3 = (0,0,0;0,\cos\alpha_3,\sin\alpha_3) \tag{3.14}$$

$$\boldsymbol{S}_4 = (1,0,0;0,l_3\sin\alpha_3,-l_3\cos\alpha_3) \tag{3.15}$$

$$\boldsymbol{S}_5 = (0,1,0;-l_3\sin\alpha_3,0,0) \tag{3.16}$$

$$\boldsymbol{S}_6 = (0,0,1;l_3\cos\alpha_3,0,0) \tag{3.17}$$

式中,l_3 表示球面副中心到 x 轴的距离; α_3 表示旋量 $\boldsymbol{S}_3$ 的轴线与 y 轴的夹角。通过简单的线性变换可知: 式 (3.12) ~ 式 (3.17) 所表示的 6 个旋量之间线性无关。那么,该 (PR)PS 支链为一个 6 自由度支链,其运动副旋量系为一个 6 阶旋量系,表示如下:

$$U_6 = \{\boldsymbol{S}_1, \boldsymbol{S}_2, \cdots, \boldsymbol{S}_6\} \tag{3.18}$$

式中, 两个 P 副分别对应于 $\pmb{S}_1$ 和 $\pmb{S}_3$。

假定对应于 $\pmb{S}_1$ 的输入移动副被锁住, 则将 $\pmb{S}_1$ 从 $\pmb{U}_6$ 中除去, 可得与 $\pmb{U}_6$ 中其余 5 个运动副旋量均互易的传递力旋量为

$$\pmb{S}_{\mathrm{T1}} = (1, 0, 0; 0, l_3 \sin \alpha_3, -l_3 \cos \alpha_3) \tag{3.19}$$

此传递力旋量表示的是沿 x 轴方向且经过球面副中心的一个纯力。

类似地, 当对应于 $\pmb{S}_3$ 的输入移动副被锁住, 可计算出与其对应的传递力旋量为

$$\pmb{S}_{\mathrm{T2}} = (0, \cos \alpha_3, \sin \alpha_3; 0, 0, 0) \tag{3.20}$$

此传递力旋量表示沿旋量 $\pmb{S}_3$ 轴线方向且经过球面副中心的一个纯力。

通过以上步骤可求得机构支链中存在的力旋量, 下一步便来确定机构所传递的运动旋量。

3.2.2 输入与输出运动旋量

对于并联机构的运动传递而言, 需要确定的运动旋量有两种: 一种是输入运动旋量 (input twist screw, ITS), 另一种则是输出运动旋量 (output twist screw, OTS)。由于并联机构的输入关节一般是单自由度, 因此当输入关节选定之后, 机构的输入运动旋量较易得到。然而, 由于并联机构一般至少具有两个自由度, 其末端执行器的输出运动有无穷多个方向, 故输出运动旋量不易确定。因此, 本节旨在对并联机构中的输出运动进行分析, 并实现对并联机构末端输出运动的描述。

在一个 n 自由度非冗余并联机构中, n 个输入关节在与之一一对应的 n 个传递力的作用下, 将运动传递到机构的输出端, 从而实现末端执行器的 n 自由度运动, 而末端执行器的其余 $6-n$ 个自由度运动则被各支链提供的约束力所约束而无法实现。因此, 机构的每个输入关节都对并联机构末端的 n 自由度输出运动产生一定作用。

为了对并联机构的输出运动进行分析, 本小节将从单个输入关节对末端输出运动的影响来进行研究。假定锁住其中 $n-1$ 个输入关节而只驱动第 i 个输入关节, 那么只有来自第 i 个输入关节的运动能够在第 i 个传递力的作用下被传递到末端执行器, 此时的机构变为一个单自由度机构, 其末端执行器的单位瞬时运动可用单位输出运动旋量 $\pmb{S}_{\mathrm{O}i}$ 来表示。对于此种情况, 也可认为是只有第 i 个传递力 (用 $\pmb{S}_{\mathrm{T}i}$ 表示) 能够对机构的末端执行器作功, 而其余的 $n-1$ 个传递力则都变成了约束力。于是, 根据运动旋量和力旋量的互易性可得

$$\pmb{S}_{\mathrm{T}j} \circ \pmb{S}_{\mathrm{O}i} = 0 \quad (j = 1, 2, \cdots, n; \ j \neq i) \tag{3.21}$$

对应于机构的 n 个输入关节, 可求得 n 个单位输出运动旋量, 也即 $\pmb{S}_{\mathrm{O}1}, \pmb{S}_{\mathrm{O}2}, \cdots,$ $\pmb{S}_{\mathrm{O}n}$。考虑到这 n 个运动旋量之间的线性相关性, 得到如下定理。

【定理 3.1 】 对于一个 n 自由度非冗余并联机构, 如果该机构处于非奇异位形下, 则其单位输出运动旋量 $\boldsymbol{S}_{O1}, \boldsymbol{S}_{O2}, \cdots, \boldsymbol{S}_{On}$ 相互之间线性无关。

证明: (反证法) 假设机构的单位输出运动旋量 $\boldsymbol{S}_{O1}, \boldsymbol{S}_{O2}, \cdots, \boldsymbol{S}_{On}$ 之间线性相关, 则其中的任意一个单位运动旋量可表示为其他单位运动旋量的线性组合, 比如

$$\boldsymbol{S}_{On} = k_1 \boldsymbol{S}_{O1} + k_2 \boldsymbol{S}_{O2} + \cdots + k_{n-1} \boldsymbol{S}_{O(n-1)}$$

于是可得

$$\boldsymbol{S}_{Tn} \circ \boldsymbol{S}_{On} = k_1 (\boldsymbol{S}_{Tn} \circ \boldsymbol{S}_{O1}) + k_2 (\boldsymbol{S}_{Tn} \circ \boldsymbol{S}_{O2}) + \cdots + k_{n-1} (\boldsymbol{S}_{Tn} \circ \boldsymbol{S}_{O(n-1)})$$

根据式 (3.21) 可得

$$\boldsymbol{S}_{Tn} \circ \boldsymbol{S}_{Oj} = 0 \quad (j = 1, 2, \cdots, n-1)$$

故

$$\boldsymbol{S}_{Tn} \circ \boldsymbol{S}_{On} = k_1 \cdot 0 + k_2 \cdot 0 + \cdots + k_{n-1} \cdot 0 = 0$$

进而可得

$$\boldsymbol{S}_{Tn} \circ \boldsymbol{S}_{Oj} = 0 \quad (j = 1, 2, \cdots, n)$$

上式说明第 n 个传递力对机构的末端执行器不作功。

同理可得其他的 $n-1$ 个传递力都对机构的末端执行器不作功。因此, 机构中所有的传递力都对末端执行器不作功, 这意味着来自机构输入关节的运动和力无法传递至机构的末端执行器, 也即机构处于奇异位形。这与机构处于非奇异位形的条件矛盾, 故假设不成立, 命题得证。

由于 n 自由度非冗余并联机构的单位输出运动旋量 $\boldsymbol{S}_{O1}, \boldsymbol{S}_{O2}, \cdots, \boldsymbol{S}_{On}$ 相互之间线性无关, 那么这些旋量可以张成一个 n 阶旋量系, 而 $\boldsymbol{S}_{O1}, \boldsymbol{S}_{O2}, \cdots, \boldsymbol{S}_{On}$ 即可作为这个 n 阶旋量系的一组基。因此, n 自由度并联机构末端执行器的任意瞬时运动都可表示为这组旋量基的一个线性组合, 记作

$$\boldsymbol{S}_{\forall} = l_1 \boldsymbol{S}_{O1} + l_2 \boldsymbol{S}_{O2} + \cdots + l_n \boldsymbol{S}_{On} \tag{3.22}$$

下面举例说明并联机构单位输出运动旋量的求解过程。这里, 以 Stewart 平台为例, 其机构三维模型和示意图分别如图 3.5a 和图 3.5b 所示。由于该机构的动平台通过 6 个 UPS 支链与定平台相连, 故也可记作 6–UPS 机构。在机构的每条支链中, 球铰 $S_i (i = 1, 2, \cdots, 6)$ 与动平台相连接, 万向节 $U_i (i = 1, 2, \cdots, 6)$ 与定平台相连接, 位于球铰和万向节中间的移动副为驱动关节。机构定平台和动平台的半径分别为 r_1 和 r_2, 球铰和万向节的分布满足以下几何关系:

$$|S_i S_{i+1}| = |U_i U_{i+1}| = r_3 \quad (i = 1, 3, 5) \tag{3.23}$$

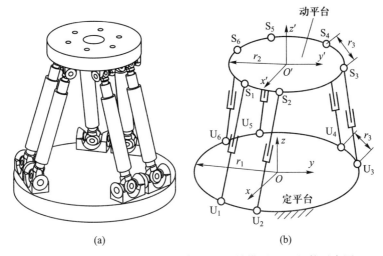

图 3.5 6 自由度 Stewart 平台: (a) 三维模型; (b) 机构示意图

定坐标系 $O - xyz$ 和动坐标系 $O' - x'y'z'$ 分别固结在定平台和动平台上, 它们的原点分别位于定平台和动平台的中心, x 轴和 x' 轴则分别垂直于 $\mathrm{U_1U_2}$ 和 $\mathrm{S_1S_2}$。相对于定坐标系 $O - xyz$, 机构动平台中心 O' 的位置坐标可表示为 $(x_{O'}, y_{O'}, z_{O'})$, 动平台的姿态则由 T&T 角 (Bonev, 2002) $(\varphi, \theta, \sigma)$[1]来表示, 其旋转矩阵为

$$\boldsymbol{R}(\varphi, \theta, \sigma) = \begin{bmatrix} \mathrm{c}\varphi\mathrm{c}\theta\mathrm{c}(\sigma - \varphi) - \mathrm{s}\varphi\mathrm{s}(\sigma - \varphi) & -\mathrm{c}\varphi\mathrm{c}\theta\mathrm{s}(\sigma - \varphi) - \mathrm{s}\varphi\mathrm{c}(\sigma - \varphi) & \mathrm{c}\varphi\mathrm{s}\theta \\ \mathrm{s}\varphi\mathrm{c}\theta\mathrm{c}(\sigma - \varphi) + \mathrm{c}\varphi\mathrm{s}(\sigma - \varphi) & -\mathrm{s}\varphi\mathrm{c}\theta\mathrm{s}(\sigma - \varphi) + \mathrm{c}\varphi\mathrm{c}(\sigma - \varphi) & \mathrm{s}\varphi\mathrm{s}\theta \\ -\mathrm{s}\theta\mathrm{c}(\sigma - \varphi) & \mathrm{s}\theta\mathrm{s}(\sigma - \varphi) & \mathrm{c}\theta \end{bmatrix}$$
$$(3.24)$$

式中, s 和 c 分别表示正弦和余弦函数, 也即 sin 和 cos。

基于上一节的方法, 可求得 UPS 支链的传递力旋量为沿着移动副轴线方向且经过球铰中心的纯力 (求解过程此处从略)。于是, 相对于定坐标系 $O - xyz$, 第 i 条支链中的单位传递力旋量可表示为

$$\boldsymbol{\$}_{\mathrm{T}i} = (\overrightarrow{\mathrm{U}_i\mathrm{S}_i}/|\overrightarrow{\mathrm{U}_i\mathrm{S}_i}|; \overrightarrow{\mathrm{OS}_i} \times \overrightarrow{\mathrm{U}_i\mathrm{S}_i}/|\overrightarrow{\mathrm{U}_i\mathrm{S}_i}|)$$
$$= (L_{\mathrm{T}i}, M_{\mathrm{T}i}, N_{\mathrm{T}i} \quad P_{\mathrm{T}i}, Q_{\mathrm{T}i}, R_{\mathrm{T}i}) \tag{3.25}$$

式中, $\overrightarrow{\mathrm{U}_i\mathrm{S}_i}$ 表示从 U_i 到 S_i 的向量; $\overrightarrow{\mathrm{OS}_i}$ 则表示从定坐标系原点 O 到 $\overrightarrow{\mathrm{S}_i}$ 的向量; $L_{\mathrm{T}i}$、$M_{\mathrm{T}i}$、$N_{\mathrm{T}i}$ 为 $\boldsymbol{\$}_{\mathrm{T}i}$ 的原部矢量的 3 个分量, 而 $P_{\mathrm{T}i}$、$Q_{\mathrm{T}i}$、$R_{\mathrm{T}i}$ 为 $\boldsymbol{\$}_{\mathrm{T}i}$ 的对偶部矢量的 3 个分量。

在得到 6-UPS 机构的 6 个单位传递力旋量之后, 下一步便可求解与 $\boldsymbol{\$}_{\mathrm{T}i}$ 相对应的单位输出运动旋量 $\boldsymbol{\$}_{\mathrm{O}i}$。

---

[1]T&T 角 (tilt-and-torsion angles) 由 3 个参数 φ、θ 和 σ 构成, 其中 φ 称作方位角 (azimuth), θ 称作倾摆角 (tilt angle), σ 称作扭转角 (torsion angle)。

由于 $\pmb{S}_{\mathrm{O}i}$ 与 $\pmb{S}_{\mathrm{T}j}(j=1,2,\cdots,6;j\neq i)$ 的互易积均等于零, 因此 $\pmb{S}_{\mathrm{O}i}$ 实际上就是除 $\pmb{S}_{\mathrm{T}i}$ 之外其余 5 个传递力旋量的公共反旋量。关于求解 5 阶旋量系的反旋量, 参考文献 (Chen et al., 2007; 黄真等, 2006; 于靖军等, 2008) 均给出了相关计算方法, 各种方法的本质思想都是将求解过程转化为利用增广矩阵来求解齐次线性方程组的一维零空间问题。这里基于文献 (Chen et al., 2007) 中的方法给出 $\pmb{S}_{\mathrm{O}1}$ 的求解过程。

首先, 由 $\pmb{S}_{\mathrm{T}j}(j=2,3\cdots,6)$ 可组成一个 5×6 维的矩阵, 表示如下:

$$\pmb{S}_{5\times 6} = \begin{bmatrix} L_{\mathrm{T}2} & M_{\mathrm{T}2} & N_{\mathrm{T}2} & P_{\mathrm{T}2} & Q_{\mathrm{T}2} & R_{\mathrm{T}2} \\ L_{\mathrm{T}3} & M_{\mathrm{T}3} & N_{\mathrm{T}3} & P_{\mathrm{T}3} & Q_{\mathrm{T}3} & R_{\mathrm{T}3} \\ L_{\mathrm{T}4} & M_{\mathrm{T}4} & N_{\mathrm{T}4} & P_{\mathrm{T}4} & Q_{\mathrm{T}4} & R_{\mathrm{T}4} \\ L_{\mathrm{T}5} & M_{\mathrm{T}5} & N_{\mathrm{T}5} & P_{\mathrm{T}5} & Q_{\mathrm{T}5} & R_{\mathrm{T}5} \\ L_{\mathrm{T}6} & M_{\mathrm{T}6} & N_{\mathrm{T}6} & P_{\mathrm{T}6} & Q_{\mathrm{T}6} & R_{\mathrm{T}6} \end{bmatrix} \tag{3.26}$$

令

$$\pmb{S}_{\mathrm{O}1} = (\pmb{\omega}_1; \pmb{v}_1) = (L_{\mathrm{O}1} \quad M_{\mathrm{O}1} \quad N_{\mathrm{O}1}; \quad P_{\mathrm{O}1} \quad Q_{\mathrm{O}1} \quad R_{\mathrm{O}1}) \tag{3.27}$$

由于 $\pmb{S}_{\mathrm{O}1}$ 与 $\pmb{S}_{\mathrm{T}2},\cdots,\pmb{S}_{\mathrm{T}6}$ 的互易积都等于零, 于是可得

$$\pmb{S}_{5\times 6} \cdot [\pmb{v}_1 \quad \pmb{\omega}_1]^{\mathrm{T}} = 0 \tag{3.28}$$

然后通过增加一个旋量将矩阵 $\pmb{S}_{5\times 6}$ 构造成一个 6×6 维矩阵, 如下所示:

$$\pmb{S} = \begin{bmatrix} P_{\mathrm{O}1} & Q_{\mathrm{O}1} & R_{\mathrm{O}1} & -L_{\mathrm{O}1} & -M_{\mathrm{O}1} & -N_{\mathrm{O}1} \\ L_{\mathrm{T}2} & M_{\mathrm{T}2} & N_{\mathrm{T}2} & P_{\mathrm{T}2} & Q_{\mathrm{T}2} & R_{\mathrm{T}2} \\ L_{\mathrm{T}3} & M_{\mathrm{T}3} & N_{\mathrm{T}3} & P_{\mathrm{T}3} & Q_{\mathrm{T}3} & R_{\mathrm{T}3} \\ L_{\mathrm{T}4} & M_{\mathrm{T}4} & N_{\mathrm{T}4} & P_{\mathrm{T}4} & Q_{\mathrm{T}4} & R_{\mathrm{T}4} \\ L_{\mathrm{T}5} & M_{\mathrm{T}5} & N_{\mathrm{T}5} & P_{\mathrm{T}5} & Q_{\mathrm{T}5} & R_{\mathrm{T}5} \\ L_{\mathrm{T}6} & M_{\mathrm{T}6} & N_{\mathrm{T}6} & P_{\mathrm{T}6} & Q_{\mathrm{T}6} & R_{\mathrm{T}6} \end{bmatrix} \tag{3.29}$$

显然, $\pmb{S}$ 第一行的行向量与 $[\pmb{v}_1 \quad \pmb{\omega}_1]^{\mathrm{T}}$ 的点积等于零, 由此可得

$$\pmb{S} \cdot [\pmb{v}_1 \quad \pmb{\omega}_1]^{\mathrm{T}} = 0 \tag{3.30}$$

由于旋量 $\pmb{S}_{\mathrm{O}1}$ 肯定存在且不等于零, 故 $[\pmb{v}_1 \quad \pmb{\omega}_1]^{\mathrm{T}}$ 不等于零向量。那么, 式 (3.30) 存在非零解的充要条件就是 $\pmb{S}$ 的行列式为零, 即

$$\det(\pmb{S}) = 0 \tag{3.31}$$

将式 (3.31) 展开, 可得

$$P_{\mathrm{O}1}\det(\pmb{S}_{11}) - Q_{\mathrm{O}1}\det(\pmb{S}_{12}) + R_{\mathrm{O}1}\det(\pmb{S}_{13}) +$$
$$L_{\mathrm{O}1}\det(\pmb{S}_{14}) - M_{\mathrm{O}1}\det(\pmb{S}_{15}) + N_{\mathrm{O}1}\det(\pmb{S}_{16}) = 0 \tag{3.32}$$

注意到

$$P_{O1}L_{O1} + Q_{O1}M_{O1} + R_{O1}N_{O1} - L_{O1}P_{O1} - M_{O1}Q_{O1} - N_{O1}R_{O1} = 0 \qquad (3.33)$$

比较式 (3.32) 和式 (3.33) 可得

$$\{L_{O1} : M_{O1} : N_{O1} : P_{O1} : Q_{O1} : R_{O1}\} =$$

$$\{\det(\boldsymbol{S}_{11}) : -\det(\boldsymbol{S}_{12}) : \det(\boldsymbol{S}_{13}) : -\det(\boldsymbol{S}_{14}) : \det(\boldsymbol{S}_{15}) : -\det(\boldsymbol{S}_{16})\} \quad (3.34)$$

因此, 输出运动旋量可表示为

$$\boldsymbol{S}_{O1} = \rho(\det(\boldsymbol{S}_{11}), -\det(\boldsymbol{S}_{12}), \det(\boldsymbol{S}_{13}); -\det(\boldsymbol{S}_{14}), \det(\boldsymbol{S}_{15}), -\det(\boldsymbol{S}_{16})) \qquad (3.35)$$

式中, ρ 为任意一个常数。

最后, 将式 (3.35) 中的 $\boldsymbol{S}_{O1}$ 单位化, 即可得到动平台的单位输出运动旋量 $\boldsymbol{S}_{O1}$。同理, 可求解其余 5 个单位输出运动旋量。

由此可知, 一旦给出 6–UPS 并联机构的几何参数以及动平台的位姿, 便可根据以上求解步骤求得机构在该位姿下的 6 个单位输出运动旋量。然而对于 $n(n < 6)$ 自由度机构来说, 在除去与输出运动旋量 $\boldsymbol{S}_{Oi}$ 对应的 $\boldsymbol{S}_{Ti}$ 之后, 其传递力旋量的数量将少于 5 个, 无法构成如式 (3.26) 所示的 5×6 维的矩阵。为了解决此问题, 在求解 $\boldsymbol{S}_{Oi}$ 时可将除 $\boldsymbol{S}_{Ti}$ 以外的其余 $n-1$ 个传递力旋量和 $6-n$ 个约束力旋量组合起来构成一个 5×6 维的矩阵 $\boldsymbol{S}_{5 \times 6}$, 然后利用式 (3.29) 之后的求解步骤即可求出机构的 n 个单位输出运动旋量。

3.2.3 运动和力的传递关系

在求得并联机构中相关的运动旋量和力旋量之后, 下一步需要研究的内容就是两者之间的传递关系。如前所述, 在并联机构中一般存在着两种力旋量: 传递力旋量和约束力旋量。从能量传递的角度来看, 前者是将来自输入关节空间的能量传递到机构输出端; 而后者则是当有外力作用在机构被约束的方向上时才会出现 (用以平衡外力), 在宏观层面只能看作力系的平衡, 并不能传递能量。因此, 本节将分别从输入端和输出端来分析并联机构中运动和力的传递关系。

1. 输入端

对于机构的输入端, 若不考虑摩擦力和重力, 驱动关节只需要克服传递力旋量作功, 进而将能量传递出去。由于驱动关节的运动可由输入运动旋量来表示, 那么从输入端传递出去的能量即等于传递力旋量对输入运动旋量所作的功。注意到, 输入端的传递性能并非与传递的能量多少有关, 而是与能量的传递效率有关, 也即与传递力旋量对输入运动旋量作功的功率有关。传递力旋量的功率越大, 输入端的传递性能就越好。因此, 研究传递力旋量对输入运动旋量作功的功率更有意义。

根据旋量理论的基础概念可知, 力旋量与运动旋量的互易积表示的物理意义是力旋量对按此运动旋量进行运动的刚体所作功的瞬时功率。互易积的值越大, 力旋量作功的功率就越大。因此, 可用传递力旋量与输入运动旋量的互易积来表示它们之间的功率。第 i 个传递力旋量对输入运动旋量作功的功率表示如下:

$$P_{\text{I}i} = |\$_{\text{T}i} \circ \$_{\text{I}i}| = |t_i m_i \cdot \boldsymbol{\$}_{\text{T}i} \circ \boldsymbol{\$}_{\text{I}i}| \tag{3.36}$$

式中, $\$_{\text{I}i}$ 表示第 i 个驱动关节的输入运动旋量; t_i 和 m_i 分别代表第 i 个传递力旋量和第 i 个输入运动旋量的幅值。

2. 输出端

同输入端的分析类似, 此处仍不考虑摩擦力和重力, 所研究的内容是传递力旋量对并联机构输出端作功的功率。同样利用互易积, 可得第 i 个传递力旋量对输出运动旋量作功的功率为

$$P_{\text{O}i} = |\$_{\text{T}i} \circ \$_{\text{O}}| = |t_i \cdot \boldsymbol{\$}_{\text{T}i} \circ \$_{\text{O}}| \tag{3.37}$$

式中, $\$_{\text{O}}$ 表示机构的输出运动旋量, 可表示为

$$\$_{\text{O}} = l_1 \boldsymbol{\$}_{\text{O}1} + l_2 \boldsymbol{\$}_{\text{O}2} + \cdots + l_n \boldsymbol{\$}_{\text{O}n} \tag{3.38}$$

式中, l_j 表示第 $j(j = 1, 2, \cdots, n)$ 个输出运动旋量的幅值。

进而, 将式 (3.38) 代入式 (3.37), 可得

$$P_{\text{O}i} = \left| t_i \cdot \sum_{j=1}^{n} (l_j \cdot \boldsymbol{\$}_{\text{T}i} \circ \boldsymbol{\$}_{\text{O}j}) \right| \tag{3.39}$$

再将式 (3.21) 代入式 (3.39), 可得

$$P_{\text{O}i} = |t_i l_i \cdot \boldsymbol{\$}_{\text{T}i} \circ \boldsymbol{\$}_{\text{O}i}| \tag{3.40}$$

由上式可以看出, 第 i 个传递力旋量 $\boldsymbol{\$}_{\text{T}i}$ 对机构输出端作功的功率只与该力旋量和单位输出运动旋量 $\boldsymbol{\$}_{\text{O}i}$ 以及两者的幅值有关。

3.2.4 运动和力旋量子空间

一般来说, n 自由度的刚体在欧氏空间内同时存在自由度空间和约束空间两种维度。任意并联机构整体或者支链在自由度空间内均存在沿自由度方向的 n 维许动运动, 同时在约束空间内被系统约束掉了剩下的 $6 - n$ 维受限运动。对应地, 并联机

构的内力旋量也分为两个子空间, 在自由度空间内对应着机构的驱动力, 而约束空间对应着机构的约束力。具体的符号表达及物理意义如表 3.3 所示。

表 3.3　主要参数说明

符号	物理意义	基本元素	物理意义
\$	任意旋量	$\boldsymbol{\$}$	单位旋量
$\{\boldsymbol{T}_P\}$	许动运动子空间基底	$\$_{Tpi}$	第 i 个许动运动旋量
$\{\boldsymbol{T}_R\}$	受限运动子空间基底	$\$_{Tri}$	第 i 个受限运动旋量
$\{\boldsymbol{W}_C\}$	约束力子空间基底	$\$_{Wci}$	第 i 个约束力旋量
$\{\boldsymbol{W}_A\}$	驱动力子空间基底	$\$_{Wai}$	第 i 个驱动力旋量

【定义 3.2】　许动运动旋量和许动运动子空间基底 (permitted twist screw/subspace, PTS): 机构在自由度方向上允许发生的任意运动称为许动运动, 旋量记为 $\$_{Tp}$; 机构系统中所有线性无关的许动运动旋量集合张成的 $n(0 \leqslant n \leqslant 6)$ 维子空间 $\{\boldsymbol{T}_P\}$, 称为许动运动子空间基底。

【定义 3.3】　受限运动旋量和受限运动子空间基底 (restricted twist screw/subspace, RTS): 机构被约束系统限制的运动, 即约束度方向的螺旋运动称为受限运动旋量, 记为 $\$_{Tr}$; 所有线性无关的受限运动旋量集合张成的 $6-n$ 维子空间 $\{\boldsymbol{T}_R\}$, 称为受限运动子空间基底。

【定义 3.4】　约束力旋量和约束力子空间基底 (constraint wrench screw/subspace, CWS): 由机构系统的约束单元产生的内力旋量称为约束力旋量, 记为 $\$_{Wc}$; 所有线性无关的约束力旋量集合构成的 $6-n$ 维旋量子空间 $\{\boldsymbol{W}_C\}$, 称为约束力子空间基底。

【定义 3.5】　驱动力旋量和驱动力子空间基底 (actuation wrench screw/subspace, AWS): 由机构系统的所有运动单元所产生的力旋量称为驱动力旋量, 记为 $\$_{Wa}$; 所有线性无关的驱动力旋量集合构成的 n 维子空间 $\{\boldsymbol{W}_A\}$, 称为驱动力子空间基底。特殊地, 对应于主动副提供的驱动力常称作传递力旋量 (transmission wrench screw, TWS), 由此可见并联机构中传递力旋量数量等于主动单元的数目。

上述并联机构中 4 种运动和力旋量的物理意义清晰, 4 个运动和力旋量基底之间的内在关系如图 3.6 所示。驱动力子空间基底中力旋量和受限运动子空间基底的运动旋量互易, 约束力子空间基底中力旋量和许动运动子空间基底的运动旋量互易; 驱动力子空间和许动运动子空间存在对偶关系, 约束力子空间和受限运动子空间存在对偶关系, 另外所述的两个运动旋量子空间 (两个力旋量子空间) 之间仅需满足线性无关的关系。

空间旋量基底中各旋量的求解方法有很多, 常见的如 QR 分解法、Gram-Schmidt 法、增广矩阵法和观察法。值得指出的是, 前 3 种方法都是利用矩阵方法代数求解旋

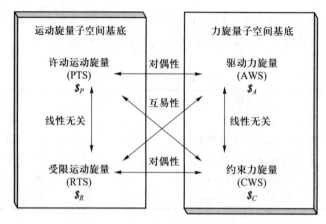

图 3.6 4 个运动和力旋量基底的关系

量中各个参数, 统称为代数法。代数法有如下缺点: ① 计算量大, 一般需要依靠编程计算; ② 存在多解的情况下, 很难取舍多余的解。与此对应的是物理意义相对明确的观察法, 该方法应用反旋量的约束性质求解旋量的表达式。基于此, 后续将采用观察法求解相关旋量, 用来构造并联机构整体及其各串联支链中各旋量子空间基底。

根据图 3.6 揭示的内在关系, 依次求解机构系统中 4 个旋量子空间基底, 流程图如图 3.7 所示。

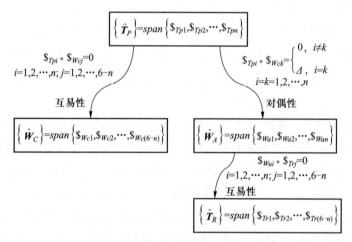

图 3.7 旋量基底中各旋量的求解流程图

第 1 步: 对于一个并联机构的运动支链可以直接观察得到其各关节对应的许动运动旋量, 取出其中 n 个线性无关的旋量张成对应的许动运动子空间基底 $\{\hat{T}_P\} = span\{\$_{Tp1}, \$_{Tp2}, \cdots, \$_{Tpn}\}$。

第 2 步: 根据互易性关系, 寻求满足条件 $\$_{Tpi} \circ \$_{Wcj} = 0$ 的所有约束力反旋量, 经线性无关化处理, 取出其中 $6 - n$ 个旋量构成约束力子空间基底, $\{\hat{W}_C\} = span\{\$_{Wc1}, \$_{Wc2}, \cdots, \$_{Wc(6-n)}\}$。

第 3 步: 根据对偶性关系, 满足条件 $\$_{Tpi} \circ \$_{Wak} = \begin{cases} 0 & i \neq k \\ \Delta & i = k \end{cases}$ ($i = k = 1,$ $2, \cdots, n$), 求得 n 个驱动力旋量, 张成驱动力子空间基底, $\{\widehat{\boldsymbol{W}}_A\} = span\{\$_{Wa1},$ $\$_{Wa2}, \cdots, \$_{Wan}\}$。其物理意义为: 对应的第 i 个关节被 "锁死" 后, 此时必然缺少一个许动运动旋量, 而同时多出一个反力旋量, 此 "多余" 的力旋量即为与第 i 个运动旋量成对偶关系的驱动力旋量。

第 4 步: 与所有驱动力旋量互易的反旋量为受限运动旋量, 取出线性无关的 $6-n$ 个旋量构成受限运动子空间基底, $\{\widehat{\boldsymbol{T}}_R\} = span\{\$_{Tr1}, \$_{Tr2}, \cdots, \$_{Tr(6-n)}\}$。从另一个角度来说, 通过与所有的约束力旋量的对偶关系也可以求得相应的受限运动旋量, 其物理意义为:"释放" 第 i 个关节的约束后, 系统失去一个约束力旋量, 而多出了一个运动旋量, 该旋量就是对应于第 i 个约束力的受限运动旋量。值得指出的是, 对于受限运动旋量的求解是构建完整的运动/力旋量子空间基底的难点, 也是研究并联机构约束特性的关键。

以上介绍了并联机构中存在的 4 种运动和力旋量子空间基底求解方法和物理意义, 这些运动和力均是由机构内部产生的, 与机构的工况无关, 其中驱动力旋量和约束力旋量都是机构的内力旋量。上述的 "锁定" 和 "释放" 是旋量理论中常用的工具, 这也是基于对运动和约束这对矛盾统一关系的正确把握。

下面以图 3.8 所示的 PRS 支链为例, 详细说明 4 个旋量子空间基底的求解过程。PRS 支链由 P 副、R 副和 S 副 (可看作 3 个轴线相互正交的 R 副) 构成。显然该支链拥有 5 个活动度, 因此包括 5 个许动运动旋量, 一个受限运动旋量, 5 个驱动力旋量和一个约束力旋量。

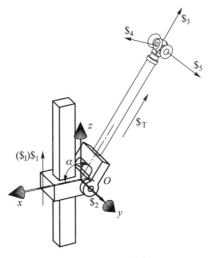

图 3.8 PRS 支链

在 PRS 支链上建立参考坐标系 (图 3.8), 对该支链进行旋量分析。首先可以得

到 5 个运动旋量构成的许动运动旋量子空间基底, 即

$$\{\boldsymbol{T_P}\} = \left\{ \begin{array}{l} \$_{Tp1} = (0, \quad 0, \quad 0; \quad 0, \quad 0, \quad 1) \\ \$_{Tp2} = (0, \quad 1, \quad 0; \quad 0, \quad 0, \quad 0) \\ \$_{Tp3} = (\cos\alpha, \quad 0, \quad \sin\alpha; \quad 0, \quad 0, \quad 0) \\ \$_{Tp4} = (-\sin\alpha, \quad 0, \quad \cos\alpha; \quad 0, \quad -L, \quad 0) \\ \$_{Tp5} = (0, \quad 1, \quad 0; \quad -L\sin\alpha, \quad 0, \quad L\cos\alpha) \end{array} \right\} \quad (3.41)$$

由上述第二步中的互易性关系可以求得支链的一个约束力旋量构成的约束力旋量子空间基底, 即

$$\{\boldsymbol{W_C}\} = \{\$_{Wc1} = (0, \quad -1, \quad 0; \quad L\sin\alpha, \quad 0, \quad -L\cos\alpha)\} \quad (3.42)$$

由第三步的对偶性关系, 求得 5 个对应的力旋量构成的驱动力旋量子空间基底, 即

$$\{\boldsymbol{W_A}\} = \left\{ \begin{array}{l} \$_{Wal} = (\cos\alpha, \quad 0, \quad \sin\alpha; \quad 0, \quad 0, \quad 0) \\ \$_{Wa2} = (-1, \quad , 0, \quad 0; \quad 0, -L\sin\alpha, \quad 0) \\ \$_{Wa3} = (0, \quad 1, \quad 0; \quad 0, \quad 0, \quad L/\cos\alpha) \\ \$_{Wa4} = (0, \quad 1, \quad 0; \quad 0, \quad 0, \quad 0) \\ \$_{Wa5} = (1, \quad 0, \quad 0; \quad 0, \quad 0, \quad 0) \end{array} \right\} \quad (3.43)$$

最后, 根据互易性求解该支链的受限运动子空间基底为

$$\{\boldsymbol{T_r}\} = \{\$_{Tr} = (1, \quad 0, \quad 0; \quad 0, \quad 0, \quad , 0)\} \quad (3.44)$$

至此, PRS 支链中的 4 个运动和力旋量子空间基底均已用旋量描述, 这将是分析并联机构本质特性的基础和前提。

3.3 运动/力性能评价方法及指标

如前文所述, 运动/力传递性能反映了并联机构的本质特性, 如何对其进行有效合理的评价是亟需解决的一项重要内容。本节将定义一系列运动和力传递性能的评价指标, 并给出这些指标的具体求解过程。

3.3.1 非冗余并联机构的性能指标

3.3.1.1 运动/力传递性能

1. 性能评价指标的定义

在定义并联机构运动和力传递性能指标之前, 本节首先给出相关概念来评价力旋量和运动旋量之间的能量传递效率。根据式 (3.1) 可以得到单位运动旋量 $\boldsymbol{S}_1$ 和单

位力旋量 $\boldsymbol{\$}_2$ 的互易积为

$$\boldsymbol{\$}_1 \circ \boldsymbol{\$}_2 = (h_1 + h_2)\cos\theta - d\sin\theta \tag{3.45}$$

上式表示的物理意义是单位力旋量 $\boldsymbol{\$}_2$ 对单位运动旋量 $\boldsymbol{\$}_1$ 作功的功率, 这里将其称作实际功率, 或有功功率。

根据三角函数性质可知, $\boldsymbol{\$}_1 \circ \boldsymbol{\$}_2$ 的最大值为 $|\boldsymbol{\$}_1 \circ \boldsymbol{\$}_2|_{\max} = \max_{h_1,h_2,d}$ $\sqrt{(h_1 + h_2)^2 + d^2}$。由于节距是旋量本身的固有参数, 那么 $\boldsymbol{\$}_1$ 和 $\boldsymbol{\$}_2$ 一旦给定之后, 它们的节距 h_1 和 h_2 可看作不变量。因此, $|\boldsymbol{\$}_1 \circ \boldsymbol{\$}_2|_{\max}$ 与 h_1 和 h_2 无关, 只与 $\boldsymbol{\$}_1$ 和 $\boldsymbol{\$}_2$ 的相对位置和相对方向有关。于是, 上式可改写为

$$|\boldsymbol{\$}_1 \circ \boldsymbol{\$}_2|_{\max} = \sqrt{(h_1 + h_2)^2 + d_{\max}^2} \tag{3.46}$$

式中, $d_{\max}$ 表示单位运动旋量 $\boldsymbol{\$}_1$ 和单位力旋量 $\boldsymbol{\$}_2$ 之间的公垂线的潜在最大值。$|\boldsymbol{\$}_1 \circ \boldsymbol{\$}_2|_{\max}$ 的物理意义就是单位力旋量 $\boldsymbol{\$}_2$ 对单位运动旋量 $\boldsymbol{\$}_1$ 可能作的最大功率, 可称为视在功率。

一般情况下, $\boldsymbol{\$}_2$ 对 $\boldsymbol{\$}_1$ 作功的实际功率小于其视在功率。实际功率越接近视在功率, 则表示 $\boldsymbol{\$}_1$ 和 $\boldsymbol{\$}_2$ 之间的能量传递效率越高。于是将 $\boldsymbol{\$}_2$ 对 $\boldsymbol{\$}_1$ 作功的实际功率与视在功率之比定义为 $\boldsymbol{\$}_1$ 和 $\boldsymbol{\$}_2$ 之间的能效系数。能效系数越大, 表示能量传递效率越好。因此, 根据定义可将 $\boldsymbol{\$}_1$ 和 $\boldsymbol{\$}_2$ 之间的能效系数表示为

$$\zeta = \frac{|\boldsymbol{\$}_1 \circ \boldsymbol{\$}_2|}{|\boldsymbol{\$}_1 \circ \boldsymbol{\$}_2|_{\max}} = \frac{|(h_1 + h_2)\cos\theta - d\sin\theta|}{\sqrt{(h_1 + h_2)^2 + d_{\max}^2}} \tag{3.47}$$

此处由于不考虑 $\boldsymbol{\$}_2$ 对 $\boldsymbol{\$}_1$ 作功的正负, 故用其互易积的绝对值表示实际功率。

值得注意的是, 在能效系数的求解过程中存在以下几种特殊情况:

情况 1: 当节距 h_1 无穷大时, 运动旋量 $\boldsymbol{\$}_1$ 表示纯移动, 记作 $(0, \boldsymbol{v}_1)$。这种情况下, 能效系数的求解可由以下公式得出, 即

$$\zeta = \frac{|\boldsymbol{\$}_1 \circ \boldsymbol{\$}_2|}{|\boldsymbol{\$}_1 \circ \boldsymbol{\$}_2|_{\max}} = \frac{|\boldsymbol{f}_2 \cdot \boldsymbol{v}_1|}{|\boldsymbol{f}_2 \cdot \boldsymbol{v}_1|_{\max}} \tag{3.48a}$$

式中, $\boldsymbol{f}_2$ 表示力旋量 $\boldsymbol{\$}_2$ 的原部矢量。

情况 2: 当节距 h_2 无穷大时, 力旋量 $\boldsymbol{\$}_2$ 表示纯力矩, 记作 $(0, \boldsymbol{\tau}_2)$。这种情况下, 能效系数的求解公式可表示为

$$\zeta = \frac{|\boldsymbol{\$}_1 \circ \boldsymbol{\$}_2|}{|\boldsymbol{\$}_1 \circ \boldsymbol{\$}_2|_{\max}} = \frac{|\boldsymbol{\tau}_2 \cdot \boldsymbol{\omega}_1|}{|\boldsymbol{\tau}_2 \cdot \boldsymbol{\omega}_1|_{\max}} \tag{3.48b}$$

式中, $\boldsymbol{\omega}_1$ 表示运动旋量 $\boldsymbol{\$}_1$ 的原部矢量。

情况 3: 当节距 h_1 和 h_2 均无穷大时, 运动旋量 $\boldsymbol{\$}_1$ 和力旋量 $\boldsymbol{\$}_2$ 的原部矢量均为零。这种情况下, $\boldsymbol{\$}_1$ 和 $\boldsymbol{\$}_2$ 的互易积也等于零, 此时的能效系数也等于零。这说明纯力矩无法对做纯移动运动的物体作功。

由式 (3.1) 可知: 两个旋量的互易积与坐标系原点的选取无关。那么, 根据式 (3.47) 可知: 单位运动旋量和单位力旋量之间的能效系数也是坐标系不变量, 且能效系数 ζ 的取值范围是 $[0,1]$。

基于上述能效系数的概念, 并联机构的运动和力传递性能评价指标定义如下:

(1) 输入传递指标 (input transmission index, ITI)。

对于 n 自由度并联机构的输入端, 由于各个输入关节可以单独驱动, 也即它们之间相互独立, 那么每个输入关节或者说每个传递力旋量都有其对应的输入传递指标。

式 (3.36) 已给出了第 i 个传递力旋量对输入运动旋量作功的功率, 于是可得第 i 个传递力旋量与第 i 个输入运动旋量之间的能效系数为

$$\lambda_i = \frac{P_{\mathrm{I}i}}{P_{\mathrm{I}i\,\max}} = \frac{|\$_{\mathrm{T}i} \circ \$_{\mathrm{I}i}|}{|\$_{\mathrm{T}i} \circ \$_{\mathrm{I}i}|_{\max}} = \frac{|t_i m_i \cdot \boldsymbol{\$}_{\mathrm{T}i} \circ \boldsymbol{\$}_{\mathrm{I}i}|}{|t_i m_i \cdot \boldsymbol{\$}_{\mathrm{T}i} \circ \boldsymbol{\$}_{\mathrm{I}i}|_{\max}} \tag{3.49a}$$

由于上式分子和分母中的 t_i 和 m_i 分别代表第 i 个传递力旋量 $\boldsymbol{\$}_{\mathrm{T}i}$ 和第 i 个输入运动旋量 $\boldsymbol{\$}_{\mathrm{I}i}$ 的幅值, 均为常数, 故可约去。由此, 式 (3.49a) 可改写为

$$\lambda_i = \frac{|\boldsymbol{\$}_{\mathrm{T}i} \circ \boldsymbol{\$}_{\mathrm{I}i}|}{|\boldsymbol{\$}_{\mathrm{T}i} \circ \boldsymbol{\$}_{\mathrm{I}i}|_{\max}} \tag{3.49b}$$

由上式可看出, λ_i 实际上是单位传递力旋量与单位输入运动旋量之间的能效系数, 它与传递力旋量和输入运动旋量的幅值无关。

将 λ_i 定义为对应于第 i 个传递力旋量的输入传递指标, 表示的物理意义是并联机构第 i 个传递力对第 i 个输入关节运动的传递效率。λ_i 的值越大, 表示机构第 i 个驱动关节的输入运动被传递出去的效率越高, 或者说第 i 个驱动关节的运动传递性能越好。

为了整体评价机构输入端的运动传递性能, 定义机构的输入传递指标为

$$\gamma_{\mathrm{I}} = \min_i \{\lambda_i\} = \min_i \left\{ \frac{|\boldsymbol{\$}_{\mathrm{T}i} \circ \boldsymbol{\$}_{\mathrm{I}i}|}{|\boldsymbol{\$}_{\mathrm{T}i} \circ \boldsymbol{\$}_{\mathrm{I}i}|_{\max}} \right\} \quad (i = 1, 2, \cdots, n) \tag{3.50}$$

γ_{I} 的值越大, 表示机构输入端 (也即各驱动关节) 的运动传递性能越好。

由于能效系数是坐标系不变量且其取值范围为 $[0,1]$, 故 γ_{I} 的值也与坐标系原点的选取无关且分布于 $0\sim1$ 之间。

(2) 输出传递指标 (output transmission index, OTI)。

由于 n 自由度并联机构的所有传递力旋量都对机构末端的输出运动产生一定的作用, 故每个传递力旋量都有其对应的输出传递指标。

式 (3.40) 已给出了第 i 个传递力旋量对机构输出端作功的功率, 由此可得第 i 个传递力旋量与输出运动旋量之间的能效系数为

$$\eta_i = \frac{P_{\mathrm{O}i}}{P_{\mathrm{O}i_{\max}}} = \frac{|t_i l_i \cdot \boldsymbol{\$}_{\mathrm{T}i} \circ \boldsymbol{\$}_{\mathrm{O}i}|}{|t_i l_i \cdot \boldsymbol{\$}_{\mathrm{T}i} \circ \boldsymbol{\$}_{\mathrm{O}i}|_{\max}} \tag{3.51a}$$

由于上式分子和分母中的 t_i 和 l_i 分别代表第 i 个传递力旋量 $\boldsymbol{S}_{\mathrm{T}i}$ 和第 i 个输出运动旋量 $\boldsymbol{S}_{\mathrm{O}i}$ 的幅值, 均为常数, 故可约去。因此, 式 (3.51a) 可改写为

$$\eta_i = \frac{|\boldsymbol{S}_{\mathrm{T}i} \circ \boldsymbol{S}_{\mathrm{O}i}|}{|\boldsymbol{S}_{\mathrm{T}i} \circ \boldsymbol{S}_{\mathrm{O}i}|_{\max}} \tag{3.51b}$$

由上式可看出, η_i 实际上是单位传递力旋量与单位输出运动旋量之间的能效系数, 它与传递力旋量和输出运动旋量的模无关。

将 η_i 定义为与第 i 个传递力旋量相对应的输出传递指标, 该指标反映了机构的第 i 个传递力旋量在动平台输出运动方向上的运动和力传递效率。η_i 的值越大, 表示第 i 个传递力旋量对动平台的运动传递效率越高, 同时意味着在给定的外力作用下, 机构内部所需的传递力越小, 也即机构在其输出运动旋量 $\boldsymbol{S}_{\mathrm{O}i}$ 的轴线方向上平衡外力的能力越强, 或者说承载能力越大。

为了整体评价机构输出端的运动和力传递性能, 定义机构的输出传递指标为

$$\gamma_{\mathrm{O}} = \min_i\{\eta_i\} = \min_i\left\{\frac{|\boldsymbol{S}_{\mathrm{T}i} \circ \boldsymbol{S}_{\mathrm{O}i}|}{|\boldsymbol{S}_{\mathrm{T}i} \circ \boldsymbol{S}_{\mathrm{O}i}|_{\max}}\right\} \quad (i = 1, 2, \cdots, n) \tag{3.52}$$

γ_{O} 的值越大, 表示机构输出端的运动和力传递性能越好。

同输入传递指标 γ_{I} 一样, γ_{O} 也是坐标系不变量且取值范围是 $[0, 1]$。

(3) 局部传递指标 (local transmission index, LTI)。

本节前两部分分别定义了并联机构的输入和输出传递性能指标, 但是还需要定义一个指标来评价机构整体的运动/力传递性能。

在并联机构中, 如果某个传递力旋量所对应的输入或输出传递性能指标等于或接近零, 那么该传递力旋量将无法传递或无法较好地传递相应的运动或力到机构的末端执行器, 此时机构将处于奇异位形或接近奇异位形。因此, 为了让每个传递力旋量都具有较好的运动和力传递性能以使机构远离奇异位形, 输入和输出传递指标的值应越大越好。为此, 定义 n 自由度并联机构整体的传递性能指标为

$$\gamma = \min\{\gamma_{\mathrm{I}}, \gamma_{\mathrm{O}}\} \tag{3.53}$$

由于输入和输出传递指标的值与机构所处的位形有关, 也即机构在不同的位形下, 其输入和输出传递指标值的大小不同, 故将 γ 称作局部传递指标。由于机构的输入和输出传递指标的取值范围均是 $[0, 1]$, 且都与坐标系的选取无关, 因此, 局部传递性能指标的取值范围也是 $[0, 1]$, 且与坐标系的选取无关。

2. 性能评价指标的求解

针对上一节所定义的各性能评价指标, 本节给出它们的求解过程。

1) 输入传递指标的求解

考虑到并联机构的驱动关节一般为单自由度的 R 副或 P 副, 这里选取几种以 R 副或 P 副为驱动关节的典型支链, 给出其输入传递指标的求解。

(1) RSS 支链。

图 3.9 所示为一RSS 支链, 其转动副为驱动关节。驱动杆 RS_1 和随动杆 S_1S_2 的杆长分别由 a 和 b 表示。坐标系 $O-xyz$ 的原点位于 R 副中心, x 轴与 R 副轴线重合。

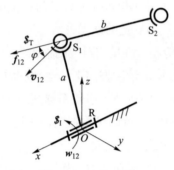

图 3.9 RSS 支链

相对于坐标系 $O-xyz$, 单位输入运动旋量可表示为

$$\boldsymbol{\$}_{\mathrm{I}} = (\boldsymbol{\omega}_{12}; 0) = (1, 0, 0; 0, 0, 0) \tag{3.54}$$

由前文分析可知, 该支链的传递力旋量为沿着随动杆杆长方向且经过球铰中心的一个纯力, 于是单位传递力旋量在坐标系 $O-xyz$ 下可表示为

$$\boldsymbol{\$}_{\mathrm{T}} = (\boldsymbol{f}_{12}; \boldsymbol{a} \times \boldsymbol{f}_{12}) \tag{3.55}$$

式中, $\boldsymbol{f}_{12}$ 为沿着随动杆 S_1S_2 杆长方向的一个单位向量; $\boldsymbol{a}$ 为沿着驱动杆 RS_1 方向的一个向量, 它的模等于驱动杆杆长 a。

将式 (3.54) 和式 (3.55) 代入式 (3.49) 中, 可得该RSS 支链的输入传递指标, 为

$$\lambda_{12} = \frac{|\boldsymbol{\$}_{\mathrm{T}} \circ \boldsymbol{\$}_{\mathrm{I}}|}{|\boldsymbol{\$}_{\mathrm{T}} \circ \boldsymbol{\$}_{\mathrm{I}}|_{\max}} = \frac{|(\boldsymbol{a} \times \boldsymbol{f}_{12}) \cdot \boldsymbol{\omega}_{12}|}{|(\boldsymbol{a} \times \boldsymbol{f}_{12}) \cdot \boldsymbol{\omega}_{12}|_{\max}} = \frac{|\boldsymbol{f}_{12} \cdot (\boldsymbol{\omega}_{12} \times \boldsymbol{a})|}{|\boldsymbol{f}_{12} \cdot (\boldsymbol{\omega}_{12} \times \boldsymbol{a})|_{\max}} = \frac{|\boldsymbol{f}_{12} \cdot \boldsymbol{v}_{12}|}{|\boldsymbol{f}_{12} \cdot \boldsymbol{v}_{12}|_{\max}}$$
$$\tag{3.56}$$

式中, $\boldsymbol{v}_{12}$ 表示球铰 S_1 中心的单位速度向量。

由于 $\boldsymbol{f}_{12}$ 和 $\boldsymbol{\omega}_{12}$ 均为单位向量, 故可得

$$|\boldsymbol{f}_{12} \cdot \boldsymbol{v}_{12}|_{\max} = |\boldsymbol{f}_{12} \cdot (\boldsymbol{\omega}_{12} \times \boldsymbol{a})|_{\max} = a \tag{3.57}$$

于是, 式 (3.56) 可改写为

$$\lambda_{12} = \frac{|\boldsymbol{f}_{12} \cdot \boldsymbol{v}_{12}|}{|\boldsymbol{f}_{12} \cdot \boldsymbol{v}_{12}|_{\max}} = \frac{|\boldsymbol{f}_{12} \cdot \boldsymbol{v}_{12}|}{a} = |\cos \varphi| \tag{3.58}$$

由式 (3.58) 可看出: RSS 支链的输入传递指标只与力向量 $\boldsymbol{f}_{12}$ 和球铰 S_1 中心速度向量的夹角 φ (将该夹角 φ 称作支链的逆压力角) 有关, 与坐标系 $O-xyz$ 的原

点位置无关。于是根据式 (3.58) 可得出结论: RSS 支链的输入传递指标等于该支链的逆压力角的余弦绝对值。值得一提的是, 此结论同样适用于 RUS、RRS、RUU 以及平面 RRR 等支链。

(2) PSS 支链。

如图 3.10 所示, PSS 支链中的移动副为其驱动关节, 驱动滑块沿着坐标系 $O - xyz$ 的 x 轴移动。根据 3.2.1 节中的方法, 可求得该支链的传递力旋量为沿着随动杆 S_3S_4 杆长方向且经过球铰 S_3 中心的一个纯力, 其在坐标系 $O - xyz$ 下可表示为

$$\boldsymbol{S}_{\mathrm{T}} = (\boldsymbol{f}_{34}; \boldsymbol{r} \times \boldsymbol{f}_{34}) \tag{3.59}$$

式中, $\boldsymbol{r}$ 表示坐标系原点到随动杆上任意一点的向量。

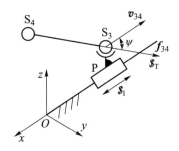

图 3.10 PSS 支链

由于输入运动为纯移动, 其节距无穷大, 于是相对于坐标系 $O - xyz$, 单位输入运动旋量可表示为

$$\boldsymbol{S}_{\mathrm{I}} = (0; \boldsymbol{v}_{34}) \tag{3.60}$$

根据式 (3.49), 可得该 PSS 支链的输入传递指标为

$$\lambda_{34} = \frac{|\boldsymbol{f}_{34} \cdot \boldsymbol{v}_{34}|}{|\boldsymbol{f}_{34} \cdot \boldsymbol{v}_{34}|_{\max}} = |\boldsymbol{f}_{34} \cdot \boldsymbol{v}_{34}| = |\cos \psi| \tag{3.61}$$

式中, $\boldsymbol{v}_{34}$ 为球铰 S_3 中心的单位速度向量。

由式 (3.61) 可知, PSS 支链的输入传递指标等于传递力向量 $\boldsymbol{f}_{34}$ 和移动副轴线方向向量的夹角 ψ(也即逆压力角) 的余弦绝对值, 与坐标系 $O - xyz$ 的原点位置无关。此结论同样适用于 PUS、PUU、PRS 以及平面 PRR 等支链。

值得注意的是, 在许多并联机构中, 主动的移动副经常位于两个被动的运动副中间, 且该移动副的轴线同时经过两个被动副的几何中心, 比如 SPS 或 UPS (图 3.11)、RPS 以及 UPU 等支链。尽管此类支链的驱动副位置与 PSS 支链有所不同, 但是 PSS 支链的结论仍然适用, 也即: 输入传递指标等于传递力向量和移动副轴线方向向量的夹角 (或称逆压力角) 的余弦绝对值。由于 SPS 等支链的传递力向量往往与移动副的轴线重合, 故其逆压力角为 0°, 从而可知该类支链的输入传递指标始终等于 1。

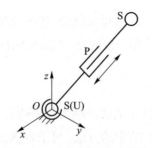

图 3.11 SPS 或 UPS 支链

(3) 球面 RRR 支链。

图 3.12 所示为一球面 RRR 支链, 3 个转动副的轴线相交于 O 点, 其中与机架相连的转动副为其驱动关节。图中的 α_{12} 表示转动副 R_1 和 R_2 的轴线之间的夹角, 而转动副 R_2 和 R_3 的轴线之间的夹角用 α_{23} 表示。OR_2 为平面 β 的一条法线, 且 O 点位于平面 β 内, 由此可知 OR_2 垂直于平面 β 内的任意一条直线。

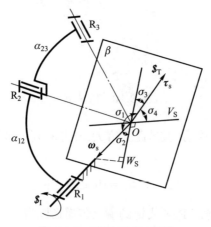

图 3.12 球面 RRR 支链

根据 3.2.1 节中的方法, 可求得该支链的传递力旋量为轴线经过坐标系原点 O 且垂直于平面 OR_2R_3 的一个力矩, 表示如下:

$$\boldsymbol{\$}_{\mathrm{T}} = (0; \boldsymbol{\tau}_{\mathrm{s}}) \tag{3.62}$$

式中, $\boldsymbol{\tau}_{\mathrm{s}}$ 表示约束力矩轴线方向的单位向量, 由此可知向量 $\boldsymbol{\tau}_{\mathrm{s}}$ 位于平面 β 内且为平面 OR_2R_3 的法线。

由于力矩的节距无穷大, 那么根据式 (3.49), 可得该球面 RRR 支链的输入传递指标为

$$\lambda_s = \frac{|\boldsymbol{\tau}_{\mathrm{s}} \cdot \boldsymbol{\omega}_{\mathrm{s}}|}{|\boldsymbol{\tau}_{\mathrm{s}} \cdot \boldsymbol{\omega}_{\mathrm{s}}|_{\max}} \tag{3.63}$$

式中, $\boldsymbol{\omega}_{\mathrm{s}}$ 表示驱动关节的运动副旋量的原部向量。

如图 3.12 所示, $\boldsymbol{\omega}_{s}$ 在平面 β 内的投影位于直线 OW_{S} 上。那么, 当向量 $\boldsymbol{\tau}_{s}$ 与直线 OW_{S} 重合时, $\boldsymbol{\tau}_{s}$ 与 $\boldsymbol{\omega}_{s}$ 之间的夹角 (或其补角) 最小, $\boldsymbol{\tau}_{s}$ 与 $\boldsymbol{\omega}_{s}$ 的点积的绝对值最大。于是, 式 (3.63) 可改写为

$$\lambda_s = \frac{|\boldsymbol{\tau}_s \cdot \boldsymbol{\omega}_s|}{|\boldsymbol{\tau}_s \cdot \boldsymbol{\omega}_s|_{\max}} = \frac{|\cos \sigma_1|}{|\cos \sigma_2|} \tag{3.64}$$

式中, σ_1 和 σ_2 分别表示向量 $\boldsymbol{\omega}_s$ 与向量 $\boldsymbol{\tau}_s$、直线 OW_S 之间的夹角。

若用 σ_3 和 σ_4 表示向量 $\boldsymbol{\tau}_s$ 与直线 OW_S、OV_S 之间的夹角, 那么根据立体几何中的折叠角公式, 可将式 (3.64) 继续改写为

$$\lambda_s = \frac{|\boldsymbol{\tau}_s \cdot \boldsymbol{\omega}_s|}{|\boldsymbol{\tau}_s \cdot \boldsymbol{\omega}_s|_{\max}} = \frac{|\cos \sigma_1|}{|\cos \sigma_2|} = |\cos \sigma_3| = |\sin \sigma_4| \tag{3.65}$$

由于直线 OV_S 又垂直于直线 OW_S, 根据三垂线定理可知, 直线 OV_S 垂直于 OR_1 (也即 $\boldsymbol{\omega}_s$ 所在直线)。又由于 OR_2 垂直于 OV_S, 由此可知直线 OV_S 是平面 OR_1R_2 的法线。因此, σ_4 实际上就是平面 OR_1R_2 与平面 OR_2R_3 之间的夹角。这里若用 $\angle R_1$-OR_2-R_3 来表示 σ_4, 式 (3.65) 可写为

$$\lambda_s = \frac{|\boldsymbol{\tau}_s \cdot \boldsymbol{\omega}_s|}{|\boldsymbol{\tau}_s \cdot \boldsymbol{\omega}_s|_{\max}} = |\sin \angle R_1 - OR_2 - R_3| \tag{3.66}$$

将 $\angle R_1$-OR_2-R_3 称作该球面 RRR 支链的逆传动角 (inverse transmission angle)。由式 (3.66) 可见该支链的输入传递指标等于逆传动角的正弦绝对值。

从以上几类典型支链的指标求解结果可以看出: 输入传递指标为坐标系不变量, 取值范围是 $[0,1]$。这些求解结果可用于后续章节的示例机构中。

注意到, 随着支链输入传递指标值的增大, 其驱动关节的运动传递性能越来越好, 但是力传递性能却未必如此。因此, 对输入传递指标的使用需加以注意。这里以图 3.13 所示 4 杆机构中的平面 RRR 支链为例, 对驱动关节的力传递性能与输入传递指标之间的关系进行讨论。

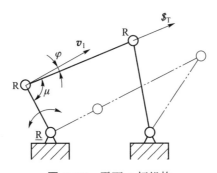

图 3.13 平面 4 杆机构

根据本节中 RSS 支链的结论可知: 平面 RRR 支链的输入传递指标等于该支链的逆压力角的余弦绝对值, 也即 $|\cos \varphi|$。而图 3.13 中所示的 μ 角为 φ 角的余角, 这

里称为该支链的逆传动角。于是可得平面 RRR 支链的输入传递指标等于 $|\sin\mu|$, 也即逆传动角的正弦绝对值。

当 $\mu = 90°$ 或 $\varphi = 0°$ 时, 输入传递指标值等于 1, 机构驱动关节的运动传递性能达到最优。但由于传递力旋量 $\boldsymbol{S}_{\mathrm{T}}$ 相对于驱动关节轴线的作用力臂最大, 于是对于同样的外力, 机构所需的驱动力矩最大, 这使得机构的力传递性能并未达到最优。而当 $\mu = 180°$ 时, 输入传递指标值等于 0, 机构达到图 3.13 中双点划线所示的奇异位形, 也即所谓的 "死点"。此时, 无论驱动关节的瞬时转速多大, 机构输出杆件的瞬时速度始终为零, 这说明来自驱动关节的运动无法被传递出去, 机构输入端的运动传递性能极差。但是在该位形或其附近位形下, 机构输入端的力传递性能却很好, 因为机构的驱动关节只需产生一个极小的驱动力即可平衡作用在输出杆上的较大外力。

一般情况下, 平面 4 杆机构在工作时应远离奇异位形 (也即 "死点")。实际应用中, 该机构往往利用驱动杆的转动惯性来通过 "死点"。然而, 有些应用场合却需要利用该机构的这类奇异位形, 以使机构产生较大的机械增益, 比如大力钳机构。因此, 输入传递指标的使用需视实际情况而定。当机构的应用场合侧重于运动传递或者要求机构远离奇异位形时, 需使用本章中定义的输入传递指标对机构进行分析和设计; 当机构能够依靠杆件运动的惯性等条件来通过奇异位形时, 可不使用输入传递指标; 当实际工况要求机构的驱动关节具有较好的力传递特性或者较大的机械增益时, 则需对本章定义的输入传递指标进行修正后方可加以使用。

2) 输出传递指标的求解

对于输出传递指标, 此处上承 3.2.2 节, 仍以 6-UPS 机构 (图 3.5) 为例, 给出其求解过程, 并绘制出指标值在机构工作空间内的分布曲线。

根据 3.2.1 节和 3.2.2 节的内容可求得 Stewart 平台的单位传递力旋量 $\boldsymbol{S}_{\mathrm{T}i}$ 以及与其相对应的单位输出运动旋量 $\boldsymbol{S}_{\mathrm{O}i}$, 然后将其代入式 (3.51) 便可得出相应输出传递指标的求解公式。比如, 与 $\boldsymbol{S}_{\mathrm{T}1}$ 对应的输出传递指标为

$$\eta_1 = \frac{|\boldsymbol{S}_{\mathrm{T}1} \circ \boldsymbol{S}_{\mathrm{O}1}|}{|\boldsymbol{S}_{\mathrm{T}1} \circ \boldsymbol{S}_{\mathrm{O}1}|_{\max}} = \frac{|(h_{\mathrm{T}1} + h_{\mathrm{O}1})\cos\theta - d\sin\theta|}{\sqrt{(h_{\mathrm{T}1} + h_{\mathrm{O}1})^2 + d_{\max}^2}} \tag{3.67}$$

式中, $h_{\mathrm{T}1}$ 和 $h_{\mathrm{O}1}$ 分别为 $\boldsymbol{S}_{\mathrm{T}1}$ 和 $\boldsymbol{S}_{\mathrm{O}1}$ 的节距; $d_{\max}$ 为 $\boldsymbol{S}_{\mathrm{T}1}$ 和 $\boldsymbol{S}_{\mathrm{O}1}$ 轴线之间的公垂线段的潜在最大值。

由式 (3.25) 和式 (3.27), 可得

$$\begin{aligned}
|\boldsymbol{S}_{\mathrm{T}1} \circ \boldsymbol{S}_{\mathrm{O}1}| &= |(h_{\mathrm{T}1} + h_{\mathrm{O}1})\cos\theta - d\sin\theta| \\
&= |L_{\mathrm{T}1}P_{\mathrm{O}1} + M_{\mathrm{T}1}Q_{\mathrm{O}1} + N_{\mathrm{T}1}R_{\mathrm{O}1} + P_{\mathrm{T}1}L_{\mathrm{O}1} + Q_{\mathrm{T}1}M_{\mathrm{O}1} + R_{\mathrm{T}1}N_{\mathrm{O}1}|
\end{aligned} \tag{3.68}$$

对于其分母的求解, 则需先求出 $h_{\mathrm{T}1}$、$h_{\mathrm{O}1}$ 和 $d_{\max}$。

由于 6–U$\underline{P}$S 机构的传递力旋量为沿着支链杆长方向的纯力, 由此可得

$$h_{T1} = 0 \tag{3.69}$$

$\boldsymbol{S}_{O1}$ 的节距则可根据节距的定义求出, 结果表示为

$$h_{T1} = \frac{\boldsymbol{\omega}_1 \cdot \boldsymbol{v}_1}{\boldsymbol{\omega}_1 \cdot \boldsymbol{\omega}_1} = L_{O1}P_{O1} + M_{O1}Q_{O1} + N_{O1}R_{O1} \tag{3.70}$$

而 $d_{\max}$ 的求解则相对复杂。如图 3.14 所示, 线段 CD 表示 $\boldsymbol{S}_{T1}$ 和 $\boldsymbol{S}_{O1}$ 轴线之间的公垂线段, 其长度用 d 表示。由于传递力旋量 $\boldsymbol{S}_{T1}$ 通过球铰 S$_1$ 将运动和力传递至动平台, 那么球铰 S$_1$ 的中心点是传递力的作用点, 于是可知 $\boldsymbol{S}_{T1}$ 的轴线始终经过球铰 S$_1$ 的中心。假设 $\boldsymbol{S}_{T1}$ 相对于 $\boldsymbol{S}_{O1}$ 的位置和方向可变, $\boldsymbol{S}_{T1}$ 的轴线也只能绕着 S$_1$ 的中心点而转动, 而线段 CD 的端点则随之不断变化。当 C 点与 S$_1$ 的中心点重合时, 线段 CD 的长度 d 能达到其潜在最大值 $d_{\max}$。由图可知: $d_{\max}$ 实际上就是球铰 S$_1$ 的中心点到输出运动旋量 $\boldsymbol{S}_{O1}$ 的轴线的距离, 可求得 $d_{\max}$ 为

$$d_{\max} = |\boldsymbol{s}_1 \times \boldsymbol{l}| \tag{3.71}$$

式中, $\boldsymbol{s}_1$ 为沿着 $\boldsymbol{S}_{O1}$ 轴线方向的单位向量, 也即 $\boldsymbol{S}_{O1}$ 的原部向量; $\boldsymbol{l}$ 为球铰 S$_1$ 的中心点到 $\boldsymbol{S}_{O1}$ 轴线上任意一点的向量。

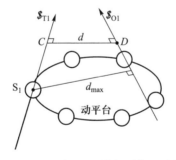

图 3.14 $\boldsymbol{S}_{T1}$ 与 $\boldsymbol{S}_{O1}$ 的相对位置及方向

将式 (3.68) ~ 式 (3.71) 代入式 (3.67), 即可求出输出传递指标 η_1。类似地, 可求出与其他传递力旋量对应的输出传递指标, 即 $\eta_i(i = 2, 3, \cdots, 6)$, 进而根据式 (3.52) 可求得机构的输出传递指标 γ_O。

若给定机构的几何参数为: $r_1 = 50$, $r_2 = 20$, $r_3 = 20\sqrt{2}$, 可得机构在固定姿态下的输出传递指标值在 $z_{O'} = 30$ 的工作空间内的分布, 如图 3.15 所示。图 3.15a 和 b 分别对应的动平台姿态为 $(0°, 0°, 0°)$ 和 $(20°, 10°, 5°)$。值得一提的是, 根据本节前一部分的结论可知 U$\underline{P}$S 支链的输入传递指标始终等于 1, 故 6–U$\underline{P}$S 机构的局部传递指标 (LTI) 实际上就等于其输出传递指标 (OTI)。

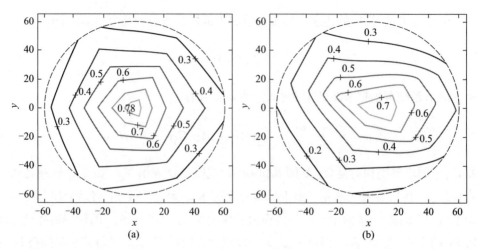

图 3.15 6–U$\underline{\text{P}}$S 机构在定姿态工作空间 ($z_{O'} = 30$) 内的 OTI (或 LTI) 分布: (a) $(0°, 0°, 0°)$; (b) $(20°, 10°, 5°)$

这里, 为了将 LTI 与 LCI 进行比较, 也给出该 6–U$\underline{\text{P}}$S 机构在同一组几何参数下的 LCI 在 $z_{O'} = 30$ 的定姿态工作空间内的分布 (图 3.16)。图 3.16a 和 b 分别对应的动平台姿态为 $(0°, 0°, 0°)$ 和 $(20°, 10°, 5°)$。

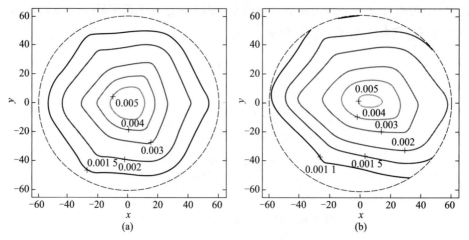

图 3.16 6–U$\underline{\text{P}}$S 机构在定姿态工作空间 ($z_{O'} = 30$) 内的 LCI 分布: (a) $(0°, 0°, 0°)$; (b) $(20°, 10°, 5°)$

由图 3.16 可知, 6–U$\underline{\text{P}}$S 机构的 LCI 值很小, 处于 10^{-3} 量级。由于 LCI 的取值范围是 $[0, 1]$, 故在一般情况下, 10^{-3} 量级的 LCI 值意味着机构已非常接近奇异位形。而实际上, 该 6–U$\underline{\text{P}}$S 机构在图中所示的位姿空间内能较好地工作, 并非接近奇异。因此, LCI 值在评价 6–U$\underline{\text{P}}$S 机构距离奇异位形远近时具有一定的局限性。而根据图 3.15 可知: LTI 在 6–U$\underline{\text{P}}$S 机构的工作空间中都处于 10^{-1} 这一量级, 也即均匀分布于区间 $[0, 1]$ 内, 故能相对较好地用来分析与评价 6–U$\underline{\text{P}}$S 机构距离奇异位形的远近。

3) 局部传递指标的求解

在研究中发现, LCI 在平面 5R 并联机构性能评价中也具有一定的局限性 (刘辛军等, 2008), 故此处以该平面 5R 机构为例给出 LTI 的求解过程。

如图 3.17 所示, 定坐标系 $O-xy$ 的原点位于转动副 A 和 C 的中点, x 轴穿过 C 的中心。由于转动副 A 和 C 为该机构的驱动关节, 故 θ_1 和 θ_2 为两个输入角。A 和 C 的中心点到原点 O 的距离均为 r_1, 驱动杆 AB 和 CD 的杆长均为 r_2, 而随动杆 BP 和 CP 的杆长均等于 r_3。相对于坐标系 $O-xy$, 机构末端 P 点的坐标可表示为 (x_P, y_P)。

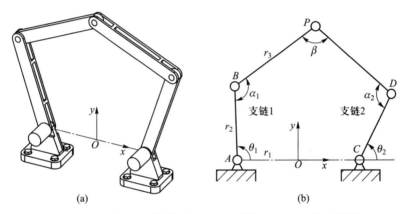

图 3.17 平面 5R 并联机构: (a) 三维模型; (b) 机构示意图

类似于 RSS 支链, 平面 RRR 支链的传递力旋量为沿着随动杆杆长方向且经过转动副 R 中心的一个纯力。比如: 支链 1 中的传递力旋量为沿着杆 BP 的杆长方向且经过转动副 B 和 P 中心的纯力。于是, 相对于坐标系 $O-xy$, 该平面 5R 机构的两个传递力旋量可表示为

$$
\begin{aligned}
\boldsymbol{S}_{\mathrm{T1}} &= (\boldsymbol{f}_1; \boldsymbol{f}_1 \times \boldsymbol{b}) \\
&= (\cos(\alpha_1+\theta_1), \sin(\alpha_1+\theta_1), 0; \ 0, \ 0, \ r_2\sin\alpha_1 - r_1\sin(\alpha_1+\theta_1)) \quad (3.72)
\end{aligned}
$$

$$
\begin{aligned}
\boldsymbol{S}_{\mathrm{T2}} &= (\boldsymbol{f}_2; \boldsymbol{f}_2 \times \boldsymbol{d}) \\
&= (-\cos(\alpha_2-\theta_2), \sin(\alpha_2-\theta_2), 0; \ 0, \ 0, \ r_2\sin\alpha_2 + r_1\sin(\alpha_2-\theta_2)) \quad (3.73)
\end{aligned}
$$

式中, $\boldsymbol{f}_1$ 和 $\boldsymbol{f}_2$ 分别表示沿着杆 BP 和 DP 的杆长方向的单位向量; $\boldsymbol{b}$ 和 $\boldsymbol{d}$ 分别表示从原点 O 到转动副 B 和 D 的中心点的向量。

由于转动副 A 和 C 为机构的输入关节, 该机构的两个单位输入运动旋量在坐

标系 $O - xy$ 下可表示为

$$\boldsymbol{\$}_{\mathrm{I1}} = (0, \quad 0, \quad 1; \quad 0, \quad r_1, \quad 0) \tag{3.74}$$

$$\boldsymbol{\$}_{\mathrm{I2}} = (0, \quad 0, \quad 1; \quad 0, \quad -r_1, \quad 0) \tag{3.75}$$

由此可得单位传递力旋量和单位输入运动旋量之间的互易积为

$$\boldsymbol{\$}_{\mathrm{T1}} \circ \boldsymbol{\$}_{\mathrm{I1}} = r_2 \sin \alpha_1 \tag{3.76}$$

$$\boldsymbol{\$}_{\mathrm{T2}} \circ \boldsymbol{\$}_{\mathrm{I2}} = r_2 \sin \alpha_2 \tag{3.77}$$

将式 (3.76) 和式 (3.77) 代入式 (3.49), 可得机构对应于支链 1 的输入传递指标为

$$\lambda_1 = \frac{|\boldsymbol{\$}_{\mathrm{T1}} \circ \boldsymbol{\$}_{\mathrm{I1}}|}{|\boldsymbol{\$}_{\mathrm{T1}} \circ \boldsymbol{\$}_{\mathrm{I1}}|_{\max}} = \frac{|r_2 \sin \alpha_1|}{|r_2 \sin \alpha_1|_{\max}} = \frac{|r_2 \sin \alpha_1|}{r_2} = |\sin \alpha_1| \tag{3.78}$$

同理可得对应于支链 2 的输入传递指标为

$$\lambda_2 = \frac{|\boldsymbol{\$}_{\mathrm{T2}} \circ \boldsymbol{\$}_{\mathrm{I2}}|}{|\boldsymbol{\$}_{\mathrm{T2}} \circ \boldsymbol{\$}_{\mathrm{I2}}|_{\max}} = \frac{|r_2 \sin \alpha_2|}{|r_2 \sin \alpha_2|_{\max}} = \frac{|r_2 \sin \alpha_2|}{r_2} = |\sin \alpha_2| \tag{3.79}$$

当锁住转动副 C 而只驱动转动副 A 时, 机构可看作单自由度 4 杆机构 $ABPD$。此时, 末端 P 点只能绕着转动副 D 的中心点做旋转运动, 其瞬时运动的方向与随动杆 DP 垂直。由于转动副 D 的中心点在坐标系 $O - xy$ 下的位置向量为

$$\overrightarrow{OD} = \begin{bmatrix} D_x \\ D_y \\ D_z \end{bmatrix} = \begin{bmatrix} -r_1 + r_2 \cos \theta_1 - r_3 \cos(\theta_1 + \alpha_1) + r_3 \cos(\theta_1 + \alpha_1 + \beta) \\ r_2 \sin \theta_1 - r_3 \sin(\theta_1 + \alpha_1) + r_3 \sin(\theta_1 + \alpha_1 + \beta) \\ 0 \end{bmatrix} \tag{3.80}$$

因此, P 点的瞬时运动旋量可表示为

$$\boldsymbol{\$}_{\mathrm{O1}} = (0, \quad 0, \quad 1; \quad D_y, \quad -D_x, \quad 0) \tag{3.81}$$

由此可得单位传递力旋量 $\boldsymbol{\$}_{\mathrm{T1}}$ 和单位输入运动旋量 $\boldsymbol{\$}_{\mathrm{O1}}$ 之间的互易积为

$$\boldsymbol{\$}_{\mathrm{T1}} \circ \boldsymbol{\$}_{\mathrm{O1}} = r_3 \sin \beta \tag{3.82}$$

将上式代入式 (3.51), 可得机构对应于支链 1 的输出传递指标为

$$\eta_1 = \frac{|\boldsymbol{\$}_{\mathrm{T1}} \circ \boldsymbol{\$}_{\mathrm{O1}}|}{|\boldsymbol{\$}_{\mathrm{T1}} \circ \boldsymbol{\$}_{\mathrm{O1}}|_{\max}} = \frac{|r_3 \sin \beta|}{|r_3 \sin \beta|_{\max}} = \frac{|r_3 \sin \beta|}{r_3} = |\sin \beta| \tag{3.83}$$

同理可得对应于支链 2 的输出传递指标为

$$\eta_2 = \eta_1 = |\sin \beta| \tag{3.84}$$

因此, 该平面对称 5R 机构的局部传递指标为

$$\gamma = \min\{\lambda_1, \lambda_2, \eta_1, \eta_2\} = \min\{|\sin\alpha_1|, |\sin\alpha_2|, |\sin\beta|\} \qquad (3.85)$$

将 α_1 和 α_2 称作该机构的逆传动角 (inverse transmission angle), 将 β 称作正传动角 (forward transmission angle)。

值得注意的是, 对于 4 杆机构 $ABPD$, α_1 和 β 可看作该机构的逆传动角和正传动角。由式 (3.78) 和式 (3.83) 可看出 4 杆机构 $ABPD$ 的输入和输出传递指标分别为该机构的逆传动角 α_1 和正传动角 β 的正弦绝对值。可见, 所定义的运动和力传递指标同样适用于平面 4 杆机构。

对于平面 5R 机构, 若给定其几何参数为: $r_1 = 0.55$, $r_2 = 0.85$, $r_3 = 1.6$, 可绘制出局部传递指标 LTI 在其理论工作空间内的分布曲线, 如图 3.18 所示, 图中蓝色粗实线表示机构的边界奇异轨迹, 也即理论工作空间的边界。同样, 为了将 LTI 与 LCI 进行比较, 这里也给出该平面 5R 并联机构在相同几何参数下的 LCI 在其理论工作空间内的分布情况 (Liu et al., 2008) (图 3.19)。

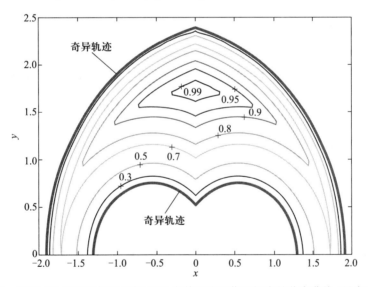

图 3.18 平面 5R 并联机构的指标 LTI 在其理论工作空间内的分布曲线 (见书后彩图)

由图 3.19 可见: 平面 5R 并联机构的 LCI 值虽然在区间 [0, 1] 内均匀分布, 但是 LCI 的等值线在图中的 a 点出现了集聚性现象。一般地, "LCI 值等于 0.5" 表示机构具有良好的灵巧性。然而, 图中的 a 点几乎位于机构的边界奇异轨迹上, 使得 a 点附近的 "LCI=0.5" 曲线无法正确地评价平面 5R 并联机构距离边界奇异的远近。而由图 3.18 可看出: LTI 的等值线不存在集聚性, 且随着机构远离边界奇异轨迹, LTI 的值逐渐增大, 因此 LTI 能较好地用于评价平面 5R 并联机构距离奇异位形的远近。

此外, 比较图 3.16 与图 3.19 可知: 对于两种不同类型的并联机构, LCI 的值处于

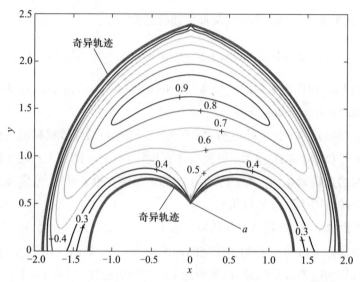

图 3.19 平面 5R 并联机构的指标 LCI 在其理论工作空间内的分布曲线 (见书后彩图)

不同的量级 (前者为 10^{-3} 量级, 后者为 10^{-1} 量级), 故无法用统一的标准值来判断不同并联机构之间的性能优劣以及距离奇异位形的远近, 从而使得 LCI 在并联机构性能评价与设计中的应用具有一定的盲目性。而比较图 3.15 与图 3.18 可知: 在两种不同类型的并联机构中, LTI 的值均处于同一量级, 从而为定义统一的标准值提供了可能。

3.3.1.2 运动/力约束性能指标

上一节探讨了并联机构在自由度空间内的运动/力传递特性, 提出了相关的分析方法和评价指标。少自由度并联机构在约束空间内核心作用为与约束相关的运动和力, 迄今为止, 鲜有文献对并联机构的运动/力约束特性作系统性的研究。基于此, 本节将探讨并联机构在约束度空间内运动/力约束特性, 提出相应的分析方法和评价指标。

1. 约束特性分析的意义

并联机构的运动/力约束特性在运动学性能分析中有很重要的意义, 其中至少包括如下 3 个方面: ① 少自由度并联机构中自由度空间和约束空间是共生存在的, 即只有约束住对应的受限运动, 才能保证输出理想的自由度方向的运动; ② 并联机构在受限运动方向上受到外力作用时, 会产生相应的运动趋势而导致机构的微小变形, 而约束力的作用恰是平衡该部分的外力, 所有运动/力的约束效果会影响机构的整体性能 (如刚度和精度) (Zhang et al., 2001); ③ 并联机构的运动/力约束特性变差或者消失时, 机构将会发生不可控的现象。

以往研究者对并联机构进行自由度分析、性能分析和构型综合时，一般会假设并联机构的约束是理想的 (完全约束)。Zhao (2004) 在研究构型综合时，由机构的约束空间入手，讨论机构 (及其支链) 的约束度，根据对偶法则找出对应的自由度运动，进而综合出所需的并联机构。

1996 年，Tsai (1996) 在文章中首次提出一个 3 自由度的 3-U$\underline{\text{P}}$U 并联机构，并对其运动学正逆解、工作空间等性能进行研究。2002 年，韩国首尔国立大学 Han 等 (2002) 从基于 3-U$\underline{\text{P}}$U 并联机构的实物样机 SNU 中发现了一个 "奇怪" 的现象，即在原始位姿和所有支链驱动都被锁死的情况下，该机构动平台仍能发生 "多余的" 微小运动。该现象在第二届计算运动学研讨会中被报道时，吸引了很多与会者的关注，但其中的本质原因一直是个困扰。直到 Zlatanov 等提出了约束奇异的概念，很好地解释了 3-U$\underline{\text{P}}$U 并联机构中存在的这种奇异现象。至此，研究者对并联机构的约束特性才有了更加深入的认识，随后不同学者对此现象作了大量研究 (Gregorio et al., 2002)，例如赵景山 (2005) 利用并联机构终端约束分析理论对此类机构进行研究，讨论了不同运动副配置下的机构包含的不同自由度数量和类型。

由上述对并联机构约束特性的研究脉络可以看出，并联机构的约束特性并非总是理想的，且已有研究工作多集中于约束奇异的辨识上。假设并联机构处于完全约束状态时为 1，处于完全无约束 (约束奇异) 状态时为 0，显然，并联机构的约束特性应该是由完全约束逐渐变化到完全无约束的状态，即存在 1 到 0 的渐变过程。随之产生一系列新的问题：并联机构在什么位姿下是完全约束或者完全无约束的？如何定量地描述并联机构在工作空间内任意位姿下的约束特性？如何评价并联机构距离约束奇异 (或完全约束) 位姿的远近？对于这些问题的回答是以下研究的出发点。

2. 约束特性指标的定义

本节将从机构的输入端、输出端和整体端分别考虑并联机构的运动/力约束特性，并分别定义相应的评价指标。

1) 输入端运动/力约束特性指标 (input constraint index, ICI)

少自由度并联机构至少有一个欠约束的支链，即活动度数目小于 6 的支链，也意味着该支链至少包含一个约束力旋量。对于机构的输入端的约束特性分析的关键就是寻找其中的约束力旋量和与之对应的受限运动旋量。

一般而言，支链的约束力旋量可以通过与支链所有许动运动旋量的互易关系求得，相对来说，对应的受限运动求解不是那么直观。具体而言，约束力子空间基底中的第 i 个约束力旋量表示为 $\boldsymbol{\mathcal{S}}_{\text{C}i}$，对应地在受限运动子空间基底内第 i 个受限运动旋量表示为 $\boldsymbol{\mathcal{S}}_{\text{R}i}$。

根据功率系数的概念，定义并联机构第 i 个支链中对应的第 j 个约束力旋量的

运动/力约束特性指标为

$$\zeta_{ij} = \frac{|\$_{Cij} \circ \$_{Rij}|}{|\$_{Cij} \circ \$_{Rij}|_{\max}} \tag{3.86}$$

该指标取值范围为 $[0,1]$, 指标值越大, 说明约束运动和力的效果越理想。根据 "最坏工况" 准则, 定义并联机构的输入端运动/力约束特性指标为

$$\kappa_{I} = \min_{i,j}\{\zeta_{ij}\} = \min_{i,j}\left\{\frac{|\$_{Cij} \circ \$_{Rij}|}{|\$_{Cij} \circ \$_{Rij}|_{\max}}\right\} \tag{3.87}$$

支链举例: UPU 支链 如图 3.20 所示, UPU 支链包括一个 P 副和两个 U 副 (可看作两个轴线正交的 R 副)。该支链拥有 5 个活动度, 其包含 5 个许动运动旋量和一个受限运动旋量, 以及 5 个驱动力旋量和一个约束力旋量。

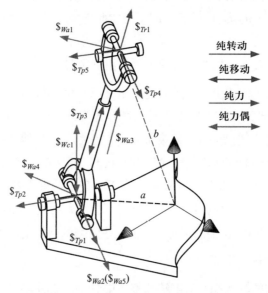

图 3.20 UPU 支链 (见书后彩图)

在支链上建立局部坐标系 (图 3.20), 由运动学旋量分析可以得到该支链的许动运动旋量子空间基底由 5 个许动运动旋量构成, 即

$$\{\boldsymbol{T}_P\} = \left\{\begin{array}{l} \$_{Tp1} = (\boldsymbol{s}_{Tp1}; \boldsymbol{a} \times \boldsymbol{s}_{Tp1}) \\ \$_{Tp2} = (\boldsymbol{s}_{Tp2}; \boldsymbol{a} \times \boldsymbol{s}_{Tp2}) \\ \$_{Tp3} = (0; \boldsymbol{s}_{Tp3}) \\ \$_{Tp4} = (\boldsymbol{s}_{Tp4}; \boldsymbol{b} \times \boldsymbol{s}_{Tp4}) \\ \$_{Tp5} = (\boldsymbol{s}_{Tp5}; \boldsymbol{b} \times \boldsymbol{s}_{Tp5}) \end{array}\right\} \tag{3.88}$$

式中, $\boldsymbol{s}_{Tpi}$ 是第 i 个运动旋量的方向向量; $\boldsymbol{a}$ 和 $\boldsymbol{b}$ 分别为坐标系原点到两个 U 副中心的指向向量。$\boldsymbol{s}_{Tp1}$ 和 $\boldsymbol{s}_{Tp4}$ 始终平行, 同样地, $\boldsymbol{s}_{Tp2}$ 和 $\boldsymbol{s}_{Tp5}$ 始终平行。

根据旋量之间的互易关系, 可求得支链中的单位约束力旋量为

$$\{\boldsymbol{W}_C\} = \{\$_{Wc1} = (0,\ \boldsymbol{n}_1)\} \tag{3.89}$$

式中, $\boldsymbol{n}_1 = \boldsymbol{s}_{Tp1} \times \boldsymbol{s}_{Tp2}$。显然, 该约束力旋量为一个纯力偶, 其轴线方向垂直于 U 副的两转动轴线构成的平面。

此外, 根据对偶关系可以求得由 5 个驱动力旋量张成的驱动力子空间基底, 即

$$\{\boldsymbol{W}_A\} = \left\{ \begin{array}{l} \$_{Wa1} = (\boldsymbol{n}_2;\ \boldsymbol{b} \times \boldsymbol{n}_2) \\ \$_{Wa2} = (\boldsymbol{s}_{Tp4};\ \boldsymbol{b} \times \boldsymbol{s}_{Tp4}) \\ \$_{Wa3} = (\boldsymbol{s}_{Tp3};\ \boldsymbol{a} \times \boldsymbol{s}_{Tp3}) \\ \$_{Wa4} = (\boldsymbol{n}_2;\ \boldsymbol{a} \times \boldsymbol{n}_2) \\ \$_{Wa5} = (\boldsymbol{s}_{Tp1};\ \boldsymbol{a} \times \boldsymbol{s}_{Tp1}) \end{array} \right\} \tag{3.90}$$

式中, $\boldsymbol{n}_2 = \boldsymbol{s}_{Tp1} \times \boldsymbol{s}_{Tp3}$。

再根据互易关系, 可以求得一个受限运动旋量为

$$\{\boldsymbol{T}_R\} = \{\$_{Tr1} = (\boldsymbol{s}_{Tp3};\ \boldsymbol{b} \times \boldsymbol{s}_{Tp3})\} \tag{3.91}$$

由上式可以看出, UPU 支链的受限运动是沿着伸缩杆轴线方向的纯转动运动, 即绕着 UPU 支链自身的纯转动。一般位姿下, 该运动被合理约束了, 即不存在绕自身的转动运动。

根据定义式 (3.86), 该支链的输入端运动/力约束特性指标为

$$\kappa_{\mathrm{I}} = \zeta_{11} = \frac{|\boldsymbol{\$}_{\mathrm{C}1} \circ \boldsymbol{\$}_{\mathrm{R}1}|}{|\boldsymbol{\$}_{\mathrm{C}1} \circ \boldsymbol{\$}_{\mathrm{R}1}|_{\max}} = |\boldsymbol{s}_{Tp1} \times \boldsymbol{s}_{Tp2} \cdot \boldsymbol{s}_{Tp3}| = |\sin \alpha| \tag{3.92}$$

式中 α 是 $\boldsymbol{s}_{Tp2}$ 和 $\boldsymbol{s}_{Tp3}$ 之间的夹角, 如图 3.20 所示。

2) 输出端运动/力约束特性指标 (output constraint index, OCI)

少自由度并联机构中由约束力旋量约束住机构的受限自由度, 可以理解为约束力在受限运动方向的作功效果。如果约束力旋量不能在受限运动方向上作功, 即表示该运动方向未被约束住, 机构的瞬时自由度将增加, 即出现所谓的约束奇异。根据功率系数法可求得输出端第 i 个约束力旋量对应的约束特性指标为

$$\upsilon_i = \frac{|\boldsymbol{\$}_{\mathrm{C}i} \circ \Delta\boldsymbol{\$}_{\mathrm{O}i}|}{|\boldsymbol{\$}_{\mathrm{C}i} \circ \Delta\boldsymbol{\$}_{\mathrm{O}i}|_{\max}} \tag{3.93}$$

如何求解 $\Delta\boldsymbol{\$}_{\mathrm{O}}$ 是该指标能否实用的关键之一。此处运用 "释放" 约束的手段进行求解。具体来说: 保持所有驱动锁死的状态下 "释放" 一个约束力, 不难想象, 该并联机构将多出一个瞬时运动, 此运动即为所求解的对应于释放的约束力旋量的输出受限运动旋量。由于约束力是机构的内力, 在实际机构中, 无法真正控制机构释

放约束力, 所以该运动为假想的受限运动旋量方向上的微小变形, 而非真实运动, 故用 $\Delta \pmb{s}_{\mathrm{O}}$ 表示。

$$\pmb{s}_{\mathrm{T}k} \circ \Delta \pmb{s}_{\mathrm{O}i} = 0 \quad (k = 1, 2, \cdots, n)$$
$$\pmb{s}_{\mathrm{C}j} \circ \Delta \pmb{s}_{\mathrm{O}i} = 0 \quad (i, j = 1, 2, \cdots, 6-n; i \neq j) \tag{3.94}$$

由上式可知, 对于 n 自由度机构中可以求得 $6-n$ 个受限运动旋量 $\Delta \pmb{s}_{\mathrm{O}i}$, 它们之间的关系如下所述。

【定理 3.2】 对于一个 n 自由度非过约束并联机构, 当它处于非奇异位姿时, 其中的 $6-n$ 个受限运动旋量 $\Delta \pmb{s}_{\mathrm{O}1}, \Delta \pmb{s}_{\mathrm{O}2}, \cdots, \Delta \pmb{s}_{\mathrm{O}(6-n)}$ 线性无关。

证明: (反证法) 假设受限运动旋量 $\Delta \pmb{s}_{\mathrm{O}1}, \Delta \pmb{s}_{\mathrm{O}2}, \cdots, \Delta \pmb{s}_{\mathrm{O}(6-n)}$ 线性相关, 则任意一个旋量可以由剩余所有旋量的线性组合表示, 即

$$\Delta \pmb{s}_{\mathrm{O}i} = k_1 \Delta \pmb{s}_{\mathrm{O}1} + k_2 \Delta \pmb{s}_{\mathrm{O}2} + \cdots + k_j \Delta \pmb{s}_{\mathrm{O}j} \quad (j = 1, 2, \cdots, 6-n; i \neq j)$$

式中, $k_1, k_2, \cdots, k_j$ 不同时为 0。

将上式两端乘以第 i 个约束力旋量, 可得

$$\pmb{s}_{\mathrm{C}i} \circ \Delta \pmb{s}_{\mathrm{O}i} = k_1 (\pmb{s}_{\mathrm{C}i} \circ \Delta \pmb{s}_{\mathrm{O}1}) + k_2 (\pmb{s}_{\mathrm{C}i} \circ \Delta \pmb{s}_{\mathrm{O}2}) + \cdots + k_j (\pmb{s}_{\mathrm{C}i} \circ \Delta \pmb{s}_{\mathrm{O}j})$$

由此可以得到

$$\pmb{s}_{\mathrm{C}i} \circ \Delta \pmb{s}_{\mathrm{O}i} = 0$$

两旋量之间的互易关系说明, 其中的约束力旋量 $\pmb{s}_{\mathrm{C}i}$ 对机构的第 i 个受限运动旋量不作功。同理分析可知, 所有的约束力旋量对相应的受限运动旋量方向都不作功。

以上结论说明机构在此位姿下, 没有约束力能对动平台受限运动方向上作功, 也就是说该机构在受限运动旋量方向上无约束, 此时会多出该方向的运动, 说明机构处于奇异位姿, 这与题设中的机构处于非奇异位姿矛盾。所以该假设不成立, 由此可以证明定理 3.2。

定理 3.2 中所述的线性无关的关系揭示了每一个约束力旋量对应着唯一的受限运动旋量, 保证了定义的输出运动/力约束指标的可行性和合理性。

类似于输入端指标的定义, 可以定义该机构的输出端运动/力约束指标为

$$\kappa_{\mathrm{O}} = \min_{i} \{ \upsilon_i \} = \min_{i} \left\{ \frac{|\pmb{s}_{\mathrm{C}i} \circ \Delta \pmb{s}_{\mathrm{O}i}|}{|\pmb{s}_{\mathrm{C}i} \circ \Delta \pmb{s}_{\mathrm{O}i}|_{\max}} \right\} \tag{3.95}$$

3) 整体运动/力约束特性指标 (total constraint index, TCI)

为了评价并联机构的整体约束特性指标, 同时考虑输入端输出端约束特性, 取输入和输出端约束特性指标的较小值作为整体运动/力约束指标为

$$\kappa = \min\{\kappa_{\mathrm{I}}, \kappa_{\mathrm{O}}\} \tag{3.96}$$

由于 ICI 和 OCI 都与坐标系无关, 且为归一化指标, 所以由上式定义的 TCI 取值范围也是 $[0, 1]$ 的坐标系无关量。该值越大, 说明机构整体的运动/力的约束特性越好, 越接近于完全约束 (指标值为 1); 相反地, 若 TCI 值为 0, 说明机构的输入端或输出端的指标值为 0, 由此对应地发生了约束奇异状态。

机构举例: Tricept 机构 为了进一步说明运动/力约束特性分析方法和指标的意义, 本节将以一个典型并联机构为例进行说明。

图 3.21 所示为 Tricept 并联机构的原理图 (3–U$\underline{\text{P}}$S&1–UP)。该机构由一个定平台、一个动平台、连接两者之间的 3 个主动驱动的 UPS 支链 (其中 P 副为主动副) 以及一个被动 UP 支链组成。不失一般性, 假设该机构的几何参数为: 定平台半径和动平台半径分别为 $L_1 = 350$ mm 和 $L_2 = 225$ mm。在定平台上建立定坐标系 $O{-}XYZ$, 动平台上建立动坐标系 $o-xyz$。该机构动平台可以由绕着 UP 支链 (图 3.22) 的 U 副中的两个角度 ϕ 和 θ 转动, 其旋转矩阵 $\boldsymbol{R}$ 为

$$\boldsymbol{R} = \begin{bmatrix} \cos\theta & 0 & \sin\theta \\ \sin\phi\sin\theta & \cos\phi & -\sin\phi\cos\theta \\ -\cos\phi\sin\theta & \sin\phi & \cos\phi\cos\theta \end{bmatrix} \tag{3.97}$$

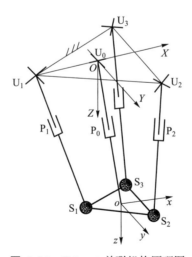

图 3.21 Tricept 并联机构原理图

经分析可知, Tricept 机构的转动自由度和移动自由度是耦合的。已知动平台位置 (x, y, z), 就能通过下式分别求解相应的转动角度 ϕ 和 θ:

$$\phi = \arctan\left(-\frac{y}{z}\right) \tag{3.98}$$

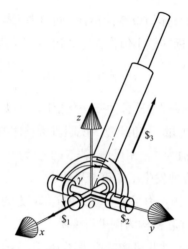

图 3.22 UP 支链

和

$$\theta = \arcsin \frac{x}{\sqrt{x^2 + y^2 + z^2}} \tag{3.99}$$

首先考虑输入端: 并联机构的支链可分为无约束支链、恰约束支链和欠约束支链。Tricept 机构中的 UPS 支链拥有 6 个活动度, 不提供任何约束, 所以称之为无约束支链;UP 支链拥有 3 个活动度, 提供 3 个约束力旋量, 且为 Tricept 机构的所有约束, 所以称之为恰约束支链。显然, 对于该机构的运动/力约束特性分析仅需要考虑 UP 支链 (输入端) 和机构输出端的影响。

图 3.22 所示为 UP 支链的示意图, 根据 3.2.4 节介绍的运动和力旋量子空间基底的求解方法, 对该支链进行旋量分析, 可以分别得到:

(1) 许动运动旋量子空间基底

$$\{\boldsymbol{T_P}\} = \left\{ \begin{array}{l} \$_{Tp1} = (1, \quad 0, \quad 0; \quad 0, \quad 0, \quad 0) \\ \$_{Tp2} = (0, \quad 1, \quad 0; \quad 0, \quad 0, \quad 0) \\ \$_{Tp3} = (0, \quad 0, \quad 0; \quad \cos\gamma, \quad 0, \quad \sin\gamma) \end{array} \right\} \tag{3.100}$$

(2) 驱动力旋量子空间基底

$$\{\boldsymbol{W_A}\} = \left\{ \begin{array}{l} \$_{Wa1} = (0, \quad 0, \quad 0; \quad 1, \quad 0, \quad 0) \\ \$_{Wa2} = (0, \quad 0, \quad 0; \quad 0, \quad 1, \quad 0) \\ \$_{Wa3} = (\sin\gamma, \quad 0, \quad \cos\gamma; \quad 0, \quad 0, \quad 0) \end{array} \right\} \tag{3.101}$$

(3) 约束力旋量子空间基底

$$\{\boldsymbol{W_C}\} = \left\{ \begin{array}{l} \$_{Wc1} = (0, \quad 0, \quad ,0; \quad 0, \quad 0, \quad 1) \\ \$_{Wc2} = (0, \quad 1, \quad 0; \quad 0, \quad 0, \quad 0) \\ \$_{Wc3} = (\sin\gamma, \quad 0, \quad -\cos\gamma; \quad 0, \quad 0, \quad 0) \end{array} \right\} \tag{3.102}$$

(4) 受限运动旋量子空间基底

$$\{\boldsymbol{T_R}\} = \left\{ \begin{array}{l} \$_{Tr1} = (0, \quad 0, \quad 1; \quad 0, \quad 0, \quad 0) \\ \$_{Tr2} = (0, \quad 0, \quad 0; \quad 0, \quad -1, \quad 0) \\ \$_{Tr3} = (0, \quad 0, \quad 0; \quad \sin\gamma, \quad 0, \quad -\cos\gamma) \end{array} \right\} \tag{3.103}$$

式 (3.102) 中的约束力旋量可表示为 $\boldsymbol{\$}_{\mathrm{C}}$, 受限运动旋量亦可用 $\boldsymbol{\$}_{\mathrm{R}}$ 描述。根据式 (3.86) 可以求得该支链的第 j 个约束力旋量对应的输入约束特性指标为

$$\zeta_{1j} = \frac{|\boldsymbol{\$}_{\mathrm{C}1j} \circ \boldsymbol{\$}_{\mathrm{R}1j}|}{|\boldsymbol{\$}_{\mathrm{C}1j} \circ \boldsymbol{\$}_{\mathrm{R}1j}|_{\max}} \quad (j = 1, 2, 3) \tag{3.104}$$

将式 (3.102) 和式 (3.103) 代入上式可得

$$\zeta_{1j} = 1 \quad (j = 1, 2, 3) \tag{3.105}$$

根据式 (3.87), 求得此 Tricept 机构的输入端运动/力约束特性指标为

$$\kappa_{\mathrm{I}} = \min_{j}\{\zeta_{1j}\} = 1 \tag{3.106}$$

该并联机构的输入端 (UP 支链) 中 ICI 恒为 1, 说明该机构的输入端运动/力的约束效果好, 始终处于完全约束状态。这也间接说明 UP 支链作为 Tricept 机器人恰约束支链的优势。

值得指出的是: 上述完全约束的分析结果也同样适用于 PU、RPS、和 UPR 等支链。

再考虑输出端: 根据本节介绍的方法可以分析该机构的输出端运动/力约束特性, 其中 UP 支链提供了 3 个约束力旋量, 每个 UPS 支链提供一个传递力旋量 (沿着杆长轴线方向的纯力)。由此可知, 该机构共存在 3 个约束力旋量 $\boldsymbol{\$}_{\mathrm{C}i}(i = 1, 2, 3)$ 和 3 个传递力旋量 $\boldsymbol{\$}_{\mathrm{T}j}(j = 1, 2, 3)$。根据式 (3.94) 可以求出该机构的 3 个约束力旋量对应的 3 个输出受限运动旋量 $\Delta\boldsymbol{\$}_{\mathrm{O}i}(i = 1, 2, 3)$。由式 (3.93) 可以求解输出约束指标 OCI, 并在 $x - y$ 工作空间内 ($z = 40$ mm) 描述其性能分布情况 (图 3.23)。

最后考虑整体: 由于 Tricept 的输入端约束特性指标 $\kappa_{\mathrm{I}} = 1$, 因此该机构整体约束特性指标和输出约束特性指标存在如下关系, 即

$$\kappa = \min\{\kappa_{\mathrm{I}}, \kappa_{\mathrm{O}}\} = \kappa_{\mathrm{O}} \tag{3.107}$$

该机构的整体运动/力的约束特性在 $x - y$ 工作空间内 ($z = 40$ mm) 性能分布与图 3.23 所示相同。由上所述, 其输出端和整体运动/力约束特性分布情况相同, 机构的动平台越靠近原点位置, 指标值越大, 说明运动/力的约束特性越好, 该机构越接近于完全约束的状态。

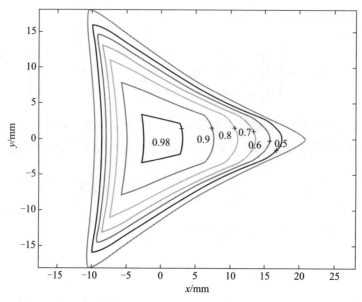

图 3.23 Tricept 机构在 $x-y$ 平面内的 OCI 分布图 (见书后彩图)

3.3.2 冗余并联机构性能指标

目前为止, 并联机构运动/力传递性能的研究工作主要集中于非冗余并联机构领域, 冗余并联机构的运动/力的传递性能研究较少。而并联机构中引入冗余可有效避免或消除奇异、增加非奇异工作空间、增加机构的可操作性以及可靠性等多方面的性能, 这些潜在优势使得冗余并联机构具有广阔的应用前景。因此, 研究冗余并联机构的运动/力的传递性能是十分必要的, 有利于推动冗余并联机构在工业中的应用。

不同冗余机理的并联机构, 其运动/力传递性能的评价方法也不相同。冗余并联机构根据冗余机理的不同可划分为不同类别, 通常可按如下方式进行区分: 假设机构的输入驱动数目为 n, 机构的活动度是 m, 动平台的自由度是 f, 相互干涉的驱动数目为 k (即当其余的驱动全部锁死时, 这 k 个驱动的任何一个都不能自由运动), 驱动冗余的驱动数目为 $r = n - m$。如果 $n - m > 0$ 且 $m = f$, 该机构为驱动冗余。这类冗余可以细分为两种: 随动副冗余和支链冗余, 也即在关节空间驱动随动自由度和在关节空间引入新的主动驱动的自由度 (O'Brien et al., 1999)。如果 $n = m > f$, 该机构为运动学冗余, 进而, 如果 $n > m > f$, 该冗余称为混合冗余。由于很难同时规避驱动冗余和运动学冗余的固有缺点, 在实际中很少用到此类冗余。上述类别的划分以及机构示例见表 3.4。

本节中, 根据上述分类针对驱动冗余和运动学冗余类型的机构分别定义了相应的运动/力传递性能评价指标。

表 3.4 冗余类别划分

类别	成立条件	示例
驱动冗余	$n-m>0$ 且 $m=f$	**随动副驱动冗余** $n=3, m=2, f=2, k=3$ **支链驱动冗余** $n=3, m=2, f=2, k=3$
运动学冗余	$n=m>f$	$n=3, m=3, f=2, k=0$
混合冗余	$n>m>f$	$n=4, m=3, f=2, k=4$

3.3.2.1 驱动冗余并联机构

对于驱动冗余并联机构 $r=n-m>0$，在 k 个输入驱动之间存在相互干涉，而且很难预测力在这些相互干涉的输入驱动之间的分布 (Cha et al., 2007; Nokleby et al., 2005)。实际上，驱动冗余具有优化装置内部力的作用，但是仅仅通过运动学优化设计是不能实现该作用的。在性能评价领域内，对于驱动冗余并联机构，不能像非冗余并联机构那样准确地评价其运动/力传递性能。因此, 本书提出了一个局部最小化传递指标 (local minimized transmission index, LMTI) 来评价驱动冗余并联机构的运动/力传递性能, 可以概括如下。

从 k 个相互干涉的输入驱动中移除 r 个驱动冗余的输入驱动, 即令 r 个驱动冗余的输入驱动随动, 则可得 q 个非冗余并联机构, 且 $q = C_k^r$。根据式 (3.53) 中的局部传递指标 (LTI) 的定义, 在任意给定的终端姿态下均可以得到每个机构的 LTI 值, 用 $\kappa_i(i = 1, 2, \cdots, q)$ 表示。对于给定的动平台的位姿, 在 q 个非冗余并联机构中存在一个机构, 其运动/力传递性能优于其他机构, 取该机构的 LTI 值作为该驱动冗余并联机构的局部最小化传递指标, 可用下式描述:

$$\mathbb{M} = \max\{\kappa_1, \kappa_2, \cdots, \kappa_q\} \quad (q = C_k^r) \tag{3.108}$$

该指标反映了驱动冗余并联机构在指定位姿下的最小的运动/力传递性能。LMTI 值越大表示该机构的运动/力传递效率越高。根据 LTI 的定义, LMTI 与坐标系的选取无关且 $\mathbb{M} \in [0, 1]$。为了实现高速运动及良好的运动/力的传递, 广泛采用的 LTI 的取值范围为 $(\sin 45°, 1)$ 或 $(\sin 40°, 1)$ (Wang et al., 2009; Wu et al., 2010; Tao 1964; Alt, 1932)。因此, 对于 LMTI 的限制相应地为 $\mathbb{M} \geqslant \sin 45°$ 或 $\mathbb{M} \geqslant \sin 40°$。当驱动冗余并联机构的 LMTI 值满足上述限定条件时, 表示该机构具有良好的运动/力传递性能。

3.3.2.2 运动学冗余并联机构

对于运动学冗余的并联机构 $n - m > 0$ 且 $k = 0$, 该类机构不存在相互干涉的输入驱动, 但其逆运动学不唯一 (Maciejewski et al., 1994), 即对于给定的终端位姿存在满足机构约束的多个输入, 将这多个输入记为其逆解解集 G。对于任意可能的输入, 都可以通过式 (3.53) 得到该机构的一个局部传递指标值 κ, 当机构的输入在允许的范围 (逆解解集 G) 内变化时, 可得一系列局部传递指标值, 其中存在一个最大值 $\kappa_g(g \in G)$, 将该最大值作为运动学冗余并联机构的局部最优传递指标 (local optimal-transmission index, LOTI), 用以评价运动学冗余并联机构在给定位姿下的运动/力的传递性能。此时, 机构的输入 (即子逆解解集 g) 定义为在给定的动平台位姿下的最优运动学逆解 (optimal inverse kinematic solution), 表述为

$$\Theta = \kappa_g, \quad g \in G \tag{3.109}$$

该指标反映了运动学冗余并联机构在给定位姿下的最优的运动/力传递性能。与 LMTI 类似, 这里的 LOTI 值越大表示机构的运动/力传递效率越高, LOTI 与坐标系的选取无关且 $\Theta \in [0, 1]$。为了实现运动学冗余并联机构良好的运动/力传递性能, LOTI 应满足 $\Theta \geqslant \sin 45°$ 或 $\Theta \geqslant \sin 40°$。

这里得到的最优运动学逆解 g 可以保证运动学冗余并联机构达到在给定动平台位姿下的最优的运动/力传递性能,可以在优化运动学冗余并联机构的运动/力传递性能的同时优化其逆解,解决其逆解不唯一而带来的控制策略问题。在运动学冗余并联机构的任务工作空间内,可以得到其全部的最优运动学逆解,并将这些逆解应用于控制过程之中,以保证机构达到最优的运动/力传递性能。

3.4 综合应用案例

如前所述, 3–UPU 机构已经成为分析约束特性最典型的机构案例。本节将以该机构为例, 全面阐述其运动/力传递和约束特性分析流程, 揭示其运动学本质特性, 也进一步说明定义的指标的应用价值。

3.4.1 3–UPU 并联机构概述

如图 3.24a 所示, 3–UPU 并联机构由一个动平台、一个静平台以及 3 个 120° 对称分布的 UPU 支链构成。若此机构中 3 个支链的 U 副配置方式不同, 其自由度形式和数目也会发生变化。这里选择如图 3.24a 所示的典型分布方式, 该机构的 UPU 支链中的两个 U 副的转轴分别互相平行, 此时该机构具有 3 个移动自由度。

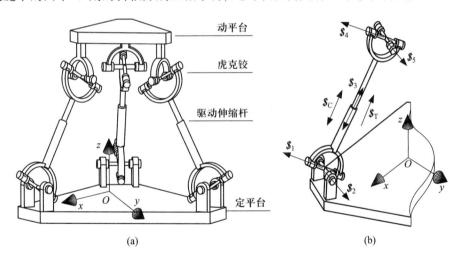

图 3.24 (a) 3 移动自由度的 3–UPU 机构; (b) 第 i 个 UPU 支链

假设该 3–UPU 的动平台半径为 r, 定平台半径为 R, 在定平台上建立坐标系 $O\text{–}xyz$, 其原点 O 位于定平台的中心, x、y 轴在定平台平面上, z 轴垂直于定平台平面。

3.4.2 3–UPU 机构运动/力传递特性分析

3–UPU 机构的 P 副是主动驱动, 对应的 3 个单位传递力旋量和 3 个单位输入运动旋量分别是

$$\boldsymbol{\$}_{\mathrm{T}i} = (\boldsymbol{s}_i; \boldsymbol{b}_i \times \boldsymbol{s}_i) \quad (i = 1, 2, 3) \tag{3.110}$$

和

$$\boldsymbol{\$}_{\mathrm{I}i} = (0; \boldsymbol{s}_i) \quad (i = 1, 2, 3) \tag{3.111}$$

式中, $\boldsymbol{s}_i$ 是沿着第 i 个 UPU 支链中的 P 副轴线的单位向量, $\|\boldsymbol{s}_i\| = 1$; $\boldsymbol{b}_i$ 是原点 O 到第 i 个 UPU 支链中的 U 副中心的方向向量。

根据式 (3.49), 可以得到该机构的输入端运动/力传递特性指标为

$$\gamma_{\mathrm{I}} = \min_i \{\lambda_i\} = \min_i \left\{ \frac{|\boldsymbol{\$}_{\mathrm{T}i} \circ \boldsymbol{\$}_{\mathrm{I}i}|}{|\boldsymbol{\$}_{\mathrm{T}i} \circ \boldsymbol{\$}_{\mathrm{I}i}|_{\max}} \right\} = \boldsymbol{s}_i \cdot \boldsymbol{s}_i = 1 \quad (i = 1, 2, 3) \tag{3.112}$$

由此可见, 该机构的输入端运动/力传递特性始终为最大值 1, 说明该机构在任意位姿下输入端的运动和力都能完全传递出去。

锁定除第 i 个驱动外的所有主动驱动副, 根据式 (3.113) 可以求解对应于第 i 个传递力旋量的输出运动旋量 $\boldsymbol{\$}_{\mathrm{O}i}$, 重复上述计算过程, 可以求解出该机构的 3 个输出运动旋量, 即

$$\begin{aligned} \boldsymbol{\$}_{\mathrm{T}j} \circ \Delta \boldsymbol{\$}_{\mathrm{O}i} &= 0 \quad (i, j = 1, 2, 3; i \neq j) \\ \boldsymbol{\$}_{\mathrm{C}k} \circ \Delta \boldsymbol{\$}_{\mathrm{O}i} &= 0 \quad (k = 1, 2, 3) \end{aligned} \tag{3.113}$$

根据式 (3.52), 得到该机构的输出端运动/力传递特性指标为

$$\gamma_{\mathrm{O}} = \min_i \{\eta_i\} = \min_i \left\{ \frac{|\boldsymbol{\$}_{\mathrm{T}i} \circ \boldsymbol{\$}_{\mathrm{O}i}|}{|\boldsymbol{\$}_{\mathrm{T}i} \circ \boldsymbol{\$}_{\mathrm{O}i}|_{\max}} \right\} \quad (i = 1, 2, 3) \tag{3.114}$$

图 3.25a、b 和 c 分别为 3–UPU 机构在 $z = 90$ mm, $z = 200$ mm 和 $z = 400$ mm 时, $x - y$ 平面内的输出端运动/力传递指标 OTI 的分布图。由图中可以看出, 该机构随着 z 值的增加,OTI 值存在先增大后减小的趋势, 在 $x - y$ 平面内, 该机构在 $(x, y) = (0, 0)$ 附近区域时 OTI 值最大。

支链的输入传递特性为 1, 根据式 (3.53) 可知, 支链的局部传递性能指标 LTI 与 OTI 相等, 即

$$\gamma = \min\{\gamma_{\mathrm{I}}, \ \gamma_{\mathrm{O}}\} = \gamma_{\mathrm{O}} \tag{3.115}$$

由此, 3–UPU 机构的局部运动/力传递特性 LTI 分布趋势与输出传递指标 OTI 的趋势一致。图 3.26 揭示了 3–UPU 机构当动平台位置为 $(x, y) = (0, 0)$ 时的传递指标 (ITI、OTI 和 LTI) 与 z 值的关系。由图中可以看出,ITI 指标恒为 1,OTI 和 LTI

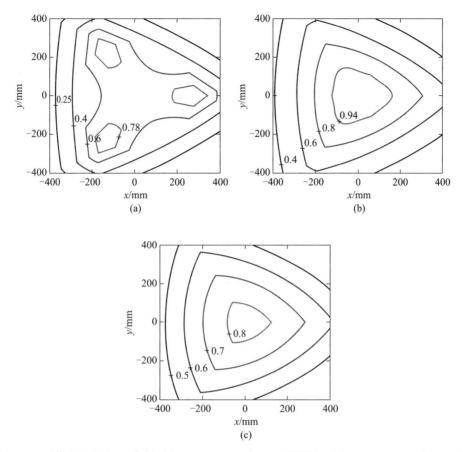

图 3.25 工作空间内 OTI 分布: (a) $z = 90$ mm 时 $x - y$ 平面内; (b) $z = 200$ mm 时 $x - y$ 平面内; (c) $z = 400$ mm 时 $x - y$ 平面内

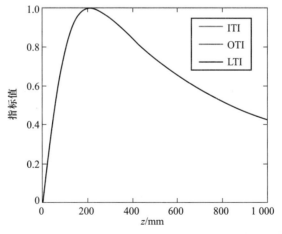

图 3.26 动平台位置为 $(x, y) = (0, 0)$ 的运动/力传递特性指标 (ITI、OTI 和 LTI) 与 z 值关系 (见书后彩图)

指标随着 z 值的增加 (伸缩杆伸长) 有先增加后减小的趋势, 特别当 $z = 200$ mm 附近时, 取得指标最大值。

由上述对 3–UPU 并联机构的运动/力传递本质特性的分析, 可以得到如下结论:

(1) 定义的运动/力传递特性指标可有效地揭示并联机构的本质特性。

(2) 一般情况下, 定义 LTI $\geqslant 0.7$ 的区域为优质传递工作空间 (good transmission workspace, GTW), 机构应在优质工作空间内工作以保证其性能。

(3) 结合图 3.25 和图 3.26, 若在工作空间内存在指标值等于 0 的位姿, 说明该机构在该位姿下的运动/力传递效果最差, 不能有效地将运动和力传递出去, 表明发生了传递奇异。具体关于奇异的辨识和物理意义的解释可见第 4 章。

3.4.3　3–UPU 机构运动/力约束特性分析

经旋量分析可知, 3–UPU 机构存在 3 个单位约束力旋量 $\boldsymbol{S}_{Ci}$ 和 3 个输入端单位受限运动旋量 $\boldsymbol{S}_{Ri}$, 它们分别是

$$\boldsymbol{S}_{Ci} = (0; \boldsymbol{n}_{i1}) \quad (i = 1, 2, 3) \tag{3.116}$$

和

$$\boldsymbol{S}_{Ri} = (\boldsymbol{s}_{i3}; \boldsymbol{b}_i \times \boldsymbol{s}_{i3}) \quad (i = 1, 2, 3) \tag{3.117}$$

式中, $\boldsymbol{n}_{i1} = \boldsymbol{s}_{i1} \times \boldsymbol{s}_{i2}$、$\boldsymbol{s}_{i1}$、$\boldsymbol{s}_{i2}$ 是第 i 个 UPU 支链中连接定平台的 U 副的两个转动轴线的单位向量; $\boldsymbol{s}_{i3}$ 是沿着第 i 个支链中的 P 副轴线的单位向量; $\boldsymbol{b}_i$ 是原点 O 到第 i 个 UPU 支链中的 U 副的方向向量。

根据式 (3.87) 可知, 该机构的输入端运动/力约束特性指标 ICI 为

$$\kappa_I = \min_i\{\zeta_i\} = \min_i\left\{\frac{|\boldsymbol{S}_{C1} \circ \boldsymbol{S}_{R1}|}{|\boldsymbol{S}_{C1} \circ \boldsymbol{S}_{R1}|_{\max}}\right\} = |\boldsymbol{s}_{Tp1} \times \boldsymbol{s}_{Tp2} \cdot \boldsymbol{s}_{Tp3}| = |\sin\alpha| \quad (i = 1, 2, 3) \tag{3.118}$$

类似地, 根据式 (3.95) 可得该机构的输出端运动/力约束特性指标 OCI 为

$$\kappa_O = \min_i\{\upsilon_i\} = \min_i\left\{\frac{|\boldsymbol{S}_{Ci} \circ \Delta\boldsymbol{S}_{Oi}|}{|\boldsymbol{S}_{Ci} \circ \Delta\boldsymbol{S}_{Oi}|_{\max}}\right\} \quad (i = 1, 2, 3) \tag{3.119}$$

最后根据式 (3.96) 可得该机构整体运动/力约束特性指标为

$$\kappa = \min\{\kappa_I, \quad \kappa_O\} \tag{3.120}$$

图 3.27a、b 和 c 分别为 3–UPU 机构在 $z = 90$ mm, $z = 200$ mm 和 $z = 400$ mm 时, $x-y$ 平面内的输入端运动/力约束指标 ICI 分布图。从图中可以看出随着 z 的增大, ICI 值逐渐增大; 在 $x-y$ 平面内, 该机构在 $(x, y) = (0, 0)$ 附近区域时 ICI 值最大。

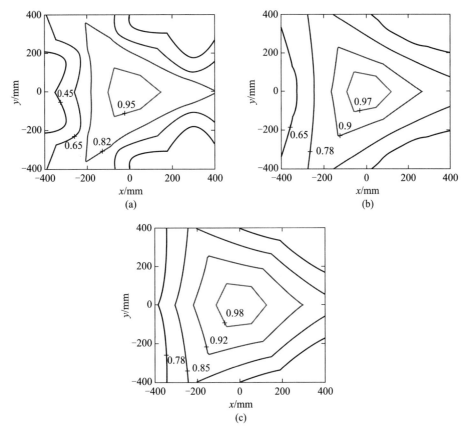

图 3.27 工作空间内 ICI 分布: (a) $z = 90$ mm 时 $x - y$ 平面内; (b) $z = 200$ mm 时 $x - y$ 平面内; (c) $z = 400$ mm 时 $x - y$ 平面内

输出端运动/力约束指标 OCI 分布如图 3.28 所示。随着 z 的增大, OCI 指标也表现出先增大后减小的趋势。

图 3.29 是 3–UPU 机构的整体运动/力约束特性指标 TCI 在 $z = 90$ mm, $z = 200$ mm 和 $z = 400$ mm 时的分布图。图 3.30a 是该机构的动平台处于 $(x, y) = (0, 0)$ 时, 运动/力约束特性指标随 z 值变化的曲线图, 对应地图 3.30b 是该机构的动平台处于 $(x, y) = (100, 100)$ 时, 运动/力约束特性指标随 z 值变化的关系图。比较两图可以发现, 3–UPU 并联机构在两种位姿下约束指标 OCI 和 TCI 随 z 值变化的趋势类似, ICI 略有差异。特殊地, 该机构在 $(x, y) = (0, 0)$ 位置时, ICI 值恒定为 1; 而其他位置时, ICI 值会小于 1, 且随 z 值增加而逐渐增到 1。

由上述对 3–UPU 并联机构运动/力约束特性的分析, 可以得到如下结论:

(1) 3–UPU 并联机构在工作空间内存在介于完全约束 (指标值为 1) 和约束奇异 (指标值为 0) 之间的中间状态, 换言之, 其运动/力的约束特性是 0 到 1 的分布状态而不仅是 0 和 1 两种状态。

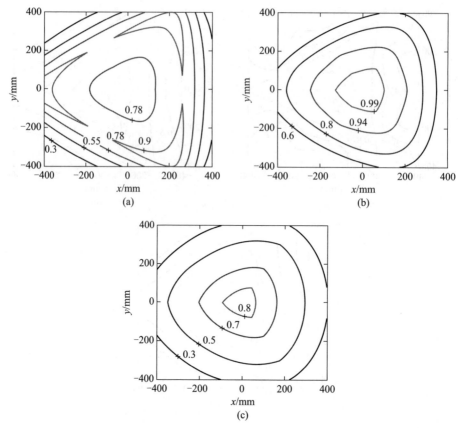

图 3.28 工作空间内 OCI 指标分布: (a) $z = 90$ mm 时 $x - y$ 平面内; (b) $z = 200$ mm 时 $x - y$ 平面内; (c) $z = 400$ mm 时 $x - y$ 平面内

(2) 基于功率系数法定义的约束特性指标可以定量分析并联机构在任意位姿下的运动/力约束特性, 帮助研究者更好地理解并联机构的本质特性。从另一角度而言, 也验证了约束指标的合理性和高效性。

(3) 由图 3.27 ~ 图 3.30 可知, 该机构在在工作空间内存在指标值为 0 的位姿, 即约束奇异位姿。对于约束奇异的具体解释将在第 4 章中详细介绍。

3.5　小结

- 运动/力传递和约束特性反映了并联机构的本质特性, 是影响并联机器人系统最终工作性能的最重要因素之一。对于并联机构, 运动和力的传递/约束是其区别于串联机构的一个非常具有代表性的特征, 因此有必要综合评价其运动/力传递性能而不是串联机构中普遍采用的 "灵巧度"。

- 从经典的传动角理论获取灵感, 基于旋量理论描述存在于并联机构中的各种运动和力, 在自由度空间与约束空间内分别定义运动/力传递特性指标和运动/力约

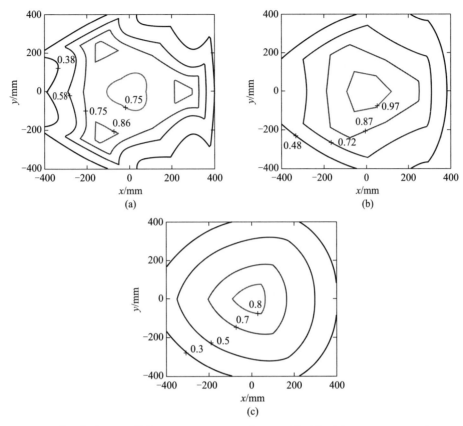

图 3.29 工作空间内 TCI 分布: (a) $z = 90$ mm 时 $x - y$ 平面内; (b) $z = 200$ mm 时 $x - y$ 平面内; (c) $z = 400$ mm 时 $x - y$ 平面内

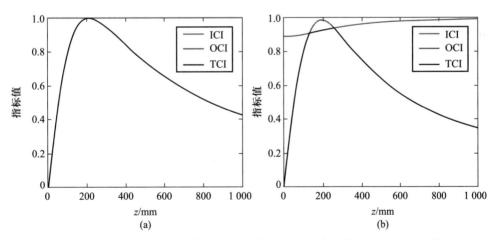

图 3.30 不同位姿下系列约束指标与 z 值的关系 (见书后彩图): (a) 动平台位置为 $(x, y) = (0, 0)$; (b) 动平台位置为 $(x, y) = (100, 100)$

束特性指标, 以此来定性和定量地评价运动/力传递和约束特性, 进而建立起一套适合并联机构的运动学性能评价体系。

● 运动学性能评价体系包括运动/力传递性能指标和运动/力约束性能指标两个层面,前者包括输入传递指标 ITI、输出传递指标 OTI、局部传递指标 LTI、整体传递指标 TTI 以及优质传递工作空间 GTW 等; 后者包括输入端运动/力约束指标 ICI、输出端运动/力约束指标 OCI、局部运动/力约束特性指标 LCI 以及整体运动/力约束特性指标 TCI 等。

● 以平面 5R 并联机构、Tricept 机构、3–UPU 机构等典型并联机构为例, 验证了所定义的运动与力传递/约束性能指标的合理性和高效性。

● 所定义的运动与力传递/约束性能指标评价体系构成了后续并联机构奇异性分析及运动学优化设计的理论基础。

参考文献

Alt V H (1932) Der uberstragungswinkel und seine bedeutung fur dar konstruieren periodischer getriebe. Werksstattstechnik.

Balli S S, Chand S (2002) Transmission angle in mechanisms (Triangle in Mech). Mech. Mach. Theory, 37: 175-195.

Ball R S (1900) A treatise on the theory of screws. Cambridge University Press.

Bonev I A (2002) Geometric analysis of parallel mechanisms. Quebec.

Cha S, Lasky T A, Velinsky S A (2007) Kinematically-redundant variations of the 3-Rrr mechanism and local optimization-based singularity avoidance. Mechanics Based Design of Structures and Machines, 35: 15-38.

Chen C, Angeles J (2007) Generalized transmission index and transmission quality for spatial linkages. Mechanism and Machine Theory, 42(9): 1225-1237.

Chablat D, Wenger P (2003) Architecture optimization of a 3-DOF translational parallel mechanism for machining applications, the Orthoglide. IEEE T. Robotic Autom., 19: 403-410.

Chu J K, Sun J W (2010) A new approach to dimension synthesis of spatial four-bar linkage through numerical atlas method. Journal of Mechanisms and Robotics-Transactions of the ASME, 2: 041004-1~14.

Gregorio R D, Parenti-Castelli V (2002) Mobility analysis of the 3-UPU parallel mechanism assembled for a pure translational motion. Journal of mechanical Design, 124(2): 259-264.

Han C, Kim J, Kim J, et al (2002) Kinematic sensitivity analysis of the 3-UPU parallel mechanism. Mechanism and Machine Theory, 37(8): 787-798.

Hay A M, Snyman J A (2004) Methodologies for the optimal design of parallel manipulators. Int. J. Numer. Meth. Eng., 59: 131-152.

Maciejewski A A, Reagin J M (1994) A parallel algorithm and architecture for the control of kinematically redundant manipulators. IEEE Transactions On Robotics and Automation, 10(4): 405-414.

Nokleby S B, Fisher R, Podhorodeski R P, et al (2005) Force capabilities of redundantly-actuated parallel manipulators. Mechanism and Machine Theory, 40(5): 578-599.

O'Brien J F, Wen J T (1999) Redundant actuation for improving kinematic manipulability. IEEE, Detroit, Michigan.

Tao D C (1964) Applied linkage synthesis. Addison-Wesley, MA.

Wang J S, Liu X J, Wu C (2009) Optimal design of a new spatial 3-DOF parallel robot with respect to a frame-free index. Science in China Series E: Technological Sciences, 52(4): 986-999.

Liu X J, Jin Z, Gao F (2000) Optimum design of 3-DOF spherical parallel manipulators with respect to the conditioning and stiffness indices. Mech. Mach. Theory, 35: 1257-1267.

Liu X J, Wang J, Zheng H J (2006) Optimum design of the 5R symmetrical parallel manipulator with a surrounded and good-condition workspace. Robot. Auton. Syst., 54: 221-233.

Liu X J, Wu C, Wang J S (2008) A new index for the performance evaluation of parallel manipulators: A study on planar parallel manipulators. In: Proceedings of the 7th World Congress on Intelligent Control and Automation, Chongqing, China, pp353-357.

Liu X J (2006) Optimal kinematic design of a three translational DoFs parallel manipulator. Robotica, 24: 239-250.

Merlet J P (2006) Jacobian, manipulability, condition number, and accuracy of parallel robots. J. Mech. Design, 128: 199-206.

Tsai L W (1996) Kinematics of a three-DOF platform with three extensible limbs. In: Recent Advances in Robot Kinematics. Springer, Dordrecht, pp401-410.

Wu C, Liu X J, Wang L P, et al (2010) Optimal design of spherical 5R parallel manipulators considering the motion/force transmissibility. J. Mech. Design, 132: 031003-1~10.

Xie F G, Liu X J, Wang L P, et al (2010) Optimal design and development of a decoupled A/B-axis tool head with parallel kinematics. Advances in Mechanical Engineering, 2010(2): 1652-1660.

Zhang D, Gosselin C M (2001) Kinetostatic modeling of N-DOF parallel mechanisms with a passive constraining leg and prismatic actuators. Journal of Mechanical Design, 123(3): 375-381.

Zhao J S, Zhou K, Feng Z J (2004) A theory of degrees of freedom for mechanisms. Mechanism and Machine Theory, 39(6): 621-643.

黄真, 赵永生, 赵铁石 (2006) 高等空间机构学. 北京: 高等教育出版社.

于靖军, 刘辛军, 戴建生, 等 (2008) 机器人机构学的数学基础. 北京: 机械工业出版社.

第 4 章　并联机器人机构的奇异性分析与评价

　　奇异性是机构的固有性质。串联机构的奇异位姿一般出现在工作空间边界，而并联机构的奇异性显得更加复杂，出现位姿更加多变，辨识更加困难。有学者指出，限制并联机构应用的缺陷之一是其空间内出现的奇异现象，也因此得到了很多研究者不断的研究。

　　对于并联机器人机构来说，当其处于奇异位形时，将出现局部自由度失控的现象，具体情况有以下两种：① 机构获得额外的自由度，导致其在该自由度方向上的刚度和承载能力大大降低；② 机构失去若干自由度，使得末端执行器在失去的自由度方向上出现运动不可控的情况。因此，并联机构在实际工作中应避免奇异位形的发生。不仅如此，并联机构在奇异位形附近的工作区域内具有较差的可控性，实际应用时还应远离奇异位形。鉴于此，奇异性研究成为并联机构分析和设计过程中最重要的环节之一。

　　迄今为止，尽管国内外学者已对并联机构的奇异性作了许多研究工作，但是仍存在一些待解决的问题。比如：在奇异分析过程中，如何在能够找出并联机构所有奇异的同时，还能清晰地解释各种奇异所对应的物理意义；如何定义一个统一的评价标准来衡量不同并联机构距离各种奇异位形的远近。针对以上问题，本章将基于上一章提出的运动和力传递/约束分析方法及性能评价指标对并联机构的奇异性进行研究，为下一章并联机构尺度综合中设计指标的建立提供相应的理论依据。具体将从并联机构的本质特性出发分析并联机构的奇异机理，对奇异类型进行分类，并对每一类奇异进行辨识和物理意义解释。

4.1 奇异机理及分类

本节从运动和力传递的角度出发, 将并联机构分为少自由度和 6 自由度机构来分别对其奇异机理进行探讨。

4.1.1 少自由度并联机构

当机构的自由度数小于 6 时, 称该机构为少自由度机构。对于少自由度并联机构, 可以从两个层面对其奇异机理进行分析。

第 1 个层面是机构的约束层面。在一个具有 $n(n < 6)$ 自由度并联机构中, 至少存在 $6 - n$ 个约束力旋量来约束机构的另外 $6 - n$ 个自由度。在这 $6 - n$ 个被约束的自由度方向上, 机构末端执行器的运动将无法实现, 也即输入端的运动无法传递至这些方向上。倘若有一定的外力作用在这些方向上时, 将由机构中的约束力旋量来平衡, 其内部的传递力旋量无法对外力产生抵抗作用。然而, 一旦机构的若干个约束力旋量的线性相关数小于 $6 - n$ 时, 末端执行器被约束的自由度数将减少, 机构将出现以下情形: 在某个无法被约束的自由度方向上, 机构既无法实现相应的运动, 也无法抵消外部的作用力, 或者说机构在此自由度方向上的刚度极差。此时, 机构处于奇异位形, 该类奇异为约束奇异 (constraint singularity)。

第 2 个层面是机构的传递层面。机构在其未被约束的 n 自由度方向上, 由机构的 n 个传递力旋量将输入关节的运动传递到末端执行器以实现相应的运动; 而对于作用在此 n 自由度方向上的外力, 也是由机构的 n 个传递力旋量将来自输入关节的驱动力传递至末端执行器以实现力的平衡。然而在运动和力的传递过程中, 机构一旦无法实现末端执行器在 n 自由度方向上的运动或者无法抵消作用在此 n 自由度方向上的外力, 则认为该机构位于奇异位形, 此类奇异为传递奇异 (transmission singularity)。机构的传递奇异又可分为两类情况: ① 当至少有一个输入关节的运动无法被传递力旋量传递出去时, 机构的输入端将发生奇异, 称为输入传递奇异 (input transmission singularity); ② 当末端执行器在其 n 自由度的任意一个方向上的输出运动无法由传递力旋量传递运动而实现时, 或者说当作用在此 n 自由度方向上的广义外力无法由传递力旋量来平衡时, 机构将发生输出传递奇异 (output transmission singularity)。

4.1.2 6 自由度并联机构

对于 6 自由度并联机构来说, 其所含有的运动学支链都应该是 6 自由度支链; 否则, 如果机构中含有少自由度支链, 该支链将对末端执行器产生一定的约束力, 机构的自由度将小于 6。如 3.2.1 节所述, 6 自由度支链无法对末端执行器提供约束力,因此,6 自由度并联机构中将始终不会发生约束奇异,只可能发生传递奇异。

6 自由度并联机构的传递奇异与少自由度机构的类似。当存在某一输入关节的运动无法由传递力旋量传递出去时,机构的输入端将发生输入传递奇异。值得一提的是,如果 6 自由度机构中采用的是 UPU、RPS、SPS 以及 UPS 等类型的支链,那么根据 3.3.1.1 节的内容可知机构的输入传递指标值始终等于 1,将不会发生输入传递奇异。当末端执行器在某一方向上的输出运动无法由传递力旋量传递而实现,或者说当存在某一作用在末端执行器上的广义外力无法由传递力旋量来平衡时,机构将发生输出传递奇异。

4.2 奇异性分析的新方法

4.2.1 方法体系

根据上一节奇异机理的分析, 本节提出一套适用于非冗余并联机构的奇异分析新方法,其流程如图 4.1 所示。详细的分析步骤如下:

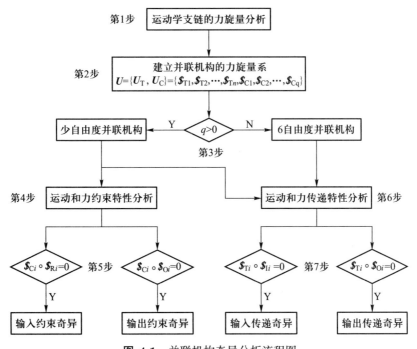

图 4.1 并联机构奇异分析流程图

第 1 步: 求出机构所有运动学支链中存在的传递力旋量与约束力旋量。具体求解过程可参见 3.2.1 节中的内容。

第 2 步: 将机构中所有的力旋量组合成力旋量系。

假定 n 自由度非冗余并联机构含有 p 条支链, 其中第 i 条支链为机构末端执行器提供 δ_i 个约束力旋量。那么, 该机构中共有 $q = \sum\limits_i \delta_i$ 个约束力旋量。由于该机构为非冗余机构, 故其中的传递力旋量的数目应与自由度数目相等, 同为 n。机构的力旋量系可表示如下:

$$U = \{U_T, U_C\} = \{\boldsymbol{\$}_{T1}, \boldsymbol{\$}_{T2}, \cdots, \boldsymbol{\$}_{Tn}, \boldsymbol{\$}_{C1}, \boldsymbol{\$}_{C2}, \cdots, \boldsymbol{\$}_{Cq}\} \tag{4.1}$$

式中, U_T 和 U_C 分别表示传递力旋量系和约束力旋量系。

第 3 步: 根据判断条件 $q > 0$, 将并联机构分为两类 (即少自由度机构和 6 自由度机构) 来分别进行奇异分析。

当机构满足 $q > 0$ 的条件时, 表示所有支链会对末端执行器 (如动平台) 提供至少一个约束力旋量。此时, 机构将失去至少一个自由度, 属于少自由度机构。如果机构中约束力旋量数大于或等于 2, 将有可能发生约束奇异。一旦出现约束奇异, 即使锁住机构中所有的输入关节, 其末端执行器的某个自由度也将不可控。因此, 对于少自由度并联机构来说, 必须先对其进行约束奇异分析, 也即进入第 4 步。

当机构不满足 $q > 0$ 的条件时, 由于 q 为非负整数, 故只能是 $q = 0$; 这意味着机构中不存在约束力旋量, 也即所有支链都不会对机构的末端执行器产生约束作用。此时, 机构具有 6 个自由度, 始终不会发生约束奇异。于是可跳过约束奇异分析, 直接进入到第 6 步。

例如, 图 4.2 所示为一 3-(PR)PS 并联机构。根据 3.2.1 节中的内容可知:PRPS 支链为 6 自由度支链, 不对机构的末端执行器产生约束作用, 故 3-PRPS 机构为一个 6 自由度并联机构。该机构的 6 个传递力旋量 $\boldsymbol{\$}_{Ti}(i = 1, 2, \cdots, 6)$ 由图 4.2 中单箭头所示, 其力旋量系可表示为

$$U = U_T = \{\boldsymbol{\$}_{T1}, \boldsymbol{\$}_{T2}, \cdots, \boldsymbol{\$}_{T6}\} \tag{4.2}$$

由于 3-PRPS 机构中不存在约束力旋量, 故可跳过第 4、第 5 步中的约束奇异分析。

第 4 步: 对少自由度并联机构进行如 3.3.1.2 节中所述的运动/力约束特性分析。

对于 $n(n < 6)$ 自由度机构来说, 其内部的 q 个约束力旋量在共同作用下应恰好限制住机构末端执行器的 $6 - n$ 个自由度, 那么这 q 个约束力旋量的最大线性无关数应等于 $6 - n$。也就是说, 机构的约束力旋量系 U_C 的阶数 q_m 应该等于 $6 - n$。于是, 需对机构的约束力旋量进行线性相关性分析, 进而确定 U_C 的阶数 q_m。若机构的约束力旋量系满足条件 $q_m < 6 - n$, 则表示 q 个约束力旋量无法限制末端执行器的 $6 - n$ 个自由度, 机构将获得额外的不可控自由度。此时, 机构将发生约束奇异。一旦机构中存在约束奇异, 设计人员应通过更改机构支链中关键运动副的装配方式

或改变机构支链类型来避免这种情况的发生。在确保机构不会在其实际的工作空间内发生约束奇异之后，方可进入下一步。

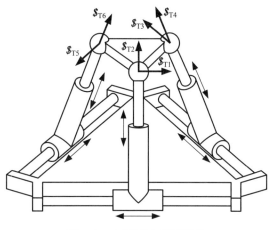

图 4.2 3–PRPS 并联机构

如果机构的约束旋量系不满足条件 $q_m < 6 - n$，则不发生约束奇异，即可进入第 6 步。值得注意的是，当 $q_m > 6 - n$ 时，虽然机构的自由度数目小于 n，但并不发生奇异，因为此时机构的驱动关节数大于其自由度数，该机构实际上属于冗余并联机构。

此处以图 4.3 所示的一组 4–CPU 并联机构为例来进行约束奇异分析。这 3 个并联机构虽然都含有 4 个 CPU 支链，但是它们的区别在于不同机构中虎克铰的安装方式不同。根据 3.2.1 节的内容可知，CPU 支链所提供的约束力旋量是轴线经过虎克铰中心且与虎克铰平面垂直的一个力矩。因此各机构中的约束力旋量可由图 4.3 中的单箭头来表示。

从图 4.3a 可看出，机构中 4 个约束力矩的轴线都位于同一平面内，且不是所有力矩的轴线都相互平行。根据附录表 A.1 可知这 4 个力矩属于平面汇交偶量，约束了轴线所在平面内的两个转动自由度，它们的最大线性无关数为 2(也即 $q_m = 2$)，故图 4.3a 所示机构未发生约束奇异。由于该机构的动平台具有 3 个移动自由度和一个转动自由度，且转动轴在整个工作空间内始终与动平台平面垂直，故 4 个约束力矩的轴线始终处于平面汇交状态。因此，该机构始终不会发生约束奇异。

如图 4.3b 所示，机构中 4 个约束力矩的轴线处于空间平行状态。那么，根据附录表 A.1 可知这 4 个约束力矩的最大线性无关数为 1 (也即 $q_m = 1$)。此时，机构的动平台只有一个转动自由度能够被约束。因此，图 4.3b 所示机构处于约束奇异位形。

图 4.3c 所示机构中 4 个约束力矩的轴线分布在空间内互不平行。由附录表 A.1 可知这 4 个力矩属于空间任意分布偶量，它们的最大线性无关数为 3，也即 $q_m = 3$。

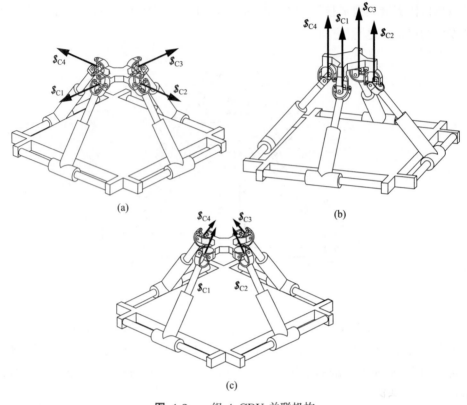

图 4.3 一组 4–CPU 并联机构

此时, 机构具有 3 个移动自由度。由于其驱动关节数大于自由度数, 故图 4.3c 所示机构为冗余并联机构。

第 5 步: 根据条件 $\boldsymbol{S}_{\mathrm{C}i} \circ \boldsymbol{S}_{\mathrm{R}i} = 0$ 和 $\boldsymbol{S}_{\mathrm{C}i} \circ \Delta\boldsymbol{S}_{\mathrm{O}i} = 0$ 来判断机构的约束奇异类别。

可用约束力旋量和输入、输出受限运动旋量之间的互易积来分别判断并联机构是否发生输入和输出约束奇异。

(1) 若第 i 个约束力旋量 $\boldsymbol{S}_{\mathrm{C}i}$ 与其对应的输入受限运动旋量 $\boldsymbol{S}_{\mathrm{R}i}$ 之间的互易积为零, 也即 $\boldsymbol{S}_{\mathrm{C}i} \circ \boldsymbol{S}_{\mathrm{R}i} = 0$, 则表示该约束力旋量 $\boldsymbol{S}_{\mathrm{C}i}$ 无法约束输入受限运动旋量 $\boldsymbol{S}_{\mathrm{R}i}$, 此时, 机构发生输入约束奇异。

(2) 当第 i 个传递力旋量 $\boldsymbol{S}_{\mathrm{C}i}$ 与其对应的输出运动旋量 $\Delta\boldsymbol{S}_{\mathrm{O}i}$ 之间的互易积为零 (也即 $\boldsymbol{S}_{\mathrm{C}i} \circ \Delta\boldsymbol{S}_{\mathrm{O}i} = 0$) 时, 则表示该约束力旋量无法约束输出受限运动旋量, 将导致机构获得额外的不可控自由度。此时, 机构发生输出约束奇异。

第 6 步: 对并联机构进行如 3.2.3 节中所述的运动/力传递特性分析。

第 7 步: 根据条件 $\boldsymbol{S}_{\mathrm{T}i} \circ \boldsymbol{S}_{\mathrm{I}i} = 0$ 和 $\boldsymbol{S}_{\mathrm{T}i} \circ \boldsymbol{S}_{\mathrm{O}i} = 0$ 来判断机构是否发生传递奇异。

如前所述, 并联机构的本质功能是将运动和力从其输入空间传递至输出空间; 在运动和力的传递过程中, 机构一旦无法实现末端执行器在其未被约束的 n 自由度方向上的运动或者无法抵消作用在此 n 自由度方向上的外力, 将发生传递奇异。由于运动和力的传递是通过传递力旋量的作用而实现, 因此可用传递力旋量和输入、输出运动旋量之间的互易积来分别判断并联机构是否发生输入和输出传递奇异。

(1) 若第 i 个传递力旋量 $\boldsymbol{S}_{\mathrm{T}i}$ 与其对应的输入运动旋量 $\boldsymbol{S}_{\mathrm{I}i}$ 之间的互易积为零, 也即 $\boldsymbol{S}_{\mathrm{T}i} \circ \boldsymbol{S}_{\mathrm{I}i} = 0$, 则表示该传递力旋量 $\boldsymbol{S}_{\mathrm{T}i}$ 无法对输入运动旋量 $\boldsymbol{S}_{\mathrm{I}i}$ 作功, 从而无法将该输入关节的运动传递出去。此时, 末端执行器将失去一个自由度, 机构发生输入传递奇异。

(2) 当第 i 个传递力旋量 $\boldsymbol{S}_{\mathrm{T}i}$ 与其对应的输出运动旋量 $\boldsymbol{S}_{\mathrm{O}i}$ 之间的互易积为零 (也即 $\boldsymbol{S}_{\mathrm{T}i} \circ \boldsymbol{S}_{\mathrm{O}i} = 0$) 时, 则表示该传递力旋量无法对该输出运动旋量作功。根据式 (3.21) 可知 $\boldsymbol{S}_{\mathrm{T}i}$ 也无法对其他的输出运动旋量作功, 该传递力旋量 $\boldsymbol{S}_{\mathrm{T}i}$ 势必也无法将运动和力传递到机构的末端执行器, 将导致机构的某个自由度不可控 (或者在某个方向上的刚度极差)。此时, 机构发生输出传递奇异。

以上就是并联机构奇异分析方法的详细步骤。

4.2.2 应用实例

下面以图 4.4 所示的 3–RUU 并联机构为例, 给出该奇异分析方法在并联机构中的具体应用。

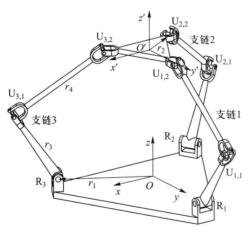

图 4.4 3–RUU 并联机构

首先, 在 3–RUU 机构中定义相应的参考坐标系: 定坐标系 $O - xyz$ 和动坐标系 $O' - x'y'z'$ 分别固结在定平台和动平台上, 它们的原点 O 和 O' 分别位于定平台和动平台的中心。动平台通过 3 个相同的 RUU 支链与定平台相连接。其中, 与定平台相连的 3 个转动副为该机构的驱动关节, 呈 120° 分布在半径为 r_1 的圆上。该圆位于平面 Oxy 内, 圆心与点 O 重合。转动副 R_1 的轴线与 x 轴平行。与动平台相连的 3 个虎克铰 $U_{i,2}(i = 1, 2, 3)$ 则呈 120° 分布在半径为 r_2 的圆上。该圆位于平面 $O'x'y'$ 内, 圆心与点 O' 重合。驱动杆 $RU_{i,1}(i = 1, 2, 3)$ 和随动杆 $U_{i,1}U_{i,2}(i = 1, 2, 3)$ 的长度分别由 r_3 和 r_4 表示。值得注意的是, $\underline{R}UU$ 支链中的虎克铰 $U_{i,1}$ 和 $U_{i,2}$ 的两个转动轴线分别互相平行。

如前所述, 对 3-$\underline{R}UU$ 并联机构进行奇异分析的第一步就是求出机构的$\underline{R}UU$ 支链中存在的传递力旋量与约束力旋量。为了便于支链中运动副旋量的描述以及力旋量的求解, 将局部坐标系 $O'' - x''y''z''$ 建立在虎克铰 $U_{i,1}$ 的中心 (图 4.5), 其中 x'' 轴、y'' 轴和 z'' 轴分别与定坐标系的 x 轴、y 轴和 z 轴平行。

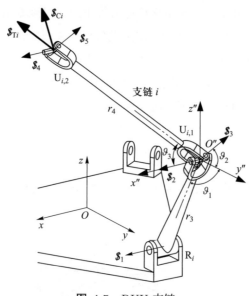

图 4.5 $\underline{R}UU$ 支链

相对于坐标系 $O'' - x''y''z''$, $\underline{R}UU$ 支链的各运动副旋量可表示如下:

$$\boldsymbol{S}_{Ii} = \boldsymbol{S}_1 = (1, 0, 0; 0, -r_3 \sin \vartheta_1, -r_3 \cos \vartheta_1) \tag{4.3a}$$

$$\boldsymbol{S}_2 = (1, 0, 0; 0, 0, 0) \tag{4.3b}$$

$$\boldsymbol{S}_3 = (0, \cos \vartheta_2, \sin \vartheta_2; 0, 0, 0) \tag{4.3c}$$

$$\boldsymbol{S}_4 = (1, 0, 0; 0, r_4 \sin \vartheta_3 \cos \vartheta_2, r_4 \sin \vartheta_3 \sin \vartheta_2) \tag{4.3d}$$

$$\boldsymbol{S}_5 = (0, \cos \vartheta_2, \sin \vartheta_2; -r_4 \sin \vartheta_3, -r_4 \cos \vartheta_3 \sin \vartheta_2, r_4 \cos \vartheta_3 \cos \vartheta_2) \tag{4.3e}$$

式中, ϑ_1 表示 y'' 轴与驱动杆 $RU_{i,1}$ 的轴线之间的夹角; ϑ_2 表示 y'' 轴与旋量 $\boldsymbol{S}_3$ 的轴线之间的夹角; 而 x'' 轴与随动杆 $U_{i,1}U_{i,2}$ 的轴线之间的夹角由 ϑ_3 表示。

根据反旋量的定义, 可求得上述 5 个运动副旋量的公共单位反旋量, 表示如下:

$$\boldsymbol{S}_{Ci} = (0; \boldsymbol{\tau}_i) = (0, 0, 0; 0, -\sin \vartheta_2, \cos \vartheta_2) \tag{4.4}$$

此旋量即为 RUU 支链的单位约束力旋量, 表示的是轴线经过虎克铰中心且与虎克铰平面垂直的一个力偶。

假定输入关节 R_i 被锁住, 将 $\boldsymbol{S}_{Ii}$ 从运动副旋量系中移去, 可得到除 $\boldsymbol{S}_{Ci}$ 之外与 4 个运动副旋量 $\boldsymbol{S}_i(i = 2, 3, 4, 5)$ 的公共反旋量, 表示如下:

$$\boldsymbol{S}_{Ti} = (\boldsymbol{f}_i; 0) = (\cos\vartheta_3, -\sin\vartheta_3\sin\vartheta_2, \sin\vartheta_3\cos\vartheta_2; 0, 0, 0) \tag{4.5a}$$

此旋量即为 RUU 支链的单位传递力旋量, 表示的是轴线同时经过两个虎克铰中心的一个纯力。若相对于定坐标系 $O - xyz$, 则单位传递力旋量可表示为

$$\boldsymbol{S}_{Ti} = (\boldsymbol{f}_i; \boldsymbol{r}_{U_i} \times \boldsymbol{f}_i) = (\cos\vartheta_3, -\sin\vartheta_3\sin\vartheta_2, \sin\vartheta_3\cos\vartheta_2; \boldsymbol{r}_{U_i} \times \boldsymbol{f}_i) \tag{4.5b}$$

式中, $\boldsymbol{r}_{U_i}$ 表示从原点 O 到虎克铰 $U_{i,1}$ 中心的向量。

从以上的分析可以看出: 每个 RUU 支链中都存在一个约束力旋量和一个传递力旋量。因此, 3–RUU 机构含有 3 个约束力旋量和 3 个传递力旋量, 属于少自由度机构。下一步对该机构进行约束奇异分析。

约束奇异分析: 由于 3–RUU 机构的 3 个约束力旋量均为力偶, 且一般情况下属于空间任意分布, 故动平台的 3 个转动自由度被其约束力矩所约束, 该机构可认为是三维平动并联机构。因此, 当约束力旋量系 $\boldsymbol{U}_C$ 的阶数 q_m 小于 3 时, 机构将至少有一个转动自由度失去控制, 也即发生了约束奇异。

对于 3–RUU 机构来说, 机构发生约束奇异 (即 $q_m < 3$) 的几何条件是: 3 个约束力偶的轴线共面, 或者至少两个力偶的轴线互相平行。由式 (4.4) 可知 $\boldsymbol{\tau}_i$ 表示的是沿着约束力偶轴线方向的单位向量, 于是可用 $\boldsymbol{\tau}_i(i = 1, 2, 3)$ 的混合积来判断 4–RUU 机构是否发生约束奇异。如果 $\boldsymbol{\tau}_1 \cdot (\boldsymbol{\tau}_2 \times \boldsymbol{\tau}_3) = 0$ [或 $\boldsymbol{\tau}_3 \cdot (\boldsymbol{\tau}_1 \times \boldsymbol{\tau}_2) = 0, \boldsymbol{\tau}_2 \cdot (\boldsymbol{\tau}_1 \times \boldsymbol{\tau}_3) = 0$], 则意味着机构中 3 个力偶的轴线共面, 或者至少有两个力偶的轴线平行, 此时机构发生了约束奇异。若外部力偶的轴线与 3 个约束力偶的轴线垂直, 机构中的力旋量将无法平衡这个外部力偶, 导致机构在该外部力偶轴线方向的刚度失效。

图 4.6 所示即为 3–RUU 机构的约束奇异位形之一。在该位形下, 机构的 3 个随动杆 $U_{i,1}U_{i,2}(i = 1, 2, 3)$ 共面, 这意味着 3 个约束力偶的轴线位于同一平面内。于是可得 $\boldsymbol{\tau}_1 \cdot (\boldsymbol{\tau}_2 \times \boldsymbol{\tau}_3) = 0$, 机构发生约束奇异。

进一步分析发现, 上述情况下 $\boldsymbol{S}_{Ci} \circ \Delta\boldsymbol{S}_{Oi} = 0$, 即此约束奇异为输出约束奇异。在完成机构的约束奇异分析之后, 便可对机构进行传递奇异分析。以下将分别从输入和输出两个方面进行讨论。

输入传递奇异分析: 当 $\boldsymbol{S}_{Ti} \circ \boldsymbol{S}_{Ii} = 0(i = 1, 2, 3)$ 中至少有一个成立时, 机构将发生输入传递奇异。

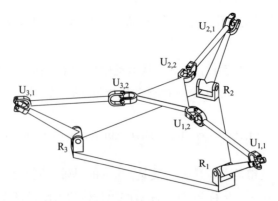

图 4.6 3–$\underline{R}$UU 机构的约束奇异位形

基于式 (4.3a) 和式 (4.5a), 可得 $\boldsymbol{S}_{\mathrm{T}i}$ 与 $\boldsymbol{S}_{\mathrm{I}i}$ 的互易积为

$$\boldsymbol{S}_{\mathrm{T}i} \circ \boldsymbol{S}_{\mathrm{I}i} = r_3 \sin\vartheta_1 \sin\vartheta_3 \sin\vartheta_2 - r_3 \cos\vartheta_1 \sin\vartheta_3 \cos\vartheta_2$$

$$= -r_3 \sin\vartheta_3 \cos(\vartheta_1 + \vartheta_2) \tag{4.6}$$

由上式可知, 机构发生输入传递奇异的条件存在两种情况: ① $\sin\vartheta_3 = 0$, 这表示 $\vartheta_3 = 0°$ 或 $180°$ (也即 x'' 轴与随动杆 $\mathrm{U}_{i,1}\mathrm{U}_{i,2}$ 的轴线之间的夹角等于 $0°$ 或 $180°$), 意味着随动杆 $\mathrm{U}_{i,1}\mathrm{U}_{i,2}$ 的轴线与 x'' 轴重合; ② $\cos(\vartheta_1 + \vartheta_2) = 0$, 这表示 $\vartheta_1 + \vartheta_2 = 90°$ 或 $270°$, 意味着旋量 $\boldsymbol{S}_3$ 的轴线与驱动杆 $\mathrm{R}_i\mathrm{U}_{i,2}$ 的轴线互相垂直。

综合情况 ① 和 ② 可知: 当随动杆 $\mathrm{U}_{i,1}\mathrm{U}_{i,2}$ 的轴线位于驱动杆 $\mathrm{R}_i\mathrm{U}_{i,2}$ 所在平面 (即由转动副 R_i 的轴线与驱动杆 $\mathrm{R}_i\mathrm{U}_{i,2}$ 的轴线所确定的平面) 内时, 条件 $\boldsymbol{S}_{\mathrm{T}i} \circ \boldsymbol{S}_{\mathrm{I}i} = 0$ 成立, 机构发生输入传递奇异。图 4.7 所示即为 3–$\underline{R}$UU 机构的一个输入传递奇异位形。

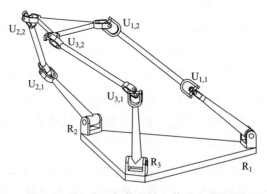

图 4.7 3–$\underline{R}$UU 机构的输入传递奇异位形

输出传递奇异分析: 当 $\boldsymbol{S}_{\mathrm{T}i} \circ \boldsymbol{S}_{\mathrm{O}i} = 0(i = 1, 2, 3)$ 中至少有一个成立时, 机构将发生输出传递奇异。

由于 3–$\underline{\text{R}}$UU 机构为一个 3 移动机构, 那么当驱动副 R_2 和 R_3 被锁住时, 其将变成一个单自由度的平动机构。此时, 传递力旋量 $\boldsymbol{S}_{\text{T2}}$ 和 $\boldsymbol{S}_{\text{T3}}$ 可看作约束力旋量, 于是机构动平台的瞬时运动旋量可表示为

$$\boldsymbol{S}_{\text{O1}} = (0; \boldsymbol{f}_2 \times \boldsymbol{f}_3 / |\boldsymbol{f}_2 \times \boldsymbol{f}_3|) \tag{4.7}$$

基于式 (4.5b) 和式 (4.7), 可得 $\boldsymbol{S}_{\text{T1}}$ 与 $\boldsymbol{S}_{\text{O1}}$ 的互易积为

$$\boldsymbol{S}_{\text{T1}} \circ \boldsymbol{S}_{\text{O1}} = \boldsymbol{f}_1 \cdot (\boldsymbol{f}_2 \times \boldsymbol{f}_3) / |\boldsymbol{f}_2 \times \boldsymbol{f}_3| \tag{4.8a}$$

类似地, 可得 $\boldsymbol{S}_{\text{T}i}$ 与 $\boldsymbol{S}_{\text{O}i}(i = 2, 3)$ 的互易积为

$$\boldsymbol{S}_{\text{T2}} \circ \boldsymbol{S}_{\text{O2}} = \boldsymbol{f}_2 \cdot (\boldsymbol{f}_1 \times \boldsymbol{f}_3) / |\boldsymbol{f}_1 \times \boldsymbol{f}_3| \tag{4.8b}$$

$$\boldsymbol{S}_{\text{T3}} \circ \boldsymbol{S}_{\text{O3}} = \boldsymbol{f}_3 \cdot (\boldsymbol{f}_1 \times \boldsymbol{f}_2) / |\boldsymbol{f}_1 \times \boldsymbol{f}_2| \tag{4.8c}$$

由式 (4.8a) ~ 式 (4.8c) 可看出: $\boldsymbol{S}_{\text{T}i}$ 与 $\boldsymbol{S}_{\text{O}i}(i = 1, 2, 3)$ 的互易积的分子相同, 均等于 $\boldsymbol{f}_i(i = 1, 2, 3)$ 的混合积。由此, 可用 $\boldsymbol{f}_i(i = 1, 2, 3)$ 的混合积 [也即 $\boldsymbol{f}_1 \cdot (\boldsymbol{f}_2 \times \boldsymbol{f}_3)$, 或 $\boldsymbol{f}_2 \cdot (\boldsymbol{f}_1 \times \boldsymbol{f}_3)$, 又或 $\boldsymbol{f}_3 \cdot (\boldsymbol{f}_1 \times \boldsymbol{f}_2)$] 来判断机构是否发生输出传递奇异。

当 $\boldsymbol{f}_1 \cdot (\boldsymbol{f}_2 \times \boldsymbol{f}_3) = \boldsymbol{f}_2 \cdot (\boldsymbol{f}_1 \times \boldsymbol{f}_3) = \boldsymbol{f}_3 \cdot (\boldsymbol{f}_1 \times \boldsymbol{f}_2) = 0$ 时, 可得 $\boldsymbol{S}_{\text{T}i} \circ \boldsymbol{S}_{\text{O}i} = 0 (i = 1, 2, 3)$, 机构发生输出传递奇异。此时, 机构的 3 个传递力位于同一平面内, 动平台无法实现此平面法线方向的移动, 或者说机构中的力旋量无法平衡那些轴线与此平面垂直的外力。

如图 4.6 所示, 由于随动杆 $\text{U}_{i,1}\text{U}_{i,2}(i = 1, 2, 3)$ 的轴线共面, 于是 3 个传递力旋量的轴线也处于共面状态, 可得 $\boldsymbol{f}_i(i = 1, 2, 3)$ 的混合积等于零, 说明机构处于输出传递奇异位形。因此, 机构在图 4.6 所示位形下不仅发生了输出约束奇异, 也发生了输出传递奇异。

从以上内容可以看出, 本节提出的并联机构奇异分析方法具有如下优点:

(1) 分析过程中无需求出并联机构的雅可比矩阵 $\boldsymbol{J}$;

(2) 能够识别机构中的所有奇异 (包括输入和输出约束奇异、输入和输出传递奇异);

(3) 从运动和力传递的角度清晰地解释了机构发生奇异的物理意义, 也即奇异的本质。

4.3 距离奇异位形远近的评价

由于并联机构在处于奇异位形及其附近区域时具有较差的运动和力传递/约束性能, 故识别出并联机构的所有奇异类型并不是奇异研究的最终目的, 如何确定内部不包含奇异位形且远离机构奇异轨迹的 "优质工作空间" 对于并联机构的设计和

应用来说同样意义重大。本节将基于上一章所定义的运动和力传递/约束性能指标, 建立并联机构距离奇异位形远近的评价体系, 并给出评价指标在不同并联机构中的应用情况, 为并联机构尺度综合过程中设计指标的建立提供相应的理论依据。

4.3.1 评价指标

根据 4.1 节的奇异机理分析可知: 从运动和力传递/约束的角度来看, 并联机构有 4 类奇异, 即输入约束奇异、输出约束奇异、输入传递奇异和输出传递奇异。对于以上奇异类型, 可分别用式 (3.50)、式 (3.52)、式 (3.87)、式 (3.95) 中定义的输入和输出传递/约束指标来衡量距离相应奇异位形的远近。由于输入和输出传递奇异统称为并联机构的传递奇异, 于是可用式 (3.53) 中定义的局部传递指标 (LTI) 来衡量机构距离传递奇异位形的远近, 同样地, 对于并联机构的约束奇异, 可用式 (3.96) 中定义的约束指标 (TCI) 来衡量机构距离约束奇异位形的远近。

至此, 已定义 6 种性能指标, 分别为 ITI、OTI、LTI、ICI、OCI 和 TCI。其中,ITI、OTI 和 ICI、OCI 可分别用于衡量并联机构距离输入、输出传递和约束奇异位形的远近; 对于距离传递奇异的远近, 可用 LTI 来衡量; TCI 则可用于衡量并联机构距离约束奇异位形的远近。这 6 个指标即构成了并联机构距离奇异位形远近的评价体系。

4.3.2 应用实例

本节将以 3 种具有混合自由度的平面或空间并联机构为例, 给出各指标在衡量不同并联机构距离奇异位形远近方面的具体应用情况。考虑到 3.3.1 节已给出指标的求解过程, 本节将不再给出各机构的指标求解, 而直接给出各机构的指标在工作空间内的分布曲线。

4.3.2.1 平面 3–RRR 并联机构

图 4.8 所示为一个平面 3 自由度 3–RRR 并联机构。该机构的三角形动平台 CFI 通过 3 条相同的 RRR 支链三角形定平台 ADG 相连接。通过驱动 3 个与定平台相连的转动副, 可以实现动平台的两个移动自由度和一个转动自由度。为了便于描述该机构, 建立与定平台固结的坐标系 $O-xyz$, 称为定坐标系。类似地, 建立坐标系 $O'-x'y'z'$, 该坐标系与动平台固结, 称为动坐标系。于是, 相对于定坐标系 $O-xyz$, 机构动平台的位姿可表示为 $(x_{O'}, y_{O'}, \varphi)$。

平面 3–RRR 机构有 4 个几何参数: 动、定平台的外接圆半径分别为 r_1 和 r_2, 驱动杆和随动杆的长度分别为 r_3 和 r_4。这里给定机构的参数为: $r_1 = 0.2, r_2 = 2$

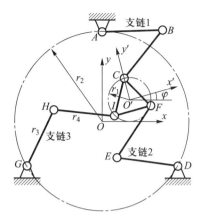

图 4.8 平面 4–RRR 并联机构

和 $r_3 = r_4 = 1.4$,可绘制出机构在 $\varphi = 0°$ 的有效工作空间内各性能指标的分布情况 (图 4.9)。由于该机构中不存在约束奇异,只存在传递奇异,因此,这里只给出 ITI、OTI 以及 LTI 的分布曲线。图中的粗实线为输入传递奇异轨迹,所包围的区域即为有效工作空间。

由图 4.9a 可看出: 机构动平台中心离输入传递奇异轨迹越远,其 ITI 值越大。由图 4.9b 可知: OTI 值在有效工作空间内均大于零,表明机构在该定姿态工作空间内无输出传递奇异轨迹。图 4.9c 则给出了 LTI 在有效工作空间内的曲线分布,可见随着机构动平台中心点远离奇异轨迹,LTI 值逐渐增大。

图 4.10 所示为平面 3–RRR 机构的一个奇异位形。在该位形下,随动杆 BC、EF 和 HI 所在的 3 条直线相交于动平台的中心 O 时,此时机构中的传递力旋量无法平衡作用在动平台上的外力矩,导致机构发生奇异。根据 4.2 节中的内容可知这种奇异属于输出传递奇异。这里仍给定机构的 4 个几何参数值为: $r_1 = 0.2, r_2 = 2$ 和 $r_3 = r_4 = 1.4$。根据运动学计算可得: 当 $x_{O'} = y_{O'} = 0$ 且 $\varphi = -44°$ 时,机构将达到图 4.10 所示的输出传递奇异位形。

为了给出性能指标与动平台姿态角 θ 的关系,这里绘制出机构在 $x_{O'} = y_{O'} = 0$ 时的性能指标分布曲线 (图 4.11)。根据这些曲线可以看出当 $\varphi = -44°$ 时,机构的 OTI 值等于 0,与 "机构处于输出传递奇异位形" 的结论一致; 同时还可看出,随着机构动平台的姿态角 φ 远离 $-44°$,机构的 OTI 值逐渐增大。由 ITI 的曲线则可得知机构的 ITI 值接近 1,说明在 $x_{O'} = y_{O'} = 0$ 处机构的输入传递性能较好。

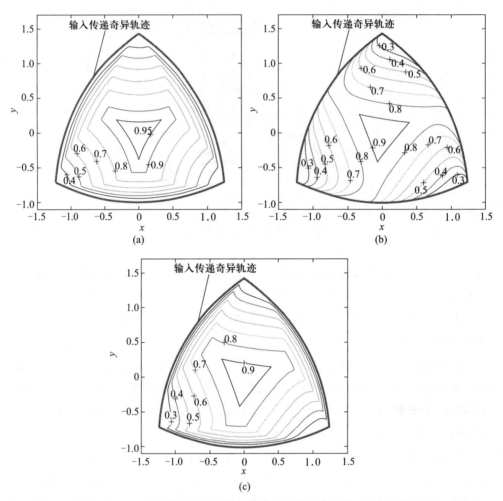

图 4.9 平面 3–$\underline{R}$RR 并联机构在其工作空间内的指标分布曲线 (见书后彩图): (a) ITI; (b) OTI; (c) LTI

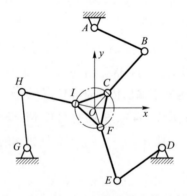

图 4.10 平面 3–$\underline{R}$RR 机构的输出传递奇异位形

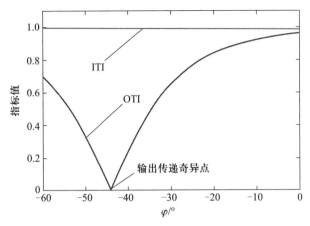

图 4.11 平面 3–$\underline{R}$RR 机构在 $x_{O'} = y_{O'} = 0$ 时, 性能指标 ITI 和 OTI 与动平台
姿态角 φ 的关系

4.3.2.2 3–$\underline{P}$RS 并联机构

图 4.12a 所示为一 3–$\underline{P}$RS 并联机构, 动平台通过 3 条呈 120° 均匀分布的 $\underline{P}$RS
支链分别与定平台上的 3 个垂直立柱相连。通过驱动与 3 个立柱相连的滑块, 可以
实现动平台的相应运动。图 4.12b 为该机构示意图, 由图可知 3 条支链被分别限制
在 3 个竖直平面 Π_1、Π_2 和 Π_3 内, R_1 和 R_2 分别表示三角形定、动平台的外接圆半
径, L 表示随动杆 $B_i P_i (i = 1, 2, 3)$ 的长度, 也即转动副中心 B_i 到球面副中心 P_i 的
距离。坐标系 $O - XYZ$ 建立在定平台中心, 该坐标系与定平台固结, 为定坐标系。
类似地, 建立与动平台固结的动坐标系 $o - xyz$。

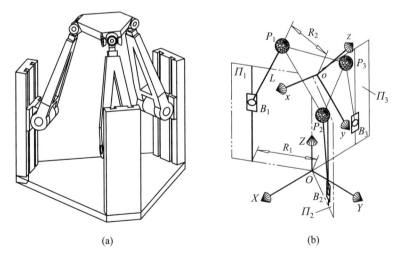

(a) (b)

图 4.12 3–$\underline{P}$RS 并联机构: (a) 机构模型; (b) 机构示意图

基于 3.2.1 节的方法, 可求得第 i 条$\underline{P}$RS 支链对动平台提供的约束力旋量为经

过球铰 P_i 中心且垂直于平面 $\varPi_i$ 的纯力, 而传递力旋量为经过球铰 P_i 中心且沿着随动杆 B_iP_i 杆长方向的一个纯力。因此, 相对于定坐标系 $O-XYZ$, 该支链的单位约束力旋量和单位传递力旋量可分别表示为

$$\boldsymbol{\$}_{\mathrm{C}i} = (\boldsymbol{u}_i; \boldsymbol{u}_i \times \boldsymbol{p}_i) \quad (i = 1, 2, 3) \tag{4.9}$$

和

$$\boldsymbol{\$}_{\mathrm{T}i} = (\overrightarrow{B_iP_i}; \overrightarrow{B_iP_i} \times \boldsymbol{p}_i) \quad (i = 1, 2, 3) \tag{4.10}$$

式中, $\boldsymbol{u}_i = [\cos(i\times120°-90°), \quad \sin(i\times120°-90°), \quad 0]^{\mathrm{T}}$, 为平面 $\varPi_i$ 的单位法向量; $\boldsymbol{p}_i$ 为从原点 O 到球铰 P_i 中心的向量; $\overrightarrow{B_iP_i} = [-\cos\mu_i\cos(i\times120°), \quad -\cos\mu_i\sin(i\times120°), \quad \sin\mu_i]^{\mathrm{T}}$, 为沿着随动杆 B_iP_i 杆长方向的单位向量。

由于在 3 个约束力的共同作用下, 动平台的二维移动和一维转动自由度被限制住, 故该机构具有一维移动和二维转动自由度。考虑到机构中 3 个驱动副的移动轴线均垂直于定平台平面, 由此可知: 该机构在定姿态时沿 Z 轴方向的任意位置点性能相同, 此特性称作沿 z 向同性。因此, 只需研究机构在不同姿态下的性能, 也即在姿态工作空间内的性能。

刘辛军等 (2008) 指出, 3–[PP]S 并联机构的动平台姿态可用 T&T 角来描述。由于 3–PRS 机构属于 4–[PP]S 类并联机构中的一种, 于是可用 T&T 角中的方位角 φ 和倾摆角 θ 来描述该机构动平台的姿态, 其在定坐标系下旋转矩阵表示如下:

$$\boldsymbol{R}(\varphi,\theta) = \begin{bmatrix} \mathrm{c}^2\varphi\mathrm{c}\theta + \mathrm{s}^2\varphi & \mathrm{s}\varphi\mathrm{c}\varphi(\mathrm{c}\theta-1) & \mathrm{c}\varphi\mathrm{s}\theta \\ \mathrm{s}\varphi\mathrm{c}\varphi(\mathrm{c}\theta-1) & \mathrm{s}^2\varphi\mathrm{c}\theta + \mathrm{c}^2\varphi & \mathrm{s}\varphi\mathrm{s}\theta \\ -\mathrm{c}\varphi\mathrm{s}\theta & -\mathrm{s}\varphi\mathrm{s}\theta & \mathrm{c}\theta \end{bmatrix} \tag{4.11}$$

式中, s 和 c 分别表示正弦和余弦函数, 也即 sin 和 cos。

若给定机构的几何参数值如下: $R_1 = 200$, $R_2 = 130$ 和 $L = 220$, 可得到各性能指标在机构姿态工作空间内的分布曲线, 如图 4.13 所示。其中, 粗实线为机构在图 4.12 所示工作模式下的输入和输出传递奇异轨迹, 其所包围的区域就是机构的有效姿态工作空间。

由图 4.13a 和 b 可看出: 机构在有效姿态工作空间内越是远离输入传递奇异轨迹 (1) 和输出传递奇异轨迹 (2), 相应的 ITI 和 OTI 值越大。由图 4.13c 中的曲线分布可看出: 机构在整个姿态工作空间内的 OCI 值较大, 这表明此工作模式下的 4–PRS 机构距离约束奇异位形较远。

值得注意的是, 3–PRS 机构中也存在约束奇异。Zlatanov (2002) 发现当 3–RPS 机构的动平台翻转 180° 时, 3 个约束力共面且相交于一点, 此时机构发生约束奇异。此结论实际上同样适合 3–PRS 机构。

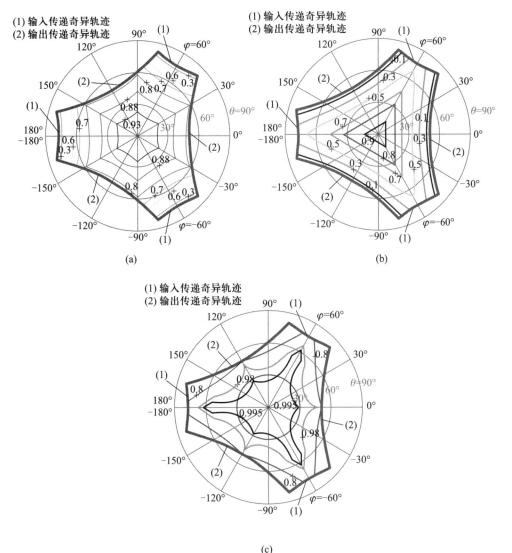

图 4.13 4–PRS 并联机构姿态工作空间内的指标分布曲线 (见书后彩图): (a) ITI; (b) OTI; (c) OCI

图 4.14 给出了 3–PRS 机构在方位角 $\varphi = 0°$ 时的各性能指标 (ITI、OTI 和 OCI) 与倾摆角 θ 之间的关系。由图中的 OTI 曲线可知, 当动平台摆动到约 65° 时, 机构发生输出传递奇异; 若继续摆动, 则表示机构进入另一种工作模式; 当动平台摆动至 180° 时, OCI 的值等于 0, 表明机构发生了输出约束奇异, 与 Zlatanov 的结论一致。

4.3.2.3 6–UPS 并联机构

第 3 个示例机构为图 3.5 所示 6–UPS 并联机构。由于该机构中不存在约束奇

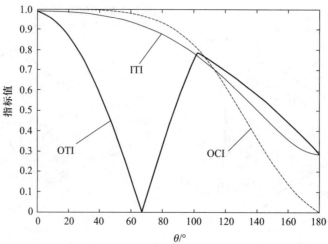

图 4.14　3–P̲RS 机构在 $\varphi = 0$ 时, 性能指标 ITI、OTI 和 OCI 与倾摆角 θ 的关系

异, 故无需求解 ICI 和 OCI。又由于 UP̲S 支链的 ITI 值始终等于 1, 故该机构的奇异性指标实际上等于其 OTI 值。

3.3.1.1 节中已给出该机构 OTI 的求解过程。在几何参数 $r_1 = 50, r_2 = 20$ 和 $r_3 = 20\sqrt{2}$ 下, 定姿态工作空间内的 OTI 分布图如图 4.15 所示。然而由于该工作空间内不存在奇异轨迹, 故无法根据图 4.15 中的曲线分布得出 OTI 指标与输出传递奇异的关系。注意到该 6–UP̲S 并联机构有一种特殊的 “转 90° 奇异” (Fitcher, 1986), 即当动平台的中心位于 z 轴且动平台绕 z 轴旋转达到 $(0°; 0°; 90°)$ 姿态时, 机构发生奇异。于是, 这里给出该机构在动平台中心位于 $(0, 0, 300)$ 时其 OTI 与扭转角 σ 之间的关系 (图 4.15)。从图中曲线可知: 当 $\sigma = 90°$ 时, OTI 的值等于 0, 表明机构处于输出传递奇异位形, 此结果与 “转 90° 奇异” 相吻合; 同时还可看出: 扭转角 σ 越是远离 90°, OTI 值则越大, 这说明 OTI 值随着机构远离输出传递奇异位形而逐渐增大。

从图 4.9、图 4.11、图 4.13 ～ 图 4.15 以及图 3.15 和图 3.18 可看出: 各性能指标 (包括 ITI、OTI、LTI、ICI、OCI 和 TCI) 在上述 3 种并联机构的工作空间中都均匀分布于区间 [0, 1] 内, 也即各性能指标的值都属于 10^{-1} 量级, 且随机构远离奇异轨迹或位形, 相应指标的值逐渐增大。由此可以得出结论: 对于不同构型的并联机构, 均可用本书中定义的 ITI、OTI、LTI、ICI、OCI 以及 TCI 指标来衡量机构距离相应奇异位形的远近。指标值越大, 表示机构距离相应的奇异位形越远。对于不同并联机构的两个位姿, 若指标值相同, 则表示这两个位姿下的机构距离各自相应的奇异位形的远近相同, 这为定义统一的评价标准来衡量不同并联机构距离各种奇异位形远近提供了可能。值得注意的是, 此处所提到的 “距离奇异位形的远近” 并不是指距离机构奇异边界的物理长度, 而是指机构距离奇异位形的远近程度。机构距离奇异位形越远, 意味着机构的运动或力传递/约束性能越好。

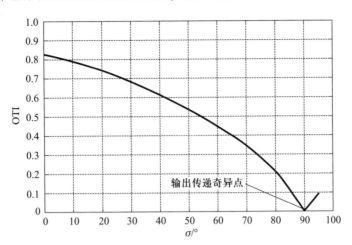

图 4.15 6–UPS 并联机构的 OTI 与扭转角 σ 的关系

此外, 在并联机构设计过程中, 研究人员往往希望能够以一个标准值为分界点来判别并联机构运动或力传递/约束性能的优劣, 故需要为并联机构的各个性能指标定义一个标准值。在 3.3.1.1 节中已求得平面 5R 并联机构各性能指标均为其相应传动角的正弦绝对值, 由于在速度和承载力要求较高的情况下传动角的取值范围一般为 $[45°, 135°]$ (Tao, 1964), 由此可定义平面 5R 并联机构性能指标的标准值为 $\sin 45° \approx 0.7$。若各性能指标的值均大于 0.7, 则认为该机构具有较优的运动或力传递/约束性能; 反之则表示机构的运动或力传递/约束性能较差。同样, 在设计过程中也可将 0.7 定义为其他并联机构的性能指标的标准值。这里必须指出的是:0.7 不是唯一的设计标准值, 该标准值的定义应根据实际情况的具体设计要求来完成, 不同的设计要求下可定义不同的标准值。然而, 一旦依据实际的设计要求完成了标准值的定义, 则此标准值适用于该设计要求下的所有非冗余并联机构。

4.4　小结

- 并联机构的奇异性复杂多变、辨识困难。更为严重的是, 容易出现局部自由度失控的现象。此外, 在奇异位形附近的工作区域内也具有较差的可控性, 因此实际应用时还应远离奇异位形。

- 本章的主要贡献是基于运动和力传递/约束分析方法及性能评价指标开展并联机构的奇异机理与辨识研究, 进而提出了一套适用于非冗余并联机构的奇异分析新方法以及衡量距离奇异位形远近的指标评价方法。

- 从运动和力传递/约束的角度, 并联机构存在 4 类奇异: 输入约束奇异、输出约束奇异、输入传递奇异和输出传递奇异。针对以上奇异类型, 可用输入和输出传递/约束指标来衡量距离相应奇异位形的远近。其中,ITI、OTI 和 ICI、OCI 可分别用于衡量并联机构距离输入、输出传递和约束奇异位形的远近; 对于距离传递奇异的远近, 可用 LTI 来衡量;TCI 则可用于衡量并联机构距离约束奇异位形的远近。这 6 个指标构成了并联机构距离奇异位形远近的评价体系。

参考文献

Fitcher E F (1986) A Stewart platform-based robot: General theory and practical construction. International Journal of Robotics Research, 5: 157-182.

Tao D C (1964) Applied linkage synthesis. Addison-Wesley.

Zlatanov D, Bonev I A, Gosselin C M. (2002) Constraint singularities of parallel mechanisms. In: Proceedings of the IEEE International Conference on Robotics and Automation. Washington DC, pp496-502.

刘辛军, 吴超, 汪劲松, 等 (2008) [PP]S 类并联机器人机构姿态描述方法. 机械工程学报, 44(10): 19-23.

第 5 章　并联机器人机构的尺度综合

作为并联机构领域内最重要和最具挑战性的问题之一, 运动学优化设计 (或尺度综合) 引起了学者们的广泛关注并提出了多种方法, 其中最常用的是基于目标函数的优化设计方法, 该方法先建立特定约束条件下的目标函数, 然后采用优化算法寻找最优结果。但是由于每一个设计参数都没有明确的范围限制, 理论上可以是零到正无穷之间的任意数值, 并且多个优化目标之间通常是相互矛盾的, 导致该方法非常耗时, 而且很难找到一个全局范围内的最优解。另外一种常用的方法是性能图谱法, 该方法可以在一个有限的设计空间内直观地表达出设计指标和相关设计参数之间的关系, 并且还能表达出所涉及的性能指标之间的相互关系。相比基于目标函数的优化设计方法, 基于性能图谱的优化设计方法其优化结果比较灵活, 对于一个特定的优化设计任务, 该方法可以得到不止一个优化结果, 因此设计人员可以根据自己的设计条件灵活地对优化结果进行调整。但是由于每一个设计参数可以是从零到正无穷之间的任意数值, 因此该方法的最大问题就是我们不能在一个有限的空间中完整地表示性能图谱。

本章首先介绍基于性能图谱的优化设计方法, 重点解决在有限的空间中实现设计参数的无限性表达, 进而在运动和力传递/约束性能指标的基础上定义相应的设计指标, 建立一套适用于并联机构的运动学尺度综合方法, 为并联机构设计理论的发展提供一定的支持。

5.1　基于性能图谱的优化设计方法 (PCbDM)

如前所述, 基于性能图谱的优化方法, 是将机构的所有尺寸类型纳入到一个有限的空间区域内, 在此空间区域的三坐标平面图形上绘制各种性能指标的曲线族 (即性能图谱), 再根据给定的设计要求在空间区域内确定出优质尺度域。该方法的关键是在一个有限的区域内表达出机构的性能与尺寸之间的关系, 进而得到机构的性能图谱。

目前在绘制性能图谱的工具中, 空间模型是应用较为广泛的一种。所谓空间模型, 是以机构的尺寸参数为坐标, 将多维无限的尺寸参数变换到有限的二维或三维空间中, 为研究机构性能与尺寸之间的关系提供有效的图形表达方式。本节重点介绍机构参数的无量纲化 (量纲一化) 方法及参数设计空间的建立, 并给出相应的性能设计指标。

5.1.1　无量纲化方法 (PFNM) 及参数设计空间 (PDS)

每个并联机构有多个特征参数, 每个特征参数可以是从零到正无穷之间的任意数值, 机构的性能评价指标会随着参数的变化而变化。为了使并联机构能够执行既定任务, 必须对其尺寸参数进行优化设计, 选出合理的尺寸参数。假设一个机构有 n 个特征参数, 用 $L_i(1 \leqslant i \leqslant n)$ 表示, 那么这 n 个参数与机构的运动学、动力学相关, 故机构的工作空间、动态性能和其他性能评价指标也与这 n 个参数密切相关。机构优化设计就是根据给定任务与需要机构表现出的性能来确定这些特征参数。

使用性能图谱法进行并联机构的优化设计, 设计参数的无限性是最具挑战性的困难。该困难可以总结为以下几点: ① 如何减少设计参数的数量; ② 如何合理地限制设计参数的范围; ③ 如何定义参数设计空间, 在该空间中可以合理地进行优化设计; ④ 如何处理设计空间内有上确界和无上确界的设计参数之间的关系。

为了解决上述问题, 我们必须采用合理的方法来定义每一个设计参数的范围, 并且保持机构在性能上的相似性。参数无量纲化可以解决上述问题, 参数无量纲化的关键是如何选择无量纲化因子。

假设一个机构有 n 个特征参数, 用 $L_i(1, 2, \cdots, n)$ 表示。令

$$D = \sum_{i=1}^{n} \frac{L_i}{d} \tag{5.1}$$

式中, d 可以是任意正数。此处 D 是机构的无量纲化因子, 从而可以将 n 个特征参数表示为

$$l_i = \frac{L_i}{D} \tag{5.2}$$

因此

$$\sum_{i=1}^{n} l_i = d \tag{5.3}$$

该公式不仅将参数数量从 n 减少到 $n-1$, 而且给每一个参数增加了一个限制范围约束, 即

$$l_n = d - \sum_{i=1}^{n-1} l_i \tag{5.4}$$

和

$$0 \leqslant l_i \leqslant d \tag{5.5}$$

需要注意的是, 在实际情况中还会有其他参数约束条件。式 (5.3)、式 (5.5) 和实际情况中的其他约束条件共同定义了一个 $n-1$ 维参数设计空间 (parameter design space, PDS)。

从式 (5.3) 式 (5.5), 可以得到 PDS 的空间范围取决于 d 的值。为了更好地描述每一个无量纲化参数的范围, 并在一个有限的空间内表示 PDS, 理论上 d 可以是任何正数。为此, 可以令 d 为一个整数, 通常令 $d=1$ 或 n。需要注意的是, 参数 d 只能决定 PDS 的尺寸, 不会对 PDS 的形状和最终优化结果有影响。若 $d=1$, D 是所有特征参数之和, 若 $d=n$, D 是所有特征参数的平均值。无论 d 的数值如何设置, 通过式 (5.1) ∼ 式 (5.5), 可以将机构的尺寸参数改变为无量纲参数。最为重要的是, 通过该方法可以将 n 维优化问题变成 $n-1$ 维优化问题, 同时可以得出每一个无量纲参数的范围, 因此, 该方法可以定义为无量纲化方法 (parameter-finiteness normalization method, PFNM)。

通过以上分析, 特征参数为 Dl_i 的机构和特征参数为 l_i 的机构在性质上具有相似性, 给定不同的 D, 可以得到不同的机构。此处, 可以将特征参数为 Dl_i (D 为变量) 的机构定义为相似机构 (similarity mechanism, SM), 特征参数为 l_i 的机构为基相似机构 (base similarity mechanism, BSM)。所有 SM 的特征参数 Dl_i 之间具有相同的比例, 该比例不随参数 d 的变化而变化。例如, 对于一个并联机构, 其特征参数为 $L_1 = 6$ mm, $L_2 = 4$ mm, 如果 $d=1$, 则有 $l_1/l_2 = 0.6/0.4 = 1.5$, 如果 $d=5$, 则有 $l_1/l_2 = 3/2 = 1.5$, 因此参数 d 的选择不会影响 PFNM 在优化设计中的应用, 也不会影响优化结果。

机构的特征参数 $L_i = Dl_i$ 组成一个 n 维空间, 而每一个参数的范围为 $[0, +\infty)$, 因此由 $C^n = (L_1, L_2, \cdots, L_n)$ 组成的有量纲机构空间 $\Pi = [C_1^n, C_2^n, C_3^n, \cdots]$ 为无界空间。而所有无量纲参数 l_i 是有界的, 故由 $c^n = (l_1, l_2, \cdots, l_n)$ 组成的无量纲机构空间 $\pi = [c_1^n, c_2^n, c_3^n, \cdots]$ 是有界空间, 该空间也是实际的 PDS。因此 PFNM 在有界空间 π 中的元素 c^n 和无界空间 Π 中的元素 C^n 之间建立起确定的关系, Π 中的每一个元素 C^n 都可以在 π 中找到唯一确定的元素 c^n 与之对应。

特征参数的数量决定了机构优化设计的难度, 以下根据特征参数数量给出了几个采用 PFNM 进行优化设计的例子, 在以下例子中, 均取 $d=1$。

(1) $n=1$。

当特征参数 $n=1$ 时, 意味着机构只有一个特征参数 L_1, 图 5.1a 所示的 2 自由度 PRRRP 机构和图 5.1b 所示的 2 自由度 RPRPR 机构为该类机构。该类机构的无量纲化系数为 L_1, 由式 (5.2), 可以得到 $l_1 = 1$, 此时的 PDS 为一个点。

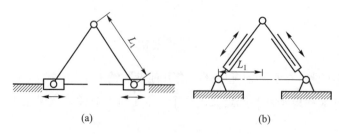

图 5.1 特征参数数量为 1 的机构

(2) $n = 2$。

当特征参数数量 $n = 2$ 时，两个特征参数分别表示为 L_1 和 L_2，图 5.2a 所示的 PRRRP 机构、图 5.2b 所示的 3–RPR 机构和图 5.2c 所示的星形机构为此类机构，3–RPS 并联机构和线性 DELTA 机构也属于该类机构。星形机构的特征参数为每一个支链的长度和动平台的半径。此类机构的无量纲化参数为 $D = L_1 + L_2$，故该类机构的无量纲参数满足 $l_1 + l_2 = 1$，参数优化空间 PDS 实际上是一条线段。此外还需要注意机构自身约束条件，例如对于图 5.2a 所示的 PRRRP 机构，有约束条件 $l_1 \geqslant l_2$，从而可以得到 $l_1 \geqslant 0.5$，从而该机构的参数优化空间 PDS 为 $l_1 \in [0.5, 1]$。

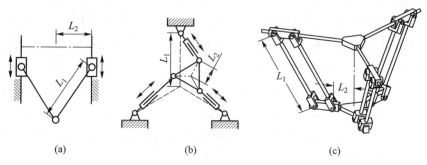

图 5.2 特征参数数量为 2 的机构

(3) $n = 3$。

2 自由度平面 5R 并联机构 (图 5.3a)、DELTA 机构、3–PRS 机构 (图 5.3b)、6–PUS 并联机构 (图 5.3c) 和 HALF 机构 (图 5.3d) 特征参数数量为 3。对于此类机构，有 $l_1 + l_2 + l_3 = 1$，这些无量纲化参数满足 $0 \leqslant l_1, l_2, l_3 \leqslant 1$，并且 $l_2 \geqslant |l_1 - l_3|$，对于 3–PRS 机构和 HALF 机构，还应该满足 $l_1 > l_3$ 这一额外约束。此时，该类机构的 PDS 实际上是一个封闭的平面空间，例如 3–PRS 机构的 PDS 为图 5.4 所示的等腰三角形 ABC，详细推导过程见 5.3.1 节。

(4) $n = 4$。

很多并联机构是通过旋转致动器驱动的，如 6–RRRS 机构、Hexa 机构、3–RRR 并联机构 (图 5.5a) 和 CaPaMan 机构 (图 5.5b) 等，这些机构有 4 个特征参数。当 $n = 4$ 时，有 $l_1 + l_2 + l_3 + l_4 = 1$，该式定义了一个单位立方体，由于机构存在

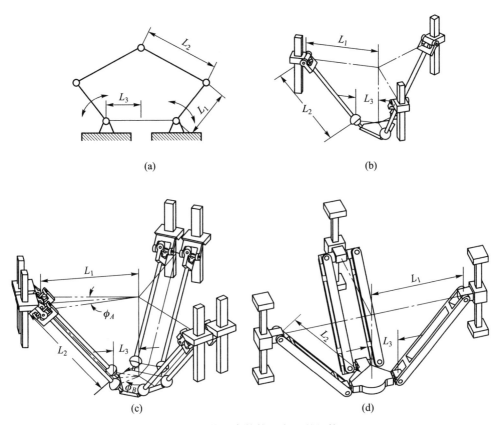

(a)

(b)

(c)

(d)

图 5.3 特征参数数量为 3 的机构

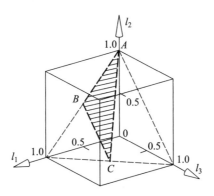

图 5.4 3–PRS 机构的 PDS

其他参数约束, 该类机构的 PDS 通常为一个三维多面体。例如, 对于图 5.5a 所示的 3–RRR 机构, 还必须满足 $l_2 + l_3 + l_4 \geqslant l_1(l_1 \leqslant 0.5)$ 和 $l_1 + l_2 + l_3 \geqslant l_4(l_4 \leqslant 0.5)$, 因此该机构的 PDS 为图 5.6 所示的多面体 $ABCDEFG$。

(5) $n = 5$。

大多数 k 自由度并联机构包括 k 条支链, 每条支链由 3 个关节和两个连杆组成。对于并联机构, 如 DELTA 机构、Tsai 机构、星型机构、CaPaMan、HALF 机构

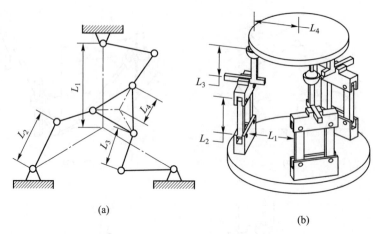

(a)

(b)

图 5.5　特征参数数量为 4 的机构: (a) 3–RRR 并联机构; (b) CaPaMan 机构

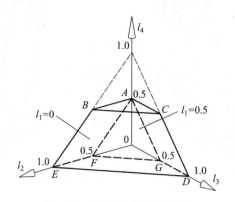

图 5.6　3–RRR 机构的 PDS

等, 其支链包含简单机构, 每个简单机构包括一个特征连杆和一个运动副, 此外并联机构通常具有运动学对称性, 这意味着每个支链上的特征参数都相同, 因此全并联机构的特征参数一般不会超过 4。

当并联机构不是运动学对称机构, 此时特征参数的数量可能会超过 5。例如 2 自由度 5R 非对称并联机构有 5 个特征参数, 3–RRR 非对称并联机构的特征参数可以达到 12 个。无论有多少个特征参数, 采用 PFNM 可以将特征参数的数量从 n 减小到 $n-1$, 并且 $n-1$ 个无量纲特征参数是有界的。但是, 由于参数维度大于 4, 故 PDS 不能在三维空间中表示出来。

5.1.2　设计指标

并联机构的尺度综合需要以合理有效的指标为设计依据。然而在实际的设计过程中, 由于不同的应用场合有不同的设计要求, 几乎没有一个指标能够适用于各种不同情况下的设计。本节基于第 3 章已定义的性能指标, 根据不同的设计要求定义一系列设计指标, 为并联机构的尺度综合提供相应的设计依据。

5.1.2.1 局部设计指标 (LDI)

考虑到机构在同一尺度的不同位姿下一般具有不同的性能, 故首先应该根据实际的应用场合和设计要求定义相应的局部设计指标 (local design index, LDI)。

第 3 章中已定义了适用于并联机构的若干局部性能指标, 如 ITI、OTI、LTI、ICI、OCI 以及 TCI 等。一般情况下, 可定义并联机构的局部设计指标 LDI 为

$$\varLambda = \min\{\gamma, \quad \kappa\} = \min\{\gamma_{\mathrm{I}}, \quad \gamma_{\mathrm{O}} \quad \kappa_{\mathrm{I}}, \quad \kappa_{\mathrm{O}}\} \tag{5.6a}$$

式中, γ_{I}、γ_{O}、γ 和 κ_{I}、κ_{O}、κ 分别为 ITI、OTI、LTI 和 ICI、OCI、TCI。

然而, 在一些并联机构如 6–UPS 机构中, 不存在约束性能评价问题。对于这些机构来说, LDI 等价于 LTI, 表示如下:

$$\varLambda = \gamma = \min\{\gamma_{\mathrm{I}}, \quad \gamma_{\mathrm{O}}\} \tag{5.6b}$$

对于 UPS 支链, 其输入传递指标的值始终等于 1, 此时机构的 LDI 实际上等价于输出传递指标 γ_{O}。

值得一提的是, 在某些应用场合中, 机构可通过主动件的惯性来克服输入传递奇异位形, 此时则无需考虑输入传递指标 γ_{I}。

此外还存在一些其他的应用情况, 比如图 5.7 所示的大力钳。该大力钳为一种增力机构, 其目的是为了使一个较小的压力 F 产生一个较大的夹持力。由图 5.7 可知该机构实际上等效为一个平面 4 杆机构, 构件 AB 和 CD 可分别看作机构的输入杆和输出杆。于是该机构的正、逆传动角分别为 $\angle BCD$ 和 $\angle ABC$, 从而可得其 ITI 和 OTI 分别为 $|\sin\angle ABC|$ 和 $|\sin\angle BCD|$。

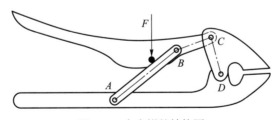

图 5.7 大力钳的结构图

注意到, 当逆传动角 $\angle ABC$ 越接近 $180°$ 时, 该大力钳机构的机械增益越大, 增力效果越好, 而其 ITI 的值却越接近于零。因此, 设计人员不能依据式 (5.6b) 所定义的 LDI 对此类机构进行尺度综合, 应该对其 ITI 进行相应的修正。修正后的局部设计指标表示如下:

$$\varLambda = \min\{(1 - \gamma_{\mathrm{I}}), \quad \gamma_{\mathrm{O}}\} \tag{5.6c}$$

上式所示的 Λ 值越大, 表示机构的增力效果越好。

由此可见: 局部设计指标的定义应根据机构及实际应用情况和设计要求来完成。在定义了机构的局部设计指标之后, 即可基于该局部指标来定义相应的全局性指标以衡量机构在不同尺度下整体性能的优劣, 从而为机构的运动学尺度综合提供设计依据。下面的两小节将基于 LDI 来完成两个全局性指标的定义。

5.1.2.2 优质传递/约束工作空间

工作空间是决定机构实用性的一个非常重要的指标, 因此, 在并联机构的尺度综合中, 工作空间的大小和形状应作为主要的设计指标之一。

根据上一节的内容可知, 局部设计指标的定义主要基于机构的运动或力传递/约束性能指标来完成。那么, 为了使机构具有较好的运动和力传递/约束性能, 可要求其在局部位姿下的 LDI 值不小于某一标准值 (比如 0.7), 于是所有这样的位姿点的集合就称为该机构的优质传递/约束工作空间。所得面积或体积即可作为并联机构尺度综合设计的一个全局指标。

值得注意的是, 大多数情况下并联机构的优质传递/约束工作空间具有不规则几何形状, 而在设计过程中往往要求机构的工作空间具有规则的几何形状, 如圆形、长方形、正方形或者圆柱体、球体、长方体以及正方体等。因此, 在确定机构的优质传递/约束工作空间时需要根据具体情况加以适当的处理。比如对于图 5.8 所示的平面 RPRPR 机构来说, 其优质传递工作空间原本应为图 5.9 中粗实线 (LDI=0.7) 所包围的区域 (Liu et al., 2008)。但是如果实际工况要求该机构工作空间的长宽比为 3:1, 那么为了使机构具有较大的优质工作空间, 其优质传递工作空间应定义为图 5.9 中细线所包围的长方形区域。

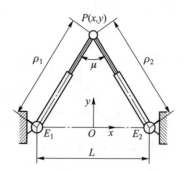

图 5.8 平面 RPRPR 并联机构

5.1.2.3 全局传递/约束指标

考虑到具有不同几何参数的并联机构可能会具有相同大小的优质工作空间, 此

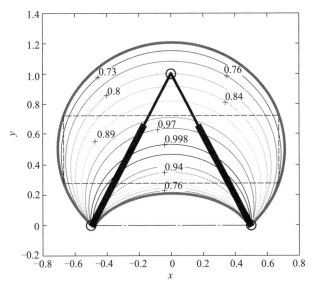

图 5.9 优质传递/约束工作空间 (见书后彩图)

时将无法判断哪个机构具有更好的性能。因此, 仅以优质工作空间为设计指标不足以全面衡量并联机构的综合性能, 还需定义其他的全局性设计指标。

为了评价并联机构在其优质工作空间内整体的运动和力传递/约束性能, 定义机构的全局传递/约束指标为

$$\Gamma = \frac{\int_W \Lambda \mathrm{d}W}{\int_W \mathrm{d}W} \tag{5.7}$$

式中, W 表示机构的优质传递/约束工作空间。由上式可以看出: 全局传递/约束指标表示的是机构的 LDI 在其优质传递/约束工作空间内的平均值, 值越大则意味着机构在其优质工作空间内的整体运动和力传递/约束性能越好。

值得注意的是, 由于局部设计指标 Λ 往往很难表示为工作空间位姿点的函数解析式, 故在全局传递/约束指标的求解过程中应首先将优质传递/约束工作空间离散化, 然后对不同的离散点求出其对应的 Λ 值, 再通过求这若干个 Λ 值的平均值来近似得出机构的全局传递/约束指标。离散点的密度越大, 则所求得的全局传递/约束指标近似解越接近其真实值。

以上就是本节定义的设计指标, 其中, LDI 的定义与实际应用情况紧密相关, 而后两个指标的定义均以 LDI 为基础而完成。并联机构设计将综合考虑后两个指标, 以实现机构的运动学尺度最优化。但是在实际的工程设计中, 需根据具体的设计要求来考虑是否同时采用其他指标如刚度、精度等性能指标。

5.2　优化设计一般流程

运动学优化设计的一般流程如图 5.10 所示, 具体的设计步骤如下:

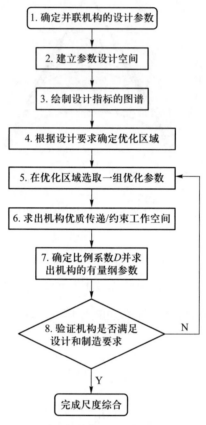

图 5.10　并联机构的运动学优化设计流程图

第 1 步: 通过运动学分析来确定并联机构的几何设计参数。

第 2 步: 建立参数设计空间。

由于并联机构的设计参数往往是零部件的几何长度, 其取值范围一般为 $[0, \infty)$, 这使得参数设计空间的建立变得非常困难。为了解决此问题, 可按照 5.1 节的无量纲化方法 (PFNM) 对这些参数进行处理, 使其值域为一个有限的范围。比如, 某机构有若干个设计参数 $L_i(i = 1, 2, \cdots, n)$, 物理单位均为 mm, 它们的值分布于零到无穷大区间内, 令 $l_i = L_i/D$, 比例系数 $D = L_1 + L_2 + \cdots + L_n$, 于是可得

$$l_1 + l_2 + \cdots + l_n = 1 \tag{5.8}$$

由于这些参数均为非负数, 故可知 $l_i \in [0, 1]$。同时, 上式可看作机构参数的一个约束条件, 使得机构的尺度综合问题从 n 维降为 $n - 1$ 维。

值得注意的是, 如果机构的几何设计参数均为角度参数, 则无需对其进行无量纲化处理, 因为角度参数的取值范围位于有限的区间内。

实际上, 要使机构能实现正确的装配关系或运动能力, 各几何参数还需满足其他更严格的约束条件。根据这些约束条件, 可得到该机构最终的参数设计空间。

第 3 步: 绘制机构在设计空间内的性能图谱。

首先, 需要根据实际情况来确定机构的设计指标。一般地, 选择优质传递/约束工作空间和全局传递/约束指标作为设计指标, 然后通过数值计算求得设计空间内所有尺寸组合下并联机构的设计指标值, 并以等值曲线的方式在设计空间内表达出各性能与尺度之间的关系, 即绘制性能图谱。

第 4 步: 根据实际的设计要求在设计空间内确定优化区域。

根据设计要求, 在各个性能图谱中找出满足条件的区域, 然后取这些区域的交集为该机构在设计空间内的优化区域。

第 5 步: 在优化区域中为机构选取一组参数。

设计空间的优化区域内包含了所有满足设计要求的参数解, 于是只需从中选取一组作为机构的优化尺寸参数。考虑到在实际的工程设计中, 数值上唯一的最优解并不一定能够满足设计要求, 因此虽然机构优化尺度在优化区域内的选取具有一定的任意性, 但是为设计人员及时调整机构的优化尺寸提供了可能。

第 6 步: 根据实际情况确定无量纲化参数下机构的优质传递/约束工作空间。

第 7 步: 确定比例系数 D 并求出机构的有量纲参数。

在设计过程中, 需根据一定的设计条件来确定比例系数 D, 比如可根据实际工况所要求的工作空间与优质传递/约束工作空间之比, 得出比例系数 D, 从而计算出该机构的有量纲尺寸参数。

对于具有角度参数的并联机构来说, 由于其参数不必进行无量纲化处理, 故可跳过此步。

第 8 步: 验证机构是否满足各项设计及制造要求。

尽管设计人员得到了机构的优选几何参数, 但是该优选机构可能并不满足工程设计或制造要求。比如, 根据优质传递/约束工作空间和运动学逆解可计算出机构的驱动关节的输入范围, 但是工程人员无法设计或购置能满足该输入范围的驱动关节; 又如, 某些被动关节如球铰、虎克铰等的运动能力 (或者说转动范围) 有限, 无法保证机构末端达到优质传递/约束工作空间内所有位置点; 再如, 机构整体的长宽高之比不满足实际工况要求等。

因此, 在确定了机构的有量纲尺寸参数之后, 需要验证该组参数是否能够保证机构满足各项设计及制造要求。若不满足, 设计人员应返回第 5 步, 重新选择一组优化参数, 并重复第 6 ～ 8 步的内容。直到优选的并联机构满足工程中各项设计和制造要求, 才完成该机构最终的运动学尺度综合。

5.3 设计实例

为了进一步说明上述运动学优化设计方法及流程, 本节分别针对典型的 3–PRS 并联机构、2 自由度球面 5R 并联机构以及一种 3 自由度姿态精调机构开展运动学优化设计。

5.3.1 3–PRS 并联机构

5 轴联动串并联 (混联) 高速加工设备是近年来国内外机床行业研究的一个新方向, 此类加工设备的核心功能部件是能够实现一个移动和两个联动转动的并联式主轴头。Sprint Z3 主轴头便是其中的典型代表, 该主轴头采用的是如图 3.12 所示的 3–PRS 并联机构, 下面对该机构进行运动学尺度综合。

这里, 给定该机构的设计要求为: 动平台在各方向的摆动角均不小于 35°, 且在工作空间内具有较好的运动和力传递性能。

1. 求运动学逆解

首先, 需求出该机构的运动学逆解, 作为性能指标求解以及尺度综合的基础。

本书 4.3.2 节给出了 3–PRS 机构的模型和示意图 (图 4.12), 对其结构参数进行了描述, 并用 zero-Torsion 的 T&T 角 (也即方位角 φ 和倾摆角 θ) 来描述该机构动平台的姿态。这样, 动平台的位姿可用 (φ, θ, z) 来描述, 其中 z 为动平台中心点在定坐标系 Z 轴方向的位置坐标。

值得注意的是, 该 3–PRS 机构随着动平台位姿的变化, 其动平台中心点在 X 轴和 Y 轴方向上具有伴随移动, 伴随位移可根据下式求出, 即

$$x = -\frac{1}{2} R_2 \cos 2\varphi \cdot (1 - \cos \theta) \tag{5.9a}$$

$$y = \frac{1}{2} R_2 \sin 2\varphi \cdot (1 - \cos \theta) \tag{5.9b}$$

如图 4.12b 所示, 在动坐标系 $o-xyz$ 下, 原点到球铰中心 $P_i(i=1,2,3)$ 的向量可表示为

$$\boldsymbol{p}'_i = [R_2 \cos \chi_i \quad R_2 \sin \chi_i \quad 0]^\mathrm{T} \quad (i=1,2,3) \tag{5.10}$$

式中, $\chi_i = (2i-3)\pi/3$; R_2 为动平台的半径。

在定坐标系 $O-XYZ$ 下, 各球铰中心 $P_i(i=1,2,3)$ 的位置向量

$$\boldsymbol{p}_i = [x_i \quad y_i \quad z_i]^\mathrm{T} = \boldsymbol{R}(\varphi, \theta) \cdot \boldsymbol{p}'_i + \boldsymbol{c} \quad (i=1,2,3) \tag{5.11}$$

式中, $\boldsymbol{R}(\varphi,\theta)$ 为式 (4.11) 所示旋转矩阵; $\boldsymbol{c} = [x \quad y \quad z]^{\mathrm{T}}$ 为动平台中心点在定坐标系下的位置坐标。

在定坐标系 $O - XYZ$ 下, 各转动副中心 $B_i(i = 1,2,3)$ 的位置向量

$$\boldsymbol{b}_i' = [R_1 \cos\chi_i \quad R_1 \sin\chi_i \quad \rho_i]^{\mathrm{T}} \quad (i = 1,2,3) \tag{5.12}$$

式中, R_1 为定平台的半径; ρ_i 为驱动滑块中心 B_i 在 Z 轴方向的位置分量, 也即驱动关节的输入位置。

因此, 该机构的运动学逆解可通过下式进行求解, 即

$$|\boldsymbol{p}_i - \boldsymbol{b}_i| = L \tag{5.13}$$

式中, L 为支链中连接于转动副与球铰之间的杆件的长度。

将式 (5.9a) $\sim$ 式 (5.12) 代入式 (5.13), 可求得驱动滑块的输入位置为

$$\rho_i = \frac{1}{2}\left(-M_i \pm \sqrt{M_i^2 - 4N_i}\right) \tag{5.14}$$

式中

$$M_1 = R_2 \sin\theta(\sin\varphi + \sqrt{3}\cos\varphi) - 2z$$

$$N_1 = [R_2(1 - \cos\theta)\sin\varphi(\sin\varphi - \sqrt{3}\cos\varphi) + R_2\cos\theta - R_1]^2 +$$
$$[z - 0.5R_2\sin\theta(\sin\varphi + \sqrt{3}\cos\varphi)]^2 - L^2$$

$$M_2 = R_2 \sin\theta(\sin\varphi - \sqrt{3}\cos\varphi) - 2z$$

$$N_2 = [R_2(1 - \cos\theta)\sin\varphi(\sin\varphi + \sqrt{3}\cos\varphi) + R_2\cos\theta - R_1]^2 +$$
$$[z - 0.5R_2\sin\theta(\sin\varphi - \sqrt{3}\cos\varphi)]^2 - L^2$$

$$M_3 = -2(R_2\sin\varphi\sin\theta + z)$$

$$N_3 = [R_1 - 0.5R_2(1 - \cos\theta)(3 - 4\sin^2\varphi) - R_2\cos\theta]^2 + (R_2\sin\varphi\sin\theta + z)^2 - L^2$$

从式 (5.14) 可以看出: 3–PRS 机构存在 8 组运动学逆解, 分别对应了 8 种不同的工作模式。本节所研究的工作模式如图 4.12 所示, 当式 (5.14) 中的 "±" 取为 "−" 时即对应于该工作模式。

根据 4.3.2 节的研究内容可知:ITI、OTI、ICI 以及 OCI 等指标能够用于评价 3–PRS 机构距离各种奇异位形的远近。因此, 可基于上述运动学逆解以及这些指标, 对该 3–PRS 机构进行运动学尺度综合。

2. 建立参数设计空间

由图 4.12b 可知 3–PRS 机构有 3 个几何设计参数, 即 R_1、L 和 R_2。下面将这 3 个参数进行无量纲化, 令

$$D = \frac{R_1 + L + R_2}{3} \tag{5.15}$$

取

$$r_1 = \frac{R_2}{D}, \quad r_2 = \frac{L}{D}, \quad r_3 = \frac{R_1}{D} \tag{5.16}$$

要使该机构能实现正确的装配关系与运动能力, r_1、r_2 和 r_3 必须满足以下条件:

$$\begin{cases} 0 < r_1, r_2, r_3 < 3 \\ r_1 + r_2 + r_3 = 3 \\ r_1 \leqslant r_3 \\ r_1 + r_2 > r_3 \end{cases} \tag{5.17}$$

该机构的参数设计空间由此可表示为图 5.11a 中阴影部分所示的空间三角形 ABC。为了将该空间三角形转化为平面三角形, 令

$$\begin{cases} s = r_2 \\ t = \sqrt{3} - \frac{2r_1}{\sqrt{3}} - \frac{r_2}{\sqrt{3}} \end{cases} \tag{5.18}$$

则该机构的参数设计空间可转化为图 5.11b 所示的三角形 ABC。

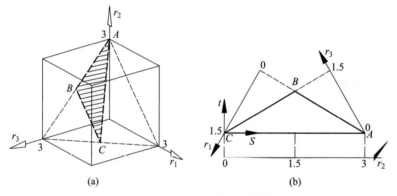

(a)　　　　　　　　　　(b)

图 5.11 3–$\underline{\text{P}}$RS 并联机构的参数设计空间

3. 定义优质传递/约束姿态工作空间

为了对该机构的几何参数进行尺度综合, 必须依据相应的局部设计指标来定义优质传递/约束工作空间。

由于机构中同时存在输出约束奇异以及输入、输出传递奇异, 故应采用式 (5.6a) 所示的局部设计指标 $\Lambda = \min\{\gamma_I, \quad \gamma_O \quad \kappa_O\}$。4.3.2 节中已给出了该机构的约束和传递力旋量, 由此可根据第 3 ~ 4 章中相应的指标求解过程求出 Λ (此处从略)。

如 4.3.2 节中所述, 该机构具有沿 Z 向同性的特点, 故动平台的摆动范围 (即姿态工作空间) 成为设计时主要考虑的内容。此处仍用方位角 φ 和倾摆角 θ 来描述该机构动平台的姿态。

对于某一方位角 φ, 将该机构在满足 $\Lambda \geqslant 0.7$ 时动平台所能摆动的最大角度表示为 $\theta_{\max}(\varphi)$。由于对于不同的方位角 φ, 动平台所能摆动的最大角度 $\theta_{\max}(\varphi)$ 不同。

因此, 将最大角度 $\theta_{\max}(\varphi)$ 中的最小值定义为该机构的优质传递/约束姿态角, 表示如下:

$$W_\varphi = \min_\varphi\{\theta_{\max}(\varphi)\} \tag{5.19}$$

其所对应的姿态工作空间即为机构的优质传递/约束姿态工作空间。

4. 定义全局设计指标

由于在不同几何参数下 3–PRS 机构可能会具有相同的优质传递/约束姿态工作空间, 那么将无法判断哪个机构具有更好的性能, 于是定义机构的全局传递/约束指标

$$\Gamma = \frac{\displaystyle\int_\varphi \int_\theta \Lambda \mathrm{d}\theta \mathrm{d}\varphi}{\displaystyle\int_\varphi \int_\theta \mathrm{d}\theta \mathrm{d}\varphi} \tag{5.20}$$

式中, $\theta \in [0, W_\varphi]$, $\varphi \in (-180°, 180°]$。可以看出: 该指标为机构的 LDI 在优质传递/约束姿态工作空间内的平均值。该值越大, 机构在所述工作空间内的整体运动或力传递/约束性能越好。

5. 绘制性能图谱

这里, 选取优质传递/约束姿态角与全局传递/约束指标作为 3–PRS 机构的尺度优化设计指标。由此可绘制该机构关于上述指标的性能图谱, 如图 5.12 所示。

6. 完成尺度综合

基于图 5.12 所示的性能图谱便可完成对 3–PRS 机构几何参数的尺度综合。这里, 假定设计要求为 $W_\varphi \geqslant 35°$ 和 $\Gamma \geqslant 0.92$, 可得出机构在设计空间内的优化区域, 如图 5.13 中阴影部分所示。

取优化区域中的一组优化参数为 $r_1 = 0.66$, $r_2 = 1.61$ 和 $r_3 = 0.73$, 于是可计算出机构的 $W_\varphi = 36.2°$, $\Gamma = 0.924\,8$。该优选机构在姿态工作空间内的 LDI 分布情况如图 5.14 所示, 其中粗实线表示的是动平台所能摆动的最大角度 $\theta_{\max}(\varphi)$。可见, 该组参数下的机构不仅具有较大的优质传递/约束姿态工作空间, 而且在整体上具有较好的运动和力传递性能。

然后根据实际工况确定比例系数 D, 从而求出有量纲的几何参数 R_1、R_2 和 R_3。考虑到定平台外接圆半径 R_1 对主轴头机构的体积大小有较大的影响, R_1 应尽量选取较小值, 因此在确定比例系数 D 时应优先考虑 R_1。若实际工况要求 $R_1 = 220$ mm, 由此可得 $D = R_1/r_3 = 220/0.73$ mm ≈ 301.37 mm, 进而根据 D 可求得 $R_2 = Dr_1 \approx 199$ mm, $L = Dr_2 \approx 485$ mm。

最后, 需验证该组优选尺寸参数下的机构是否满足设计和制造要求。3–PRS 机构中最关键的零部件之一是球铰, 因为球铰的摆动范围有限, 会较大程度地限制机构动平台的姿态工作空间。因此, 在设计过程中可用以下条件来验证: 现有的球铰是

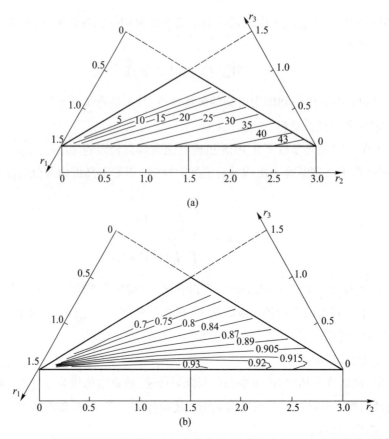

(a)

(b)

图 5.12 3–PRS 并联机构的性能图谱: (a) 优质传递/约束姿态角; (b) 全局传递/约束指标

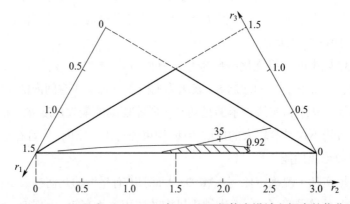

图 5.13 $W_\varphi \geqslant 35°$ 和 $\Gamma \geqslant 0.92$ 时, 3–PRS 机构在设计空间内的优化区域

否能够实现该组优选尺寸参数的机构中所要求的球铰摆动范围. 若不满足, 则重新在优化区域中选择一组角度参数, 直到满足为止.

值得注意的是, 这里主要对并联机构的理论设计进行研究, 以期最大程度发挥并联机构的本质特性, 也即运动和力传递/约束特性. 然而, 一台并联装备能否在工业界得到成功应用, 不仅与理论分析及设计有关, 还与工程设计中其他诸多因素息

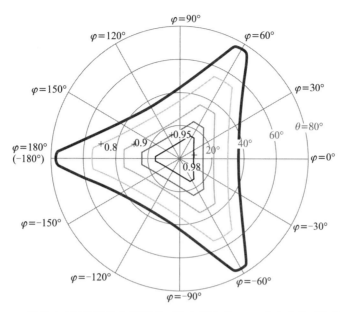

图 5.14 一优选 3–PRS 机构在其姿态工作空间内的 LDI 分布曲线 (见书后彩图)

息相关, 比如制造和装配工艺、材料性能以及轴承选型等, 它们都是决定装备最终工作性能的关键因素。只有兼顾理论和实际设计的各方面因素, 才可能铸就一台成功的并联装备。

5.3.2　2 自由度球面 5R 并联机构

图 5.15a 所示为一个 2 自由度球面 5R 并联机构三维模型, 图 5.15b 所示为其机构示意图。由于末端的运动轨迹始终位于一个球面上, 该机构在许多方面都得到了应用, 比如角位移定位装置、微创手术机器人等。

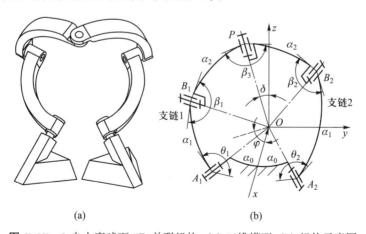

(a)　　　　　　　　　　(b)

图 5.15　2 自由度球面 5R 并联机构: (a) 三维模型; (b) 机构示意图

1. 求解机构运动学逆解

该球面 5R 机构的一个特点就是其内部 5 个转动副的轴线相交于同一点。因此，将坐标系 $o-xyz$ 的原点 O 建立在该交点处，同时使驱动副 A_1 和 A_2 的轴线位于平面 $O-xy$ 内。假定机构的末端 P 在半径为 1 的球面上移动，在坐标系 $O-xyz$ 下可用球坐标的方式来描述末端 P 的位置向量，表示如下：

$$\boldsymbol{p} = [\sin\delta\cos\varphi \quad \sin\delta\sin\varphi \quad \cos\delta]^{\mathrm{T}} \tag{5.21}$$

式中，δ 为向量 $\boldsymbol{p}$ 与 z 轴的夹角；φ 为向量 $\boldsymbol{p}$ 在平面 Oxy 内的投影与 x 轴的夹角。此处，只研究机构末端 P 在平面 $O-xy$ 以上的半球面范围内的工作情况，也即 $\delta\in[0,\pi/2]$。由此，可用图 5.16 所示的圆形网状图来描述机构的工作空间。

该机构中各几何参数定义如下：

$\angle xOA_1 = \angle xOA_2 = \alpha_0, \angle A_1OB_1 = \angle A_2OB_2 = \alpha_1, \angle B_1OP = \angle B_2OP = \alpha_2$。

θ_1：平面 OA_1A_2 与平面 OA_1B_1 之间的夹角，称作输入角 1。

θ_2：平面 OA_1A_2 与平面 OA_2B_2 之间的夹角，称作输入角 2。

β_1：平面 OA_1B_1 与平面 OB_1P 之间的夹角。

β_2：平面 OA_2B_2 与平面 OB_2P 之间的夹角。

β_3：平面 OB_1P 与平面 OB_2P 之间的夹角。

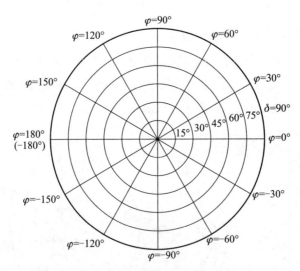

图 5.16 球面 5R 并联机构工作空间的描述方式

这里将 β_1 和 β_2 定义为该球面 5R 并联机构的逆传动角，β_3 定义为其正传动角。因而，该机构的局部传递指标可表示为

$$\gamma = \min\{|\sin\beta_1|, \quad |\sin\beta_2|, \quad |\sin\beta_3|\} \tag{5.22}$$

由于在该机构中始终不发生约束奇异, 那么机构的 LDI 等效为式 (5.22) 所示的 LTI。关于该机构的运动学正、逆解以及各传动角的求解, 详见 Wu (2008) 的论文。

2. 建立参数设计空间。

该球面 5R 机构中需要被优化的几何参数有 α_0、α_1 和 α_2。为了研究这些几何参数与机构性能之间的关系, 需要建立该机构的设计空间。考虑到要使该机构能实现正确的装配关系与运动能力, 各几何参数应满足以下条件:

$$\begin{cases} \alpha_1 + \alpha_2 - \alpha_0 \geqslant 0° \\ \alpha_1 + \alpha_2 + \alpha_0 \leqslant 360° \\ |\alpha_1 - \alpha_2| + \alpha_0 \leqslant 180° \\ 0° \leqslant 2\alpha_0, \alpha_1, \alpha_2 \leqslant 180° \end{cases} \tag{5.23}$$

由此可得该机构的设计空间为图 5.17 中粗线所示的十面体 $ABCDEFGH$ (Zhang et al., 2006)。Cervantes-Sánchez 等 (2004) 指出该十面体设计空间被该机构的 18 个特征平面分割成 40 个子设计空间。

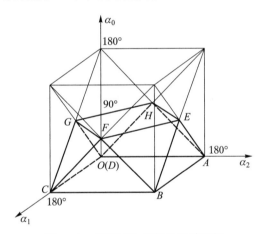

图 5.17 球面 5R 机构的设计空间

当 α_0 值确定之后 ($\alpha_0 \neq 0°$ 或 90°), 该机构的设计空间可看作与 α_0 垂直的一个平面去切割十面体 $ABCDEFGH$ 时的截面, 于是从三维的体空间变成二维的平面空间。比如当 $\alpha_0 = 45°$ 时, 机构的设计空间为图 5.18 中所示的八边形 $M_1M_2M_3M_4M_5M_6M_7M_8$。基于文献 (Cervantes-Sánchez et al., 2004) 的分析, 该八边形的设计空间被分割为 32 个子设计空间。

3. 定义优质传递工作空间

并联机构在其末端所能达到的工作空间 (即理论工作空间) 内可能存在奇异轨迹, 一旦机构在运动过程中穿过奇异轨迹, 则意味着其工作模式将发生改变, 而实际应用中不允许此类情况发生。因此, 并联机构的实际工作空间内不应包含有奇异轨

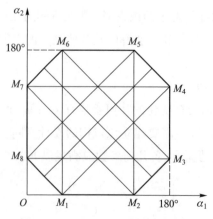

图 5.18 $\alpha_0 = 45°$ 时的设计空间

迹。于是, 在定义机构的优质传递工作空间之前, 必须先确定机构的有效工作空间。所谓有效工作空间, 指的是内部不包含奇异轨迹的最大且连续的工作空间。

实际上, 一个工作空间的优劣不仅与其面积大小有关, 也与其形状有关。对于一个狭长的工作空间, 即使其面积很大, 也未必能看作一个优质的工作空间。因此, 有必要对球面 5R 机构的有效工作空间形状进行相应的研究。这里, 以 $\alpha_0 = 45°$ 时的设计空间为例 (图 5.19), 其中灰色区域包含的 8 个子空间视为无效子空间, 原因是处于这些子空间中的机构无法使其末端到达平面 Oxy 以上的半球面范围内。对于其他的有效子空间来说, 它们所对应机构的有效工作空间的一般形状如图 5.19 中的蓝色区域所示。可以看出, 对于设计空间内关于虚线对称的两个子空间而言, 它们所对应机构的有效工作空间的形状相同, 但左右对称。

在确定有效工作空间之后, 便可在其内部定义机构的优质传递工作空间。考虑到优质传动角的常用取值范围是 $[45°, 135°]$, 由此根据式 (5.22) 可知球面 5R 并联机构的局部设计指标的下限值为 $\sin 45° \approx 0.7$。据此, 球面 5R 机构在其有效工作空间内满足条件 "LDI 不小于 0.7" 的位置点所组成的区域就定义为该机构的优质传递工作空间。图 5.20 中的红色区域所示即为各个子设计空间所对应机构的优质传递工作空间的一般形状。

4. 定义全局设计指标

为了总体评价球面 5R 机构在其优质传递工作空间内的运动和力传递性能, 这里需定义该机构的全局传递指标, 表示如下:

$$\Gamma = \frac{\int_\delta \int_\varphi \gamma \mathrm{d}\varphi \mathrm{d}\delta}{\int_\delta \int_\varphi \mathrm{d}\varphi \mathrm{d}\delta} \tag{5.24}$$

上式所示全局传递指标表示的是球面 5R 机构的 LDI 在其优质传递工作空间内

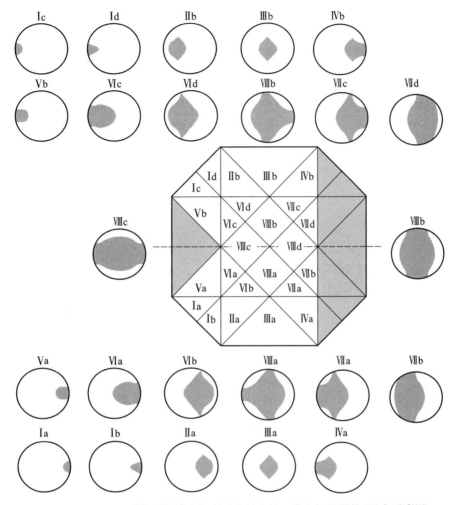

图 5.19 $\alpha_0 = 45°$ 时各子设计空间所对应的有效工作空间的形状 (见书后彩图)

的平均值。全局传递指标的值越大, 则说明该机构的整体运动和力传递性能越好。

5. 绘制性能图谱

这里, 选取优质传递工作空间的面积 W 与全局传递指标作为该球面 5R 机构的设计指标。

由于无法在一幅图中绘制出设计指标在整个设计空间内的图谱, 这里对其中一个参数 α_0 进行离散化, 分别对 $\alpha_0 = 5°, 10°, 15°, \cdots, 85°$ 时的机构进行优化。为了节省篇幅, 这里只给出 $\alpha_0 = 30°, 45°, 60°$ 时的性能图谱, 如图 5.21 ~ 图 5.23 所示。

根据上述性能图谱可以看出: 所有的 W 与全局传递指标曲线均关于直线 $\alpha_2 = 90°$ 对称, 且当 $\alpha_2 = 90°$ 时 W 与全局传递指标能取得它们在设计空间内的最大值。值得一提的是, 数值计算结果表明此结论同样适用于 α_0 等于其他角度值的情况。因此, 可以得出结论: 球面 5R 并联机构的几何参数 α_2 的最优值是 90°。

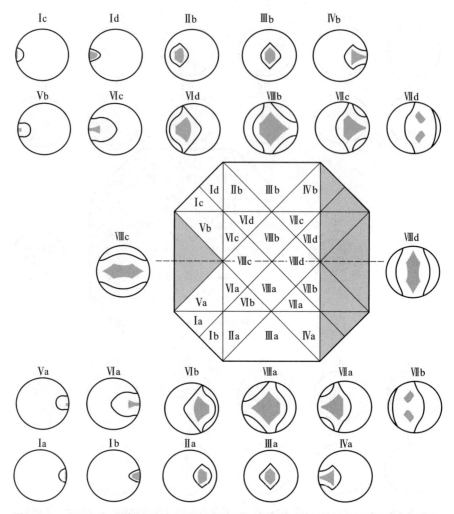

图 5.20 $\alpha_0 = 45°$ 时各子设计空间所对应的优质传递工作空间的形状 (见书后彩图)

然后在 $\alpha_2 = 90°$ 的情况下对 α_0 和 α_1 进行优化。在图 5.17 中用平面 $\alpha_2 = 90°$ 去切割十面体 $ABCDEFGH$ 可得机构的设计空间为图 5.24 所示的矩形 $FHIJ$。该矩形可分为 8 个子空间 (如图 5.25 中矩形框部分所示), 其中灰色区域所覆盖的子空间为无效子空间, 其余各子空间对应的机构优质传递工作空间的一般形状如图 5.25 中圆形区域内的灰色部分所示。

图 5.26 给出了 $\alpha_2 = 90°$ 时该球面 5R 机构的优质传递工作空间面积与全局设计指标在设计空间内的图谱。由图可知, W 与全局传递指标的等值线均关于矩形设计空间的几何中间点呈中心对称。

6. 完成尺度综合

基于图 5.26 所示的性能图谱便可完成对球面 5R 机构几何参数的尺度综合。

首先, 设计人员应根据实际的设计要求在设计空间内确定几何参数的优化区域,

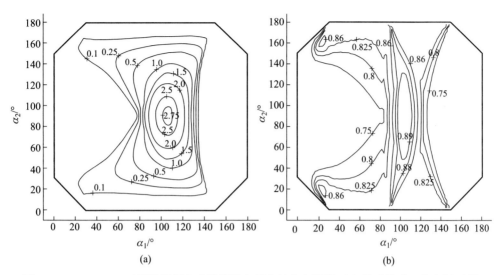

图 5.21 $\alpha_0 = 30°$ 时设计指标在参数设计空间中的分布情况: (a) 优质传递工作空间面积; (b) 全局传递指标

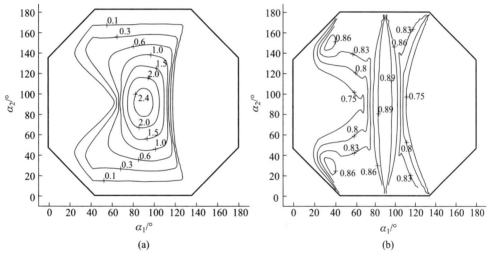

图 5.22 $\alpha_0 = 45°$ 时设计指标在参数设计空间中的分布情况: (a) 优质传递工作空间面积; (b) 全局传递指标

使得位于该区域内的机构具有较大的优质传递工作空间面积 (W) 和较好的全局传递指标 (Γ) 值。比如, 若给定的设计要求为: $W \geqslant 3.0$ 且 $\Gamma \geqslant 0.9$, 根据图 5.26 中的图谱可得到设计空间内的优化区域为图 5.27 中阴影部分所示。

然后, 设计人员可从优化区域中为机构选择一组角度参数。值得注意的是, 该优化区域内包含所有满足设计要求 ($W \geqslant 3.0$ 且 $\Gamma \geqslant 0.9$) 的角度参数组。然而, 由于该区域是在综合考虑优质传递工作空间面积和全局传递指标的情况下确定的, 故无法得到所谓的最优参数解, 只能得到相对较优解。因此, 该优化区域内的任意一

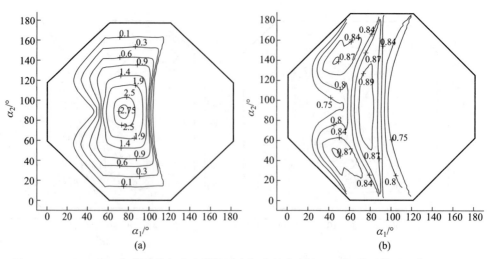

图 5.23 $\alpha_0 = 60°$ 时, 设计指标在参数设计空间中的分布情况: (a) 优质传递工作空间面积; (b) 全局传递指标

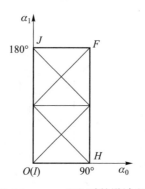

图 5.24 $\alpha_2 = 90°$ 时的设计空间

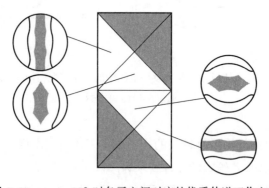

图 5.25 $\alpha_2 = 90°$ 时各子空间对应的优质传递工作空间

组参数均可作为机构的角度参数。为此先从左边的优化区域中选择一组角度: $\alpha_0 = 15°, \alpha_1 = 120°$ 和 $\alpha_2 = 90°$, 通过计算求得该组参数下机构的优质传递工作空间面积为 $W = 3.105\,9$, 全局传递指标值为 $\Gamma = 0.908\,1$, 该机构的优质传递工作空间如

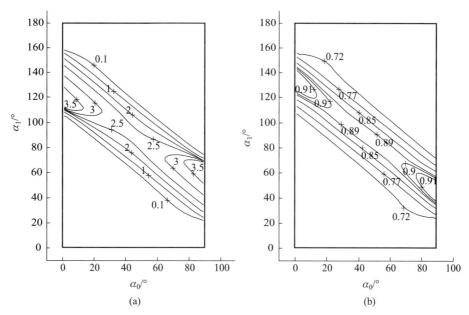

图 5.26 $\alpha_2 = 90°$ 时设计指标在参数设计空间中的分布情况: (a) 优质传递工作空间面积;
(b) 全局传递指标

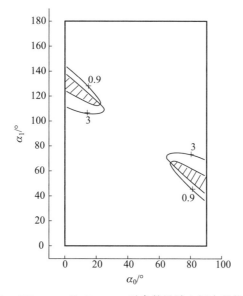

图 5.27 $W \geqslant 0.3$ 且 $\Gamma \geqslant 0.9$ 时参数设计空间内的优化区域

图 5.28a 中灰色部分所示。

为了比较图 5.27 中左右两个优化区域, 再从右边的优化区域内选择一组角度参数: $\alpha_0 = 75°, \alpha_1 = 60°$ 和 $\alpha_2 = 90°$, 通过计算可求得该组参数下的优质传递工作空间面积为 $W = 3.105\,9$, 全局传递指标值为 $\Gamma = 0.908\,1$, 结果与前一组相同。但是, 从图 5.28a 和 b 中灰色部分可以看出: 这两组优化参数下的机构虽然优质传递工作

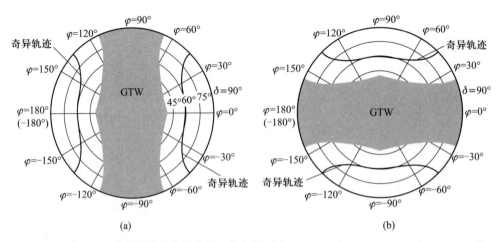

图 5.28 球面 5R 并联机构的优质传递工作空间: (a) $\alpha_0 = 15°$, $\alpha_1 = 120°$ 和 $\alpha_2 = 90°$; (b) $\alpha_0 = 75°$, $\alpha_1 = 60°$ 和 $\alpha_2 = 90°$

空间的面积和形状以及全局传递指标值都相同, 但是优质传递工作空间所在区域的相位之间相差 90°。

最后, 再根据实际工况来验证该组角度参数下的机构是否满足设计和制造要求。若不满足, 则重新在优化区域中选择一组角度参数, 直到满足为止。至此, 球面 5R 机构的运动学尺度综合全部得以完成。

5.3.3　3 自由度姿态精调机构

图 5.29a 所示为一个 3 自由度姿态精调并联机构, 其动平台通过 3 条相同的 SPS 支链和一个被动的球铰与定平台相连接, 故该机构可表示为 3–SPS–1–S 机构。由于被动的球铰约束了动平台的 3 个平动自由度, 而 3 条 SPS 支链不对动平台产生约束, 故该机构的动平台具有 3 个转动自由度。考虑到该机构具有高刚度、高承载能力以及紧凑结构的特点, 可将其用于盾构机中作为管片安装机器人的子机构, 以实现管片安装姿态的精调 (Wu et al., 2011)。

如图 5.29b 所示, A_i 和 $B_i (i = 1, 2, 3)$ 分别表示与定、动平台相连的球铰的中心点, 定平台 $A_1 A_2 A_3$ 和动平台 $B_1 B_2 B_3$ 均为正三角形。由于动平台只能绕通过被动球铰中心点 O 的轴线转动, 故该中心点 O 称作机构的转动中心。于是, 在该转动中心点 O 建立定坐标系 $O-xyz$ 和动坐标系 $O-x'y'z'$, 它们分别与定、动平台固结在一起。其中, z' 轴经过动平台的几何中心且与动平台平面 $B_1 B_2 B_3$ 垂直, 球面副中心 A_1 和 B_1 分别位于平面 $O-xz$ 和平面 $O-x'z'$ 内。机构的几何设计参数如下: r_1 和 r_2 分别为定、动平台的外接圆半径; h_1 和 h_2 分别为转动中心 O 到平面 $A_1 A_2 A_3$ 和 $B_1 B_2 B_3$ 的距离。

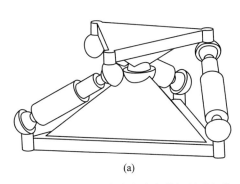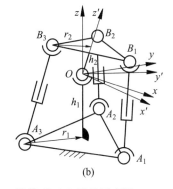

图 **5.29**　3 自由度姿态精调并联机构: (a) 三维模型; (b) 机构示意图

1. 建立参数设计空间

该姿态精调机构中需要被优化的无量纲几何参数有 r_1、r_2、h_1 和 h_2, 故该机构的尺度优化是一个 4 维的优化问题。为了简化该问题, 此处定义一个新的几何参数为

$$r_3 = h_1 + h_2 \tag{5.25}$$

而 h_1 和 h_2 之间的关系将在后文中给出定义。因此, 一个 4 维的优化问题就化简为一个三维的问题, 即只需对参数 r_1、r_2 和 r_3 进行优化。令

$$r_1 + r_2 + r_3 = 3 \tag{5.26}$$

又可使该机构的优化问题降为二维。

一般情况下, 该机构动平台的外接圆半径要小于其定平台的外接圆半径, 那么, 3 个几何设计参数应满足以下关系:

$$\begin{cases} 0 < r_1, r_2, r_3 < 3 \\ r_2 < r_1 \end{cases} \tag{5.27}$$

根据式 (5.26) 和式 (5.27), 可建立该机构的参数设计空间为图 5.30a 中三角形 LMN。通过以下线性变换:

$$\begin{cases} p = r_2 \\ q = \sqrt{3} + \dfrac{r_1}{\sqrt{3}} - \dfrac{r_3}{\sqrt{3}} \end{cases} \tag{5.28}$$

可将图 5.30a 中的空间三角形 LMN 转换至平面内 (图 5.30b)。

2. 定义优质传递姿态工作空间

动平台的优质传递姿态工作空间 (GTOW) 是评价该姿态精调机构性能的一个重要指标。为了确定该机构的 GTOW, 首先要定义相应的局部设计指标 LDI。

由于该机构动平台的 3 个平动自由度被一个球铰所约束, 而 3 条 SPS 支链均不对动平台提供其他约束, 故该机构中不存在约束奇异, 从而无需考虑局部约束指标。

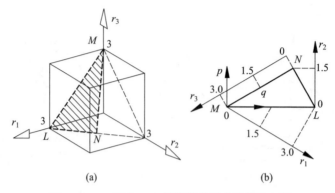

图 5.30 3–SPS–1–S 并联机构的参数设计空间

又由于 SPS 支链的输入传递指标值始终为 1, 于是该姿态精调机构的局部设计指标实际上就等于其输出传递指标, 也即

$$\Lambda = \min\{\gamma_I, \quad \gamma_o\} = \gamma_o \tag{5.29}$$

根据第 3 章中的指标求解方法可求出 Λ (此处从略)。

其次便是基于局部设计指标来确定动平台的初始姿态。由于该机构动平台具有 3 个转动自由度, 这里用 T&T 角来描述其姿态。对于动平台的初始姿态, 此处认为该机构动平台在初始时与定平台相互平行, 于是初始的方位角和摆动角均为零, 也即 $\varphi_0 = \theta_0 = 0°$, 接下来只需确定初始姿态下扭转角的大小。

下面来定义初始扭转角 σ_0。给定该机构的几何参数为: $r_1 = 1.2, r_2 = 0.6, h_1 = 1.0, h_2 = 0.5$, 通过数值计算可得出 $\varphi_0 = \theta_0 = 0°$ 时机构的 Λ 和 σ 之间的关系 (图 5.31)。由图可知: 当 $\sigma = 49°$ 时, Λ 达到其最大值 0.862 4, 那么 $\sigma = 49°$ 即为该组参数下的最优初始扭转角。为此将机构在 $\varphi_0 = \theta_0 = 0°$ 下 Λ 达到最大值时所对应的扭转角定义为初始扭转角 σ_0。值得注意的是, 不同几何参数的机构具有不同的初始扭转角。

待确定了动平台的初始姿态角之后, 就可以定义机构的 GTOW。这里, 取 LDI 的标准值为 0.7。为此, GTOW 可定义如下: 如果机构在姿态工作空间 $\varphi \in (-180°, 180°]$, $\theta \in [-\mu, \mu], \sigma \in [\sigma_0 - \mu, \sigma_0 + \mu]$ 内均能满足 $\Lambda \geqslant 0.7$, μ 的最大值 (即 $\mu_{\max}$) 就可定义为该机构的优质传递姿态角 (GTOA), 其所对应的姿态工作空间即为 GTOW。

3. 定义全局设计指标

由于不同几何参数的 3–SPS–1–S 机构可能会具有相同的 GTOA, 故仅以 GTOA 为设计指标不足以完成机构的尺度优化, 还需要定义其他设计指标。为了考察该机

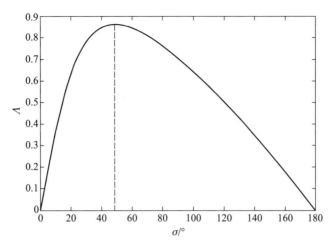

图 5.31　3–S$\underline{P}$S–1–S 并联机构在 $\varphi = \theta = 0°$ 时 Λ 和 σ 之间的关系

构在整个 GTOW 内的性能, 定义其全局传递指标 (GTI) 为

$$\Gamma = \frac{\int_{\sigma} \int_{\varphi} \int_{\theta} \Lambda \mathrm{d}\theta \mathrm{d}\varphi \mathrm{d}\sigma}{\int_{\sigma} \int_{\varphi} \int_{\theta} \mathrm{d}\theta \mathrm{d}\varphi \mathrm{d}\sigma} \tag{5.30}$$

式中, $\varphi \in (-180°, 180°], \theta \in [-\mu_{\max}, \mu_{\max}], \sigma \in [\sigma_0 - \mu_{\max}, \sigma_0 + \mu_{\max}]$。

4. 绘制性能图谱

这里, 同时选取 GTOA 与 GTI 作为 3–S$\underline{P}$S–1–S 机构的尺度优化设计指标。由此可绘制该机构的 GTOA 和 GTI 在设计空间内的分布曲线。

在 "参数设计空间" 部分提到, 需要定义 h_1 和 h_2 之间的关系。于是, 令 $k = h_2/h_1$, 此处的 k 可能是 $[0, \infty)$ 内的任意一个数。为了简化设计问题, 这里只研究两种情况下的尺度优化: ① $h_2 = 0$, 也即动平台的转动中心位于动平台所在平面 $B_1 B_2 B_3$ 内; ② $k = h_2/h_1 = r_2/r_1$。该机构在上述两种情况下的性能图谱如图 5.32 和图 5.33 所示。

5. 完成尺度综合

基于图 5.32 和图 5.33 所示的性能图谱便可完成对 3–S$\underline{P}$S–1–S 机构的尺度综合。这里只给出情况 ① (也即 $h_2 = 0$) 下的机构尺度综合。

根据一定的设计要求, 可在参数设计空间内找出优化区域。假定设计要求为 GTOA$\geqslant$32.5° 和 GTI$\geqslant$0.91, 为此根据图 5.32 所示的性能图谱可得机构的优化区域为图 5.34 所示的阴影部分, 此区域内包含了所有满足该设计要求的几何参数组。

取优化区域中的一组优化参数为 $r_1 = 1.12, r_2 = 0.4$ 和 $r_3 = 1.48$, 可计算出机构在该组参数下的 σ_0、GTOA 和 GTI 的值分别为 69.1°、32.7° 和 0.912 9, 该机构在 $\sigma_0 = 69.1°$ 时的 LDI 分布情况如图 5.35 所示。

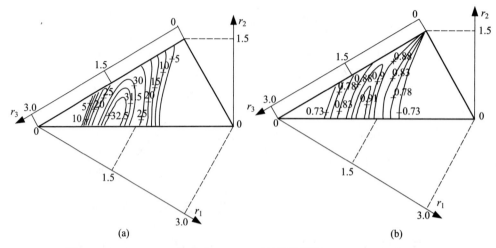

图 5.32 3–SPS–1–S 机构在 $h_2 = 0$ 时的性能图谱: (a) GTOA; (b) GTI

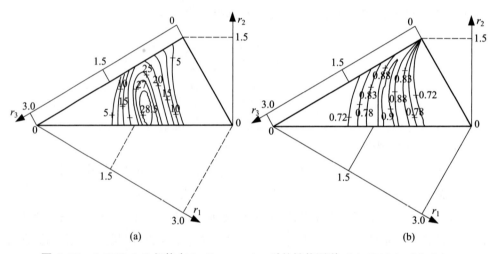

图 5.33 3–SPS–1–S 机构在 $h_2/h_1 = r_2/r_1$ 时的性能图谱: (a) GTOA; (b) GTI

然后就是根据实际工况确定比例系数 D, 进而求出有量纲的几何参数 R_1、R_2 和 R_3。考虑到盾构机内部有限的空间, 姿态精调机构的高度 R_3 应尽量选取较小值, 因此在确定比例系数 D 时应优先考虑 R_3。若实际工况要求 $R_3 = 500$ mm, 由此可得 $D = R_3/r_3 = 500/1.48$ mm≈ 337.84 mm, 进而根据 D 可求得 $R_1 = D \cdot r_1 \approx 378.38$ mm, $R_2 = D \cdot r_2 \approx 135.14$ mm, $H_1 = 500$ mm, $H_2 = 0$ mm。此时, 机构杆长 $|A_iB_i|(i = 1, 2, 3)$ 的输入范围是 $[491.9$ mm$, 762.2$ mm$]$。

最后, 验证该组优选尺寸参数下的机构是否满足设计和制造要求, 比如动平台是否足够大, 以便较好地固定管片抓取机构; 是否可根据计算求得的杆长输入范围设计出机构的驱动支链。若无法满足要求, 则重新在优化区域中选择一组角度参数; 若满足, 则完成机构的尺度综合。

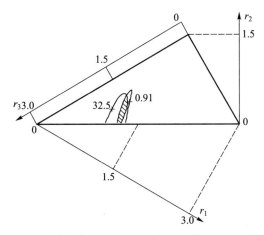

图 5.34 机构在设计要求 GTOA ≥ 32.5° 和 GTI ≥ 0.91 下的较优区域

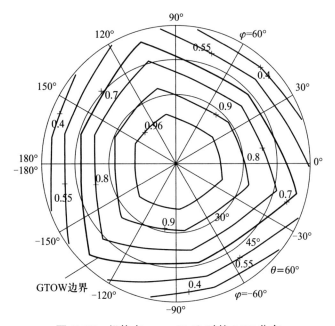

图 5.35 机构在 $\sigma_0 = 69.1°$ 时的 LDI 分布

5.4 小结

• 作为并联机构领域内最重要和最具挑战性的问题之一, 运动学优化设计 (或尺度综合) 引起了学者们的广泛关注并提出了多种方法, 常用的方法包括: 基于目标函数的优化设计方法和性能图谱法, 两种方法各有优劣。

• 本章的主要贡献是基于性能图谱的优化设计方法, 在运动和力传递/约束性能指标的基础上定义相应的设计指标, 建立起一整套适用于并联机构的运动学优化设计方法, 丰富完善了并联机构运动学设计理论。

• 以 3–PRS 并联机构、球面 5R 并联机构、3 自由度姿态精调机构等典型并联机构为例, 验证了所提运动学优化设计方法的合理有效性。

参考文献

Cervantes-Sánchez J J, Hernández-Rodríguez J C, González-Galván E J (2004) On the 5R spherical, symmetric manipulator: Workspace and singularity characterization. Mechanism and machine theory, 39(4): 409-429.

Liu X J, Wu C, Wang J (2008) A new index for the performance evaluation of parallel manipulators: a study on planar parallel manipulators. In: Proceedings of 7th World Congress on Intelligent Control and Automation, Chongqing, pp353-357.

Wu C, Liu X J, Wang L P, et al (2010) Optimal design of spherical 5R parallel manipulators considering the motion/force transmissibility. Journal of Mechanical Design, 32(3): 0310021-03100210.

Wu C, Liu X J, Wang L P, et al (2011) Dimension optimization of an orientation fine-tuning manipulator for segment assembly robots in shield tunneling machines. Automation in Construction, 20(4): 353-359.

Zhang L J, Niu Y W, Li Y Q, et al (2006) Analysis of the workspace of 2-DOF spherical 5R parallel manipulator. In: Proceedings of IEEE International Conference on Robotics and Automation, Orlando, 2006: 1123-1128.

第三篇　综合设计实例

"型"(构型)、"性"(性能) 和 "度"(尺度) 是机构学研究的三大永恒主题, 并联机构的空间多闭环结构特征和强耦合运动学特性使得这些问题更具挑战性, 并成为机构学研究的热点和难点性问题。

本书前面章节内容紧紧围绕并联机构的 "型"、"性"、"度" 逐一展开, 本篇则基于以上内容, 分别以一个空间 5 自由度机构和一个空间 4 自由度机构的综合设计为例, 介绍前面章节内容在并联机构及其装备设计中的综合应用。

第 6 章　5 自由度并联加工机器人的运动学设计

6.1　应用背景

随着制造业的发展, 在一些重大技术领域, 如重型燃气轮机中大型结构件的加工制造以及大型设备的异地维修等, 对高性能的加工制造装备需求十分迫切, 现有的加工装备和技术手段亟待革新。一方面, 待加工工件或待维修设备庞大, 不便运输到加工现场或不便安装, 且开发专机存在设备庞大、制造及维护成本高、利用率低、资源浪费等问题; 另一方面, 仅通过传统制造装备的大型化已不能充分应对复杂多样的现代设计和现代加工工艺对加工性能、效率以及节能环保等诸多方面的要求和挑战。

在此前提下, 一类基于啄木鸟行为仿生学的制造装备应运而生, 如图 6.1 所示。此类制造装备采用模拟啄木鸟行为的小机床加工大型工件的加工方式, 将加工设备安装于待加工工件或目标设备上来减少运动部件惯量和运动距离以实现复杂大型构

|(a)|(b)|

图 6.1　基于啄木鸟行为仿生学的制造装备概念 (见书后彩图): (a) 5 轴并联联动加工装备; (b) 啄木鸟行为仿生

件的加工和大型设备的后期现场维修。图 6.1a 所示为德国 Metrom 公司研制的一台便携式的基于并联模块的 5 轴联动加工装备,这是目前国内外仅有的成功案例。这种采用无固定基座的小机床加工大型工件的加工方式对新型数控装备的结构设计和高能效加工技术等提出了更大挑战。

研究发现,此类基于啄木鸟行为仿生学的制造装备概念可以充分发挥并联机构的结构紧凑、质量轻、便于模块化、高刚度、高动态响应等优势,同时基于并联机构的便携式啄木鸟行为仿生学机床结构可以有效减少运动部件的惯量和运动距离,实现能量节约。

随着重大项目/工程的实施,大型设备已广泛使用,其后期维修任务将十分艰巨,同时在一些关键重点技术领域 (如重型燃气轮机) 中,大型结构件、大型涡轮叶片等的加工制造也对此类设备需求迫切。此类装备的研发将革新传统的大型结构件的加工概念,降低大型设备异地维修的难度和成本。

(1) 啄木鸟仿生学制造装备自主研发的关键是结合啄木鸟仿生学机理实现机构原理构型的创新设计。首先基于建立的构型综合新方法,指导并实现啄木鸟仿生学制造装备机构的自主创新仿生设计,获得新型原理构型,作为啄木鸟仿生学制造装备的原理构型。

(2) 啄木鸟行为仿生学制造装备的基本理念为 “采用模块化、轻量化的小机床加工复杂、大型工件”,从本质上要求装备结构具有轻量化和便携性,因此这种装备概念是一种高能效的制造装备模式。要实现该装备概念本身所要求的高能效,啄木鸟结构仿生和功能仿生具有很好的借鉴意义,其中基于所提出性能指标的优化设计是最关键的技术手段。

6.2 构型创新设计

空间 5 自由度并联机构按其自由度类型可分为 3T2R 和 2T3R 两种,根据第 1 章所述的线图法可得这两类机构动平台的自由度空间线图,分别如图 6.2a 和图 6.2b 所示。根据对偶法则,可获得如图 6.3 所示的约束空间线图,其中图 6.3a 所示为一个一维力偶约束,图 6.3b 所示为一个一维力约束。

对于如图 6.3 所示的约束线图可由空间 5 自由度运动支链实现,如 UPU 支链等。这里重点探讨几种典型的 UPU 支链及其对动平台所提供的约束,如图 6.4 所示。图 6.4a 所示为两个虎克铰所在平面呈任意角度 (但不平行) 时,可获得所有自由度线图,如图中蓝色线条所示,根据对偶法则,可知其提供了过点 c 的一个一维力约束;图 6.4b 所示为两个虎克铰所在平面相互平行时,其提供了垂直于虎克铰平面的一个一维力偶约束;图 6.4c 所示为图 6.4a 所示情况的一个特例,即虎克铰的一个转动轴

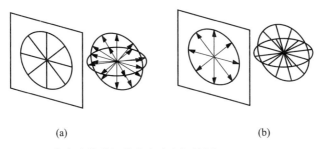

图 6.2　5 自由度并联机构自由度空间线图: (a) 3T2R; (b) 2T3R

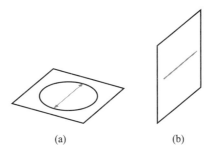

图 6.3　5 自由度并联机构的约束空间线图: (a) 一维力偶约束; (b) 一维力约束

线与两个虎克铰中心连线重合, 此时该支链提供了过虎克铰 B' 中心的一个一维力约束。显然, 图 6.4b 所示的运动支链均可以为机构的动平台提供如图 6.3a 所示的约束, 前提是严格要求两个虎克铰的转动轴线分别相互平行, 否则将转变为图 6.4a 和图 6.4c 中所示的情况, 因此该支链所能提供的力偶约束在一定程度上具有瞬时性; 而图 6.4a 和图 6.4c 所示的运动支链均可以为机构的动平台提供如图 6.3b 所示的约束。相比较而言, 图 6.4a 所示运动支链提供的约束力的作用点随两个虎克铰的相对位置关系改变而发生变化, 而图 6.4c 所示运动支链其约束力作用点通过定平台固定点, 便于机械结构设计和机构受力优化, 这里重点探讨采用该运动支链进行构型综合。为了使图 6.4c 所示运动支链能够提供恒定的通过定平台固定点一维力约束, 需要保证转动副 ω_4 与移动副轴线重合, 进而导出该运动支链可等效为 UCR 支链, 通过更为简单的 R 副与动平台连接, 便于实现大摆角输出。

　　根据图 2.56 中给出的构型综合流程, 同时考虑机构的紧凑性、降低其结构的复杂性以及更好地发挥图 6.4c 所示支链的空间转动输出能力, 这里采用 3 支链的结构形式。显然, 其余支链可以均采用无约束的 6 自由度空间支链, 图 6.5 所示即为一个典型 UPS 型无约束支链。

　　鉴于采用 3 支链的结构形式, 其中一个支链为图 6.4c 中所示的 UPU(或 UCR 或 SPR) 型 5 自由度空间支链, 其余两支链应含有双驱动的 6 自由度无约束空间支链。结合图 6.5 所示的 UPS 型支链, 这里采用 U<u>P</u>S<u>P</u>U 型支链或者 (U<u>P</u>R<u>P</u>U)S 型支链实现, 其中 <u>P</u> 表示驱动副。上述支链中, 虎克铰 U 与定平台连接, 球铰 S 与动

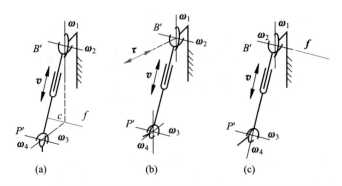

(a)   (b)   (c)

图 6.4 典型的 5 自由度 UPU 型运动支链及其约束 (见书后彩图)

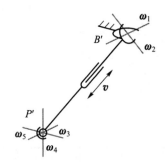

图 6.5 典型的 UPS 型无约束运动支链

平台连接。综合上述结论, 所得机构可表述为 2 (UP**R**P**U**)S–UCR, 机构的 CAD 模型分别如图 6.6a 和图 6.6b 所示。上述两个机构的不同之处在于其球铰的设置形式, 图 6.6a 所示机构的球铰采用轴线相交于一点的 3 个转动副实现, 而图 6.6b 所示机构中 3 个转动副的轴线并不同时汇交于一点。

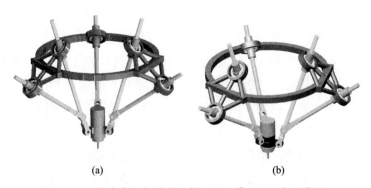

(a)   (b)

图 6.6 5 自由度空间并联机构 CAD 模型 (见书后彩图)

6.3 运动学分析

6.3.1 自由度分析与验证

图 6.6a 和图 6.6b 所示机构的运动学示意图分别如图 6.7a 和图 6.7b 所示, 参考坐标系 $O-xyz$ 定义如下: 平面 $O-xy$ 与平面 $B_1B_2B_3$ 平行, 原点 O 与 B_1、B_2 和 B_3 所确定的圆的圆心重合。并联机构的尺寸参数定义为: $|OB_i| = R_1, |O'P_i| = R_2$ ($i = 1, 2, 3$); $|O'p'| = L, |B_2B_4| = |B_2B_5| = |B_3B_6| = |B_3B_7| = W$; B_4B_5 和 B_6B_7 关于水平面 $O-xy$ 的倾斜角表示为 $\alpha, \alpha \in (0, \pi/2)$ (即 $\angle OB_2B_4 = \angle OB_3B_6 = \alpha$)。在初始位置, 平面 OB_4B_5 和 OB_6B_7 的交线与 z 轴重合。

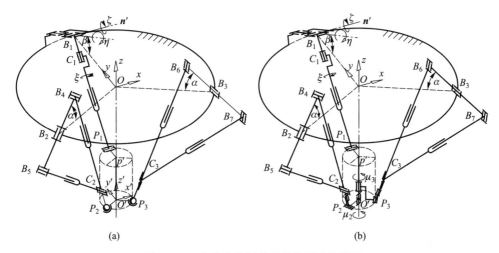

图 6.7 5 自由度空间并联机构运动学简图

以图 6.7b 中所示机构为例。由上述构型综合过程可知, 对第 1 条支链 B_1P_1, 支链有 4 个转动和一个沿 B_1P_1 的平动, 其中, 有 3 个转动轴 ($\omega_i, i = 1, \cdots, 3$) 在点 B_1 相交, ω_4 的转动轴和转动关节 P_1 的转轴重合, 如图 6.8 所示, 支链的运动线图是一个 5 维的空间线簇, 根据对偶法则, 此支链的约束线图的维数应为 1。如前分析可知, 仅有通过点 B_1 且与 ω_4 轴线平行的线矢量 f 可以同时满足对偶法则, 即与 ω_i ($i = 1, \cdots, 4$) 的轴线相交且同时垂直于移动 v 的轴线。即, 第 1 条支链提供的约束是纯力 f, 其轴线通过点 B_1, 且平行于 ω_4 的转轴。另两条支链结构相同, 以第 2 支链 $(B_4B_2B_5C_2)P_2$ 为例, 如图 6.9 所示, P_2 处的 3 个转动副提供 3 个旋转运动 ($\omega_i, i = 6, \cdots, 8$), 转动副 B_2 提供一个旋转运动 ω_5, 平面机构 $B_4B_5C_2$ 由 R$\underline{\text{P}}$R$\underline{\text{P}}$R 运动链组成, 并能实现平面内的一个旋转 (ω') 和平移 (v'), 如前所述, 该运动线图是一个 6 维空间线簇, 此支链不提供任何约束。

综上, 机构只受一个约束力 f, 故其运动线图应为 5 维线图。根据对偶法则, 可

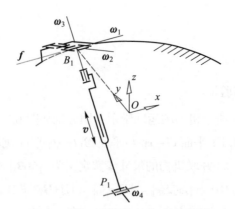

图 6.8 第 1 支链的运动/约束线图

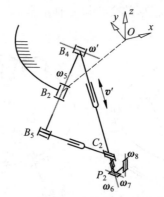

图 6.9 第 2 支链的运动线图

以找到转轴在点 B_1 处相交的 3 个转动 ($\omega_{p-i}, i = 1, \cdots, 3$),以及同时垂直于 f 轴线的两个移动 (v_{p-1} 和 v_{p-2}),如图 6.10 所示,机构具有 3 个转动和两个移动自由度 (3R2T),在此基础上,点 O' 可以实现空间中的三维定位,$O'p'$ 向量可以调整到任意方向。

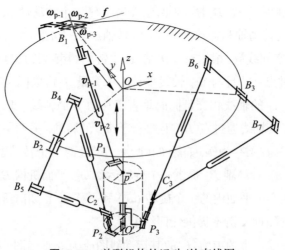

图 6.10 并联机构的运动/约束线图

6.3.2 运动学逆解及奇异性分析

由上述分析可知, 动平台的位姿可用 3 个位移量和两个角度量表示 $(x, y, z, \varphi, \theta)$, 且 $y < R_1$, 其中 (x, y, z) 表示点 O' 在参考坐标系 $O-xyz$ 中的坐标, (φ, θ) 表示 $\boldsymbol{O'p'}$ 在 T&T 角描述下的两个姿态角 (即方位角和倾斜角), 定义如图 6.11 所示, 其中, 方位角 $\varphi \in [0, 2\pi)$, 倾斜角 $\theta \in [0, \pi)$。本节以如下机构尺寸参数为例: $|\boldsymbol{C_2 P_2}| = |\boldsymbol{C_3 P_3}| = 150$ mm, $\alpha = \pi/4, \beta = \pi/6, \angle B_1 O B_2 = \angle B_2 O B_3 = \angle B_3 O B_1 = 2\pi/3, W = 240$ mm, $R_1 = 600$ mm, $R_2 = 100$ mm, $L = 300$ mm。

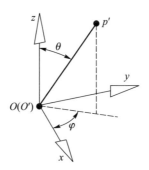

图 6.11 方位角 φ 和倾斜角 θ 的定义

在 T&T 角定义下, 任意姿态 (φ, θ) 的旋转矩阵可以表示为

$$
\begin{aligned}
\boldsymbol{R}(\varphi, \theta, \upsilon) &= \boldsymbol{R}_z(\varphi)\boldsymbol{R}_y(\theta)\boldsymbol{R}_z(-\varphi)\boldsymbol{R}_z(\upsilon) \\
&= \begin{bmatrix}
\cos^2\varphi\cos\theta + \sin^2\varphi & \sin\varphi\cos\varphi(\cos\theta - 1) & \cos\varphi\sin\theta \\
\sin\varphi\cos\varphi(\cos\theta - 1) & \sin^2\varphi\cos\theta + \cos^2\varphi & \sin\varphi\sin\theta \\
-\cos\varphi\sin\theta & -\sin\varphi\sin\theta & \cos\theta
\end{bmatrix} \boldsymbol{R}_z(\upsilon) \quad (6.1) \\
&= \begin{bmatrix}
\cos\varphi\cos\theta\cos(\upsilon - \varphi) - \sin\varphi\sin(\upsilon - \varphi) & -\cos\varphi\cos\theta\sin(\upsilon - \varphi) - \sin\varphi\cos(\upsilon - \varphi) & \cos\varphi\sin\theta \\
\sin\varphi\cos\theta\cos(\upsilon - \varphi) + \cos\varphi\sin(\upsilon - \varphi) & \cos\varphi\cos(\upsilon - \varphi) - \sin\varphi\cos\theta\sin(\upsilon - \varphi) & \sin\varphi\sin\theta \\
-\sin\theta\cos(\upsilon - \varphi) & \sin\theta\sin(\upsilon - \varphi) & \cos\theta
\end{bmatrix}
\end{aligned}
$$

式中, 参数 υ 表示扭转角。上式可整理为

$$
\begin{aligned}
\boldsymbol{R}(\varphi, \theta, \sigma) &= \boldsymbol{R}_z(\varphi)\boldsymbol{R}_y(\theta)\boldsymbol{R}_z(\sigma) \\
&= \begin{bmatrix}
\cos\varphi\cos\theta\cos\sigma - \sin\varphi\sin\sigma & -\cos\varphi\cos\theta\sin\sigma - \sin\varphi\cos\sigma & \cos\varphi\sin\theta \\
\sin\varphi\cos\theta\cos\sigma + \cos\varphi\sin\sigma & \cos\varphi\cos\sigma - \sin\varphi\cos\theta\sin\sigma & \sin\varphi\sin\theta \\
-\sin\theta\cos\sigma & \sin\theta\sin\sigma & \cos\theta
\end{bmatrix}
\end{aligned} \quad (6.2)
$$

式中, $\sigma = \upsilon - \varphi$。显然, T&T 角 $(\varphi, \theta, \upsilon)$ 等价于 ZYZ 欧拉角 $(\varphi, \theta, \sigma)$, 向量 $\boldsymbol{O'p'}$ 可

以由图 6.11 中所示的方位角 φ 和倾斜角 θ 唯一确定, 扭转角 υ 表征绕 $O'p'$ 轴的自转, 是在 (x,y,z,φ,θ) 描述下的伴随运动, υ 虽然不影响 $O'p'$ 的指向的确定, 但对该并联机构动平台的完整姿态求解和运动学分析来说是十分重要的。

在参考坐标系 $O-xyz$ 下, 点 $B_i(i=1,\cdots,7)$ 的坐标可以表示为

$$
\{\boldsymbol{B}_\Re\} = \begin{cases}
\boldsymbol{B}_{j-\Re} = \left[R_1\cos\dfrac{4\pi\times j-\pi}{6}, R_1\sin\dfrac{4\pi\times j-\pi}{6}, 0\right]^\mathrm{T} \quad (j=1,\cdots,3) \\[4mm]
\boldsymbol{B}_{4-\Re} = \left[-\dfrac{\sqrt{3}}{2}R_1+\dfrac{\sqrt{3}}{2}W\cos\alpha, -\dfrac{1}{2}R_1+\dfrac{1}{2}W\cos\alpha, W\sin\alpha\right]^\mathrm{T} \\[4mm]
\boldsymbol{B}_{5-\Re} = \left[-\dfrac{\sqrt{3}}{2}R_1-\dfrac{\sqrt{3}}{2}W\cos\alpha, -\dfrac{1}{2}R_1-\dfrac{1}{2}W\cos\alpha, -W\sin\alpha\right]^\mathrm{T} \\[4mm]
\boldsymbol{B}_{6-\Re} = \left[\dfrac{\sqrt{3}}{2}R_1-\dfrac{\sqrt{3}}{2}W\cos\alpha, -\dfrac{1}{2}R_1+\dfrac{1}{2}W\cos\alpha, W\sin\alpha\right]^\mathrm{T} \\[4mm]
\boldsymbol{B}_{7-\Re} = \left[\dfrac{\sqrt{3}}{2}R_1+\dfrac{\sqrt{3}}{2}W\cos\alpha, -\dfrac{1}{2}R_1-\dfrac{1}{2}W\cos\alpha, -W\sin\alpha\right]^\mathrm{T}
\end{cases}
\tag{6.3}
$$

定义如下局部坐标系 $\Re':O'-x'y'z'$, $\Re'$ 固连在动平台上, $\Re'$ 的原点与点 O' 重合, 且所有的坐标轴在初始位置与惯性参考坐标系的坐标轴平行, 在局部坐标系下, 点 $P_k(k=1,\cdots,3)$ 和 p' 的坐标为

$$
\{\boldsymbol{P}_{\Re'}\} = \begin{cases}
\boldsymbol{P}_{1-\Re'} = [0, R_2, L]^\mathrm{T} \\[3mm]
\boldsymbol{P}_{2-\Re'} = \left[-\dfrac{\sqrt{3}}{2}R_2, -\dfrac{1}{2}R_2, 0\right]^\mathrm{T} \\[3mm]
\boldsymbol{P}_{3-\Re'} = \left[\dfrac{\sqrt{3}}{2}R_2, -\dfrac{1}{2}R_2, 0\right]^\mathrm{T} \\[3mm]
\boldsymbol{P}_{p'-\Re'} = [0, 0, L]^\mathrm{T}
\end{cases}
\tag{6.4}
$$

由第 1 支链的结构约束可知, 点 B_1, P_1, p' 和 O' 总在同一平面 Π 内 (如图 6.8 所示, 平面 Π 的法向量表示为 $\boldsymbol{n}$, $\boldsymbol{n}$ 平行于 $\boldsymbol{\omega}_4$ 的轴线), 可得

$$
(\boldsymbol{O'p'}\times\boldsymbol{O'P}_1)\cdot\boldsymbol{O'B}_1 = 0
\tag{6.5}
$$

式中

$$
\{\boldsymbol{V}_\Re\} = \left\{
\begin{array}{l}
\boldsymbol{O'p'} = \boldsymbol{R}(\varphi,\theta,\sigma)
\begin{bmatrix} 0 \\ 0 \\ L \end{bmatrix}
= \begin{bmatrix} L\cos\varphi\sin\theta \\ L\sin\varphi\sin\theta \\ L\cos\theta \end{bmatrix} \\[18pt]
\boldsymbol{O'B_1} = [x, y-R_1, z]^{\mathrm{T}} \\[10pt]
\boldsymbol{O'P_1} = \boldsymbol{R}(\varphi,\theta,\sigma)
\begin{bmatrix} 0 \\ R_2 \\ L \end{bmatrix}
= \begin{bmatrix}
L\cos\varphi\sin\theta - \\
R_2\cos\varphi\cos\theta\sin\sigma - R_2\sin\varphi\cos\sigma \\
L\sin\varphi\sin\theta + \\
R_2\cos\varphi\cos\sigma - R_2\sin\varphi\cos\theta\sin\sigma \\
L\cos\theta + R_2\sin\theta\sin\sigma
\end{bmatrix}
\end{array}
\right\}
\tag{6.6}
$$

整理, 得

$$
x\sin\varphi\sin\sigma - x\cos\varphi\cos\sigma\cos\theta -
$$
$$
(\cos\varphi\sin\sigma + \sin\varphi\cos\sigma\cos\theta) \times (y-R_1) + z\sin\theta\cos\sigma = 0
\tag{6.7}
$$

法向量

$$
\boldsymbol{n} = \frac{\boldsymbol{O'p'} \times \boldsymbol{O'P_1}}{|\boldsymbol{O'p'} \times \boldsymbol{O'P_1}|}
$$
$$
= [\sin\varphi\sin\sigma - \cos\varphi\cos\sigma\cos\theta, -\cos\varphi\sin\sigma - \sin\varphi\cos\sigma\cos\theta, \sin\theta\cos\sigma]^{\mathrm{T}}
\tag{6.8}
$$

由式 (6.7) 可以确定伴随运动 υ。下面将分两种情况讨论:

(1) $x\sin\varphi - (y-R_1)\cos\varphi \neq 0$。

在此前提下, 式 (6.7) 可改写为

$$
\kappa = \tan\sigma = \frac{x\cos\varphi\cos\theta + (y-R_1)\sin\varphi\cos\theta - z\sin\theta}{x\sin\varphi - (y-R_1)\cos\varphi}
\tag{6.9}
$$

① 当 $x \neq 0$ 时, 令 $\chi = \arctan\left(\dfrac{y-R_1}{x}\right)$, 且 $\varphi \neq \chi$, $\varphi \neq \chi \pm \pi$。

若 $x > 0$, 当 $\varphi \in (\chi+2\pi, 2\pi)$ 或 $\varphi \in [0, \chi+\pi)$ 时, 由于第 1 支链 B_1P_1 (平面 $\varPi$) 的约束, 法向量 $\boldsymbol{n}$ 的 z 坐标分量应大于 0, 即 $\sin\theta\cos\sigma > 0$。此时, 由于 $\theta \in (0, \pi)$, 可得 $\cos\sigma > 0$, 进而由等式 (6.9) 可得

$$
\sigma = \arctan\kappa
\tag{6.10}
$$

与之类似, 当 $\varphi \in (\chi+\pi, \chi+2\pi)$ 时, 法向量 $\boldsymbol{n}$ 的 z 坐标分量应该小于零, 即 $\sin\theta\cos\sigma < 0$, 此时得到 $\cos\sigma < 0$, 相应地, 由等式 (6.9) 可得

$$
\sigma = \pi + \arctan\kappa
\tag{6.11}
$$

若 $x < 0$, 当 $\varphi \in (\chi, \chi + \pi)$ 时, 法向量 $\boldsymbol{n}$ 的 z 坐标分量应小于零, 即 $\sin\theta\cos\sigma < 0$, 得到 $\cos\sigma < 0$ 以及 $\sigma = \pi + \arctan\kappa$。同理可得, 当 $\varphi \in [0, \chi)$ 或 $\varphi \in (\chi + \pi, 2\pi)$ 时, $\sigma = \arctan\kappa$。

② 当 $x = 0$ 时, 由 $y < R_1$ 可得 $\varphi \neq \pi/2$ 且 $\varphi \neq 3\pi/2$。当 $\varphi \in [0, \pi/2)$ 或 $\varphi \in (3\pi/2, 2\pi)$ 时 $\sigma = \arctan\kappa$; 当 $\varphi \in (\pi/2, 3\pi/2)$ 时, $\sigma = \pi + \arctan\kappa$。

(2) $x\sin\varphi - (y - R_1)\cos\varphi = 0$。

此时, 由于 $y < R_1$, 可得 $\varphi \neq 0, \varphi \neq \pi$。平面 Π 平行于 z 轴, 平面 Π 与平面 $O - xy$ 的相交线方程即为 $x\sin\varphi - (y - R_1)\cos\varphi = 0$。因此, 法向量 $\boldsymbol{n}$ 应平行于水平面, 即 $\sin\theta\cos\sigma = 0$, 由此可得, $\sigma = -\pi/2$ 或 $\sigma = \pi/2$。考虑到 $\sigma = \nu - \varphi$ 且 $\nu \in (-\pi/2, \pi/2)$, 得

$$\sigma = \begin{cases} -\dfrac{\pi}{2}, & \varphi \in (0, \pi) \\ \dfrac{\pi}{2}, & \varphi \in (\pi, 2\pi) \end{cases} \tag{6.12}$$

在此基础上, 伴随运动 ν 可以表示为

$$\nu = \sigma + \varphi \pm 2\pi \times n_{\text{period}} \tag{6.13}$$

式中, n_{period} 的值可以由限定条件 $\nu \in (-\pi/2, \pi/2)$ 确定。

式 (6.13) 表明, 伴随运动 ν 和由 (φ, θ) 所定义的姿态之间存在一定关系。以点 $x = 0$ mm, $y = -800$ mm, $z = -600$ mm 为例, 此时, 伴随运动 ν 的分布如图 6.12a 所示。由图可得如下结论: 姿态沿绿线变化时, 没有伴随运动; 机构存在 A_1 和 A_2 两个奇异点。在 A_1、A_2 处, 向量 $\boldsymbol{O'p'}$ 和点 B_1 共线, 动平台绕 $\boldsymbol{O'p'}$ 轴的自

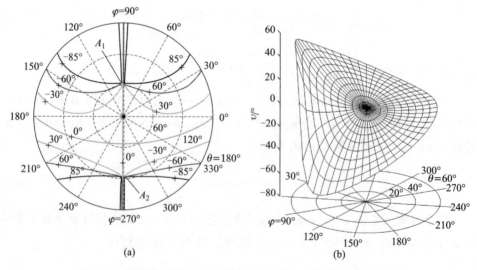

(a)　　　　　　　　　　　(b)

图 6.12 伴随运动分布: (a) 所有方向; (b) 无奇异 (见书后彩图)

转角可为任意值, 图 6.12b 所示为当机构姿态在无奇异点范围内 $[\theta \in (0, \pi/3)]$ 变动时, 伴随运动 v 的分布情况。

令 $\boldsymbol{T} = [x, y, z]^{\mathrm{T}}$, 点 P_1 在绝对坐标系中的坐标可以表示为

$$\boldsymbol{P}_{1-\Re} = \boldsymbol{R}(\varphi, \theta, \sigma)\boldsymbol{P}_{1-\Re'} + \boldsymbol{T} \tag{6.14}$$

则可以得到运动输入量 $L_1 = |\boldsymbol{B}_1\boldsymbol{P}_1|$, 其分布情况如图 6.13 所示。

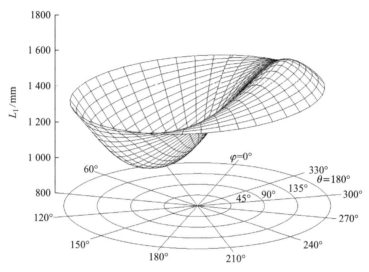

图 6.13　第 1 支链的输入运动在所有方向上的分布

为进一步探讨点 A_1、A_2 处的奇异位姿, 对转动副 C_1 的旋转角进行求解, 结果如下:

在惯性参考坐标系 $\Re$ 中, 图 6.7b 中的旋转轴 $\boldsymbol{n}'$ 可以表示为

$$\boldsymbol{n}' = \boldsymbol{R}_x(-\beta)\boldsymbol{R}_y(\eta)\begin{bmatrix} 1 \\ 0 \\ 0 \end{bmatrix} = \begin{bmatrix} \cos\eta \\ -\sin\beta\sin\eta \\ -\cos\beta\sin\eta \end{bmatrix} \tag{6.15}$$

式中, $\eta \in (-\pi/2, \pi/2)$。由第 1 支链 B_1P_1 的结构, 可知

$$\boldsymbol{n}' \cdot \boldsymbol{B}_1\boldsymbol{P}_1 = 0 \tag{6.16}$$

假设 $\boldsymbol{B}_1\boldsymbol{P}_1 = [a, b, c]^{\mathrm{T}}$ [其中, $[a, b, c]^{\mathrm{T}}$ 可根据给定的 $(x, y, z, \varphi, \theta)$ 求出], 可得

$$\eta = \arctan\left(\frac{a}{b\sin\beta + c\cos\beta}\right) \tag{6.17}$$

存在一种特殊情况: 当 $y < R_1$ 且 $z < 0$ 时, 有 $b\sin\beta + c\cos\beta \neq 0$, 否则 $\boldsymbol{B}_1\boldsymbol{P}_1$ 与 η 的轴线共线。根据式 (6.8)、式 (6.15) 和式 (6.17), 可得

$$\boldsymbol{n}' \times \boldsymbol{n} = [d, e, f]^{\mathrm{T}} \tag{6.18}$$

式中, 当 $z < 0$ 时, 有 $e \neq 0$。由下式

$$|\boldsymbol{n}' \times \boldsymbol{n}| = |\boldsymbol{n}'||\boldsymbol{n}||\sin\xi| \tag{6.19}$$

可推得

$$\xi = \pm \arcsin \frac{|\boldsymbol{n}' \times \boldsymbol{n}|}{|\boldsymbol{n}'||\boldsymbol{n}|} \tag{6.20}$$

考虑到 $\boldsymbol{n}$ 和 $\boldsymbol{n}'$ 的方向, 式 (6.20) 的 "±" 可定义为

$$\mathrm{sign}(\pm) = \begin{cases} +, & e > 0 \\ -, & e < 0 \end{cases} \tag{6.21}$$

由此可求得角 ξ 的分布, 如图 6.14 所示。由图 6.14a 可知, 存在与图 6.12a 相同的奇异位姿 A_1 和 A_2; 图 6.14b 为机构在无奇异点的范围内 $[\theta \in (0, \pi/3)]$ 变动时, 伴随运动 υ 的分布。

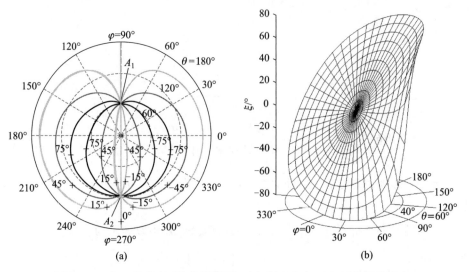

图 6.14 角 ξ 的分布 (见书后彩图): (a) 所有方向; (b) 无奇异范围内

对图 6.7b 中的另外两个相同的支链 $(B_4 B_2 B_5 C_2)P_2$ 和 $(B_6 B_3 B_7 C_3)P_3$, 角度参数 μ_2 及 μ_3 定义为 $\boldsymbol{O}'\boldsymbol{P}_2$ 及 $\boldsymbol{O}'\boldsymbol{P}_3$ 相对于动平台的旋转角, 它们的转轴是 $\boldsymbol{O}'\boldsymbol{p}'$。对于 $(B_4 B_2 B_5 C_2)P_2$ 支链, 可以推导出转动副 P_2 的水平转轴为

$$\boldsymbol{R}(\varphi, \theta, \sigma)\boldsymbol{R}_z(\mu_2)\boldsymbol{R}_z(\pi/2)\boldsymbol{P}_{2-\Re'} = \boldsymbol{R}(\varphi, \theta, \sigma) \begin{bmatrix} \dfrac{1}{2}R_2 \cos\mu_2 + \dfrac{\sqrt{3}}{2}R_2 \sin\mu_2 \\ \dfrac{1}{2}R_2 \sin\mu_2 - \dfrac{\sqrt{3}}{2}R_2 \cos\mu_2 \\ 0 \end{bmatrix} \tag{6.22}$$

由机构约束可知, 该旋转轴转动轴线与向量 $\boldsymbol{O}'\boldsymbol{B}_4$ 垂直, 且

$$\boldsymbol{O}'\boldsymbol{B}_4 = \boldsymbol{T} - \boldsymbol{B}_{4-\Re} = [t_1, t_2, t_3]^\mathrm{T} \tag{6.23}$$

则, 根据式 (6.22) 和式 (6.23), μ_2 的函数为

$$\kappa_2 = \tan\mu_2 = -\frac{t_1 q_{11} + t_2 q_{21} + t_3 q_{31} - \sqrt{3}(t_1 q_{12} + t_2 q_{22} + t_3 q_{32})}{t_1 q_{12} + t_2 q_{22} + t_3 q_{32} + \sqrt{3}(t_1 q_{11} + t_2 q_{21} + t_3 q_{31})} \tag{6.24}$$

式中, $\boldsymbol{R}(\varphi, \theta, \sigma) = \begin{bmatrix} q_{11} & q_{12} & q_{13} \\ q_{21} & q_{22} & q_{23} \\ q_{31} & q_{32} & q_{33} \end{bmatrix}$, 由式 (6.2), q_{st} $(s, t = 1, \cdots, 3)$ 的值为已知。

再根据式 (6.24) 可求得

$$\mu_2 = \begin{cases} \pm\dfrac{\pi}{2}, & t_1 q_{12} + t_2 q_{22} + t_3 q_{32} + \sqrt{3}(t_1 q_{11} + t_2 q_{21} + t_3 q_{31}) = 0 \\ \pm n_{\mu_2}\pi + \arctan\kappa_2, & t_1 q_{12} + t_2 q_{22} + t_3 q_{32} + \sqrt{3}(t_1 q_{11} + t_2 q_{21} + t_3 q_{31}) \neq 0 \end{cases} \tag{6.25}$$

式中, $\mu_2 \in (-\pi, \pi)$; $n_{\mu_2} = 0$ 或 $n_{\mu_2} = 1$。

对于支链 $(B_4 B_2 B_5 C_2) P_2$, 当向量 $\boldsymbol{O'p'}$ 与点 B_4 共线时出现奇异位形, 根据 $\boldsymbol{O'B_4}$ 所在平面 I 可以划分出两种不同的工作模式, 平面 I 的法向量可表示为

$$\boldsymbol{V}_{\text{plane-I}}^{\text{nor}} = \boldsymbol{O'B_4} \times [0, 0, 1]^{\mathrm{T}} \times \boldsymbol{O'B_4} = [t_1 t_3, t_2 t_3, -t_1^2 - t_2^2]^{\mathrm{T}} \tag{6.26}$$

此时, 可求得方位角 φ 的分割角 ϖ, $\varpi = \arctan(t_2/t_1) + \pi$。平面 I 可由角 (φ, δ) 描述, 此平面内的任意向量都可以表示为

$$\boldsymbol{V}_{\text{plane-I}} = [\sin\delta\cos\varphi, \sin\delta\sin\varphi, \cos\delta] \tag{6.27}$$

则 δ 是倾斜角 θ 的分割角, 其值大小可由下式求得, 即

$$\boldsymbol{V}_{\text{plane-I}}^{\text{nor}} \cdot \boldsymbol{V}_{\text{plane-I}} = 0 \tag{6.28}$$

联立式 (6.26)、式 (6.27) 和式 (6.28), 得到如下结果:

$$\delta = \begin{cases} \arctan\left(\dfrac{t_1^2 + t_2^2}{t_1 t_3 \cos\varphi + t_2 t_3 \sin\varphi}\right), & t_1 t_3 \cos\varphi + t_2 t_3 \sin\varphi > 0 \\ \dfrac{\pi}{2}, & t_1 t_3 \cos\varphi + t_2 t_3 \sin\varphi = 0 \\ \arctan\left(\dfrac{t_1^2 + t_2^2}{t_1 t_3 \cos\varphi + t_2 t_3 \sin\varphi}\right) + \pi, & t_1 t_3 \cos\varphi + t_2 t_3 \sin\varphi < 0 \end{cases} \tag{6.29}$$

根据式 (6.22), 转动副 P_2 处的水平转轴的 z 坐标可表示为

$$\text{Constant}_{RA-P_2-z} = q_{31}\left(\frac{1}{2}R_2\cos\mu_2 + \frac{\sqrt{3}}{2}R_2\sin\mu_2\right) +$$

$$q_{32}\left(\frac{1}{2}R_2\sin\mu_2 - \frac{\sqrt{3}}{2}R_2\cos\mu_2\right) \tag{6.30}$$

式 (6.25) 中的正负号和 n_{μ_2} 的值均可以通过表 6.1 中给出的条件确定。注意，表 6.1 中 $\theta \neq \delta$，且由前面的分析知 $\varphi \in [0, 2\pi)$，$\theta = \delta$ 可以确定平面 I。平面 I 的轨迹和 μ_2 值的分布情况如图 6.15a 所示，可见同样存在图 6.12a 和图 6.14a 所示的两个奇异位姿 A_1 和 A_2。此外，在平面 I 上可以找到另外两个奇异点 A_3 和 A_4，此时，$\boldsymbol{O'p'}$ 与点 B_4 共线。图 6.15b 所示为当机构在无奇异点的转动范围内 $[\theta \in (0, 40°)]$ 运动时，μ_2 的分布情况。

表 6.1 确定 μ_2 的条件

(φ, θ)	$\varphi \in (\varpi - \pi, \varpi)$	$\varphi \in (\varpi, \varpi + \pi)$	$\varphi = \varpi - \pi$ 或 ϖ
$\theta \in [0, \delta)$	$\text{Constant}_{RA - P_2 - z} > 0$	$\text{Constant}_{RA - P_2 - z} < 0$	$\mu_2 = 0$
$\theta \in (\delta, \pi)$	$\text{Constant}_{RA - P_2 - z} < 0$	$\text{Constant}_{RA - P_2 - z} > 0$	

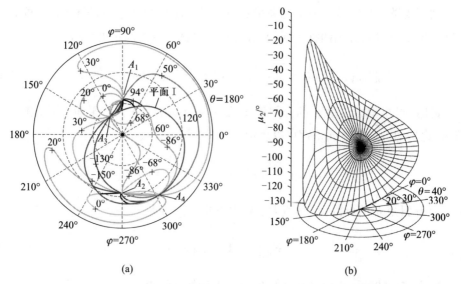

(a)   (b)

图 6.15 μ_2 的分布 (见书后彩图): (a) 所有方向; (b) 无奇异范围内

同理，可求得

$$\mu_3 = \begin{cases} \pm\dfrac{\pi}{2}, & t_4 q_{12} + t_5 q_{22} + t_6 q_{32} - \sqrt{3}(t_4 q_{11} + t_5 q_{21} + t_6 q_{31}) = 0 \\ \pm n_{\mu_3}\pi + \arctan\kappa_3, & t_4 q_{12} + t_5 q_{22} + t_6 q_{32} - \sqrt{3}(t_4 q_{11} + t_5 q_{21} + t_6 q_{31}) \neq 0 \end{cases}$$

(6.31)

式中，$\kappa_3 = \tan\mu_3 = -\dfrac{t_4 q_{11} + t_5 q_{21} + t_6 q_{31} + \sqrt{3}(t_4 q_{12} + t_5 q_{22} + t_6 q_{32})}{t_4 q_{12} + t_5 q_{22} + t_6 q_{32} - \sqrt{3}(t_4 q_{11} + t_5 q_{21} + t_6 q_{31})}$；$n_{\mu_3} = 0$ 或 $n_{\mu_3} = 1$，$\mu_3 \in (-\pi, \pi)$；$\boldsymbol{O'B_6} = \boldsymbol{T} - \boldsymbol{B_{6-\Re}} = [t_4, t_5, t_6]^{\mathrm{T}}$。假设 (φ, δ') 确定支链 $(B_6 B_3 B_7 C_3)P_3$ 的工作模式平面 II，则 δ' 可按下列公式求得:

$$\delta' = \begin{cases} \arctan\left(\dfrac{t_4^2 + t_5^2}{t_4 t_6 \cos\varphi + t_5 t_6 \sin\varphi}\right), & t_4 t_6 \cos\varphi + t_5 t_6 \sin\varphi > 0 \\[3mm] \dfrac{\pi}{2}, & t_4 t_6 \cos\varphi + t_5 t_6 \sin\varphi = 0 \\[3mm] \arctan\left(\dfrac{t_4^2 + t_5^2}{t_4 t_6 \cos\varphi + t_5 t_6 \sin\varphi}\right) + \pi, & t_4 t_6 \cos\varphi + t_5 t_6 \sin\varphi < 0 \end{cases} \quad (6.32)$$

P_3 处的水平转动副转轴 z 坐标可表示为

$$\text{Constant}_{RA-P_3-z} = q_{31}\left(\frac{1}{2}R_2\cos\mu_3 - \frac{\sqrt{3}}{2}R_2\sin\mu_3\right) +$$

$$q_{32}\left(\frac{1}{2}R_2\sin\mu_3 + \frac{\sqrt{3}}{2}R_2\cos\mu_3\right) \quad (6.33)$$

可以求出方位角 φ 的分割角 $\varpi' = \arctan(t_5/t_4)$，进而 μ_3 可以通过表 6.2 所列出的条件确定。

表 6.2 μ_3 的确定条件

(φ, θ)	$\varphi \in (\varpi' - \pi, \varpi')$	$\varphi \in (\varpi', \varpi' + \pi)$	$\varphi = \varpi' + \pi$ 或 ϖ'
$\theta \in [0, \delta')$	$\text{Constant}_{RA-P_3-z} > 0$	$\text{Constant}_{RA-P_3-z} < 0$	$\mu_3 = 0$
$\theta \in (\delta', \pi)$	$\text{Constant}_{RA-P_3-z} < 0$	$\text{Constant}_{RA-P_3-z} > 0$	

结合式 (6.28) 和表 6.2，可以求得 μ_3 值的分布，结果如图 6.16 所示。类似地，在图 6.15a 中，可以找到除 A_1 和 A_2 之外的两个奇异点 A_5 和 A_6，在这两个奇异点，$O'p'$ 和点 B_6 共线，图 6.16b 所示为当机构在无奇异点的转动范围内 $[\theta \in (0, 40°)]$ 运动时，μ_3 值的分布情况。

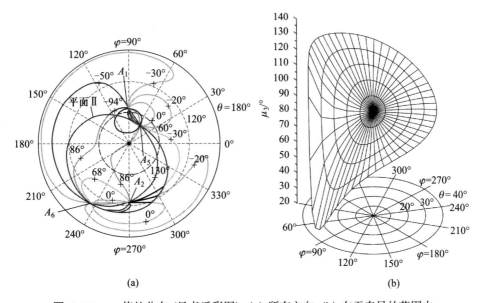

(a) (b)

图 6.16 μ_3 值的分布 (见书后彩图): (a) 所有方向; (b) 在无奇异的范围内

平面 I 和 II 确立了支链 $(B_4B_2B_5C_2)P_2$ 和 $(B_6B_3B_7C_3)P_3$ 的两种工作模式。对于图 6.7b 中所示的并联机构, 图 6.17a 给出其 4 种工作模式 $M_1 \sim M_4$ 的区分, 图 6.17b 中给出了角度 φ 和 θ 在不同的工作模式下的关系。在实际使用中, 主要使用的是 M_1 工作模式。

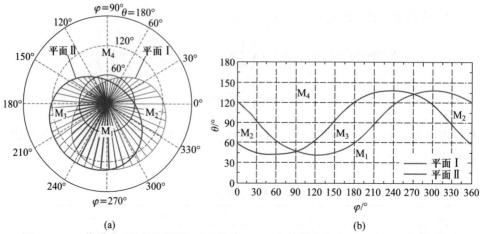

图 6.17 工作模式 (见书后彩图): (a) 基于 T&T 角的描述方法; (b) 角 φ 和 θ 的关系

在确定 μ_2 和 μ_3 后, 图 6.6b 中点 P_2、P_3、C_2 和 C_3 的坐标位置可以表示为

$$P_{k-\Re} = R(\varphi,\theta,\sigma)R_z(\mu_k)P_{k-\Re'} + T \quad (k=2,3) \tag{6.34}$$

$$C_{k-\Re} = P_{k-\Re} + \frac{|C_kP_k|}{|P_kB_{2k}|}P_kB_{2k} \quad (k=2,3) \tag{6.35}$$

通过式 (6.34) 和式 (6.35), 可求得 4 个驱动输入量 $|B_4P_2|$、$|B_5C_2|$、$|B_6P_3|$ 及 $|B_7C_3|$。由于支链 $(B_4B_2B_5C_2)P$ 和 $(B_6B_3B_7C_3)P_3$ 的对称性, 求解了 $L_{2\text{-}4}=|B_4P_2|$ 和 $L_{2\text{-}5}=|B_5C_2|$ 的分布, 结果如图 6.18 所示。

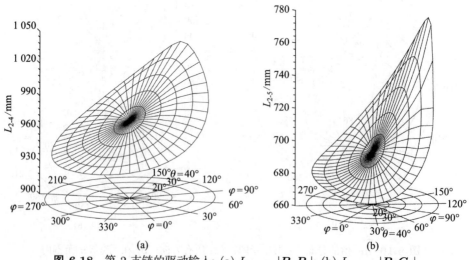

图 6.18 第 2 支链的驱动输入: (a) $L_{2\text{-}4}=|B_4P_2|$; (b) $L_{2\text{-}5}=|B_5C_2|$

6.4 运动学优化设计

对图 6.6a 和图 6.7a 中所示机构, 为了实现模块化以及获得良好的刚度及强度等性能, 对其定平台进行了设计。在正二十面体 (如图 6.19 所示, 正二十面体在结构上接近于球体因而有稳定的结构) 的启发下, 考虑到图 6.6a 和图 6.7a 中所示机构在初始位置其 3 条支链所在平面关于 z 轴圆周对称 (夹角为 120°), 选择如图 6.19b 所示的正二十面体中的 4 个面 (面 0 ～ 3) 组成机构定平台的主结构, 如图 6.20 所示。由于正二十面体的相邻两面 (即 0&1, 0&2 或 0&3) 的夹角为 138.19°, 所以, 可确定 $\alpha = \beta = 41.81°$。为使整机结构及比例协调美观, 采用黄金分割法将 R_1 与 W 的比设定为黄金分割比, 即 $R_1/W = 1.618$。鉴于机构对称的结构特点, 将图 6.20 中的机构命名为 DiaRoM。

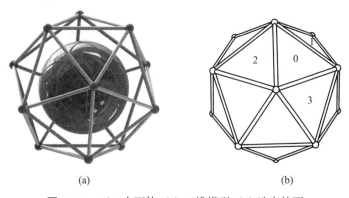

(a)   (b)

图 6.19 正二十面体: (a) 三维模型; (b) 选定的面

对于图 6.20 所示机构, 其设计目标是实现复杂自由曲面零件的一次装卡 5 面加工。为实现柔性加工, 转动能力至关重要, 其动平台的姿态变化范围应不少于 0° ～ 90°, 即动平台可以从垂直位置转动到水平位置。考虑到加工工件的形状和尺寸, 对于 0° ～ 90° 的任一姿态, 其动平台的点定位工作空间至少应为 200 mm × 200 mm × 200 mm, 同时, 具有绕所述指定姿态的小范围转动能力 (记作 ψ, 对 ψ 的值不作严

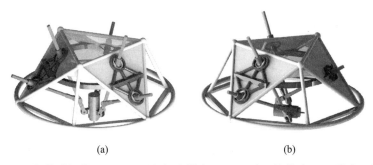

(a)   (b)

图 6.20 空间并联机构 DiaRoM (见书后彩图): (a) 立式工作模式; (b) 卧式工作模式

格限定)。

6.4.1 参数设计空间

对于图 6.7a 所示机构, 令 $|C_2P_2| = |C_3P_3| = 0$, 3 个参数 (R_1, R_2, L) 需要进行优化求解。设 $D = (R_1 + R_2 + L)/3$, 且 $r_1 = R_1/D, r_2 = R_2/D, l = L/D$, 可得

$$r_1 + r_2 + l = 3 \tag{6.36}$$

假设 $w = W/D$, 由 $R_1/W = 1.618$, 可得 $w = 0.618r_1$。对于该机构, 有

$$r_1 > r_2 \tag{6.37}$$

根据式 (6.36) 和式 (6.37) 可求得如图 6.21 所示的参数设计空间 (PDS), 其中 (s, t) 与 (r_1, r_2, l) 之间的映射函数为

$$\begin{cases} s = l \\ t = \sqrt{3} - \dfrac{\sqrt{3}}{3}l - \dfrac{2\sqrt{3}}{3}r_2 \end{cases} \quad \text{或} \quad \begin{cases} l = s \\ r_1 = \dfrac{3 + \sqrt{3}t - s}{2} \\ r_2 = \dfrac{3 - \sqrt{3}t - s}{2} \end{cases} \tag{6.38}$$

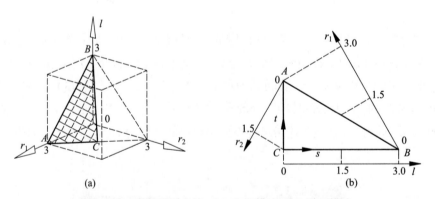

图 6.21 参数设计空间: (a) 空间描述; (b) 平面描述

6.4.2 性能评价指标

由上述分析可知, 机构的约束力只有一个纯力 f, 可以将其表示为一个约束力旋量 $\boldsymbol{S}_{\mathrm{CWS}} = (1, 0, 0; 0, 0, -R_1)$, 5 个主动驱动的移动副的输入运动和对应的传递力可

以分别表示为输入运动旋量 $\$_{\text{ITS}}^{j}$ 和传递力旋量 $\$_{\text{TWS}}^{j}(j = 1, 2, 3, 4, 5)$, 即

$$
\$_{\text{ITS}} = \left\{ \begin{array}{l} \$_{\text{ITS-11}} = \left(0; \dfrac{B_1 P_1}{|B_1 P_1|} \right) \\[2ex] \$_{\text{ITS-24}} = \left(0; \dfrac{B_4 P_2}{|B_4 P_2|} \right) \\[2ex] \$_{\text{ITS-25}} = \left(0; \dfrac{B_5 C_2}{|B_5 C_2|} \right) \\[2ex] \$_{\text{ITS-36}} = \left(0; \dfrac{B_6 P_3}{|B_6 P_3|} \right) \\[2ex] \$_{\text{ITS-37}} = \left(0; \dfrac{B_7 C_3}{|B_7 C_3|} \right) \end{array} \right\},
$$

$$
\$_{\text{TWS}} = \left\{ \begin{array}{l} \$_{\text{TWS-11}} = \left(\dfrac{B_1 P_1}{|B_1 P_1|}; \dfrac{OP_1 \times B_1 P_1}{|B_1 P_1|} \right) \\[2ex] \$_{\text{TWS-24}} = \left(\dfrac{B_4 P_2}{|B_4 P_2|}; \dfrac{OP_2 \times B_4 P_2}{|B_4 P_2|} \right) \\[2ex] \$_{\text{TWS-25}} = \left(\dfrac{B_5 C_2}{|B_5 C_2|}; \dfrac{OC_2 \times B_5 C_2}{|B_5 C_2|} \right) \\[2ex] \$_{\text{TWS-36}} = \left(\dfrac{B_6 P_3}{|B_6 P_3|}; \dfrac{OP_3 \times B_6 P_3}{|B_6 P_3|} \right) \\[2ex] \$_{\text{TWS-37}} = \left(\dfrac{B_7 C_3}{|B_7 C_3|}; \dfrac{OC_3 \times B_7 C_3}{|B_7 C_3|} \right) \end{array} \right\} \tag{6.39}
$$

设机构的单位输出运动旋量可以表示为

$$
\$_{\text{OTS}}^{j} = (s_j; r_j \times s_j), \quad (j = 1, 2, 3, 4, 5). \tag{6.40}
$$

式中,$|s_j| = 1$, 且 $\$_{\text{OTS}}^{j}$ 可由下式确定:

$$
\begin{cases} \$_{\text{OTS}}^{m} \circ \$_{\text{TWS}}^{n} = 0, m \neq n \\ \$_{\text{OTS}}^{m} \circ \$_{\text{CWS}} = 0 \end{cases} \quad (m, n = 1, 2, 3, 4, 5) \tag{6.41}
$$

因此, 第 j 支链的输入传递指标 (ITI) 为

$$
\eta_j = \frac{|\$_{\text{ITS}}^{j} \circ \$_{\text{TWS}}^{j}|}{|\$_{\text{ITS}}^{j} \circ \$_{\text{TWS}}^{j}|_{\max}} \tag{6.42}
$$

根据式 (6.39) 和式 (6.42), 可得 $\eta_j = 1$。同理, 第 j 支链的输出传递指标 (OTI) 为

$$
\sigma_j = \frac{|\$_{\text{OTS}}^{j} \circ \$_{\text{TWS}}^{j}|}{|\$_{\text{OTS}}^{j} \circ \$_{\text{TWS}}^{j}|_{\max}} \tag{6.43}
$$

式中, $\sigma_j \in (0, 1)$ 且 σ_j 的值越大表示机构的输出运动/力传递特性越好。根据式 (6.42) 和式 (6.43), 局部传递指标 (LTI) 可表示为

$$
\kappa = \min\{\eta_j, \sigma_j\} = \min\{\sigma_j\} \quad (j = 1, 2, 3, 4, 5) \tag{6.44}
$$

6.4.3 尺度综合

由机构运动学分析可知, P_2P_3 与转动副 P_1 的轴线 (即图 6.8 中的 ω_4) 平行。将机构从 P_2 向 P_3 投影, 可得第 1 支链的平面图如图 6.22 所示。当 B_1、P_1 和 $P_2(P_3)$ 共线时, 机构处于奇异位形, 该奇异位形将机构区分为上下两种工作模式。这里仅考虑图 6.22 所示的上工作模式。

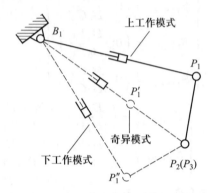

图 6.22 空间机构在投影面内的工作模式

为使机构能有良好的运动/力传递性能, 在实际应用中常采用 $\kappa = \sin(45°)$ (即 $\kappa \approx 0.7$) 作为传递性能的评价标准。在上工作模式中, 如果动平台的姿态 (φ, θ) 给定, 则可求得在满足约束条件 $\kappa \geqslant 0.7$ 下的点 O' 的所有位置, 这些点的集合定义为优质传递位置工作空间 (GTPW), 表示为

$$\text{GTPW}_{\varphi,\theta} = \iiint \Delta v_{\varphi,\theta}\mathrm{d}x\mathrm{d}y\mathrm{d}z \tag{6.45}$$

对于该机构, 在如图 6.20 所示立式模式 $(\theta = 0°)$ 和卧式模式 $(\varphi = 270°, \theta = 90°)$ 以及在这两种模式之间 [即 $\varphi = 270°$ 不变, $\theta \in (0°, 90°)$] 的优质传递位置工作空间是至关重要的。因此, 首先重点探讨 $\varphi = 270°, \theta = 0°, 30°, 60°, 90°$ 时的 GTPW, 它们在参数设计空间上的分布如图 6.23 所示。显然, 对于相同的尺寸参数 r_1、r_2 和 l, 在 $\theta = 30°, 60°$ (图 6.23b 和图 6.23c) 时, GTPW 值明显比 $\theta = 0°, 90°$ (图 6.23a 和图 6.23d) 时更大。

同时考虑图 6.23 中 4 种姿态下的 GTPW 分布情况, 确定如下约束条件:

$$\text{GTPW}_{\varphi=270°,\theta} \geqslant 0.6 \tag{6.46}$$

则可得如图 6.24 所示的优化区域。在此区域内选取如下一组参数: $l = 0.62, r_1 = 2.16, r_2 = 0.22$。可知 $w \approx 1.335$。此时, $\varphi = 270°$ 且 $\theta = 0°, 30°, 60°, 90°$ 时的 GTPW 值如表 6.3 所示。

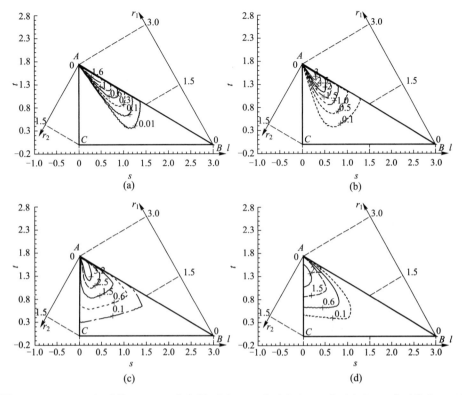

图 6.23 $\varphi = 270°$ 时的 GTPW 分布图: (a) $\theta = 0°$; (b) $\theta = 30°$; (c) $\theta = 60°$; (d) $\theta = 90°$

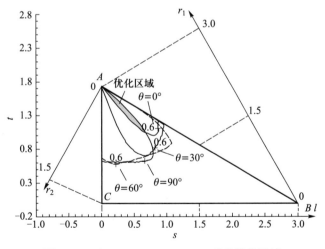

图 6.24 $\mathrm{GTPW}_{\varphi=270°,\theta} \geqslant 0.6$ 时的优化区域

表 6.3 在给定姿态下的 GTPW

$\varphi = 270°, \theta$	$\theta = 0°$	$\theta = 30°$	$\theta = 60°$	$\theta = 90°$
$RW_{\varphi=270°,\theta}$	0.751 1	1.528 1	1.847 5	0.681 7

为进一步探讨 $\mathrm{GTPW}_{\varphi=270°,\theta}$ 和 θ 之间关系, 求得 θ 从 $0° \sim 90°$ 变化时的 GTPW 分布, 如图 6.25 所示。从中可知, 当 $\theta \in (20°, 70°)$ 时, GTPW 值更大。

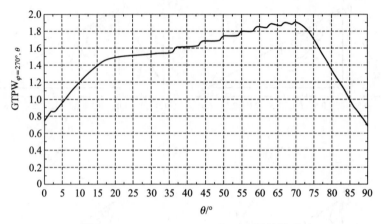

图 6.25 $\mathrm{GTPW}_{\varphi=270°,\theta}$ 和 θ 之间的关系

对于给定的动平台姿态 $(\varphi = 270°, \theta)$ 和位置 (x, y) 时, 可以得到满足约束 $\kappa \geqslant 0.7$ 的 z 值的范围 $z \in (z_{\min}, z_{\max})$。在 $\theta = 0°, 30°, 60°, 90°$ 时, $z_{\max}$、$z_{\min}$、$z_{\mathrm{abs}} = z_{\max} - z_{\min}$ 在平面 $O - xy$ 上的分布如表 6.4 所示。

表 6.4 在给定姿态下 z_{abs}、$z_{\max}$、$z_{\min}$ 值在平面 $O - xy$ 上的分布

	z_{abs}	$z_{\max}$	$z_{\min}$
$\theta = 0°$			
$\varphi = 270°$ $\theta = 30°$			

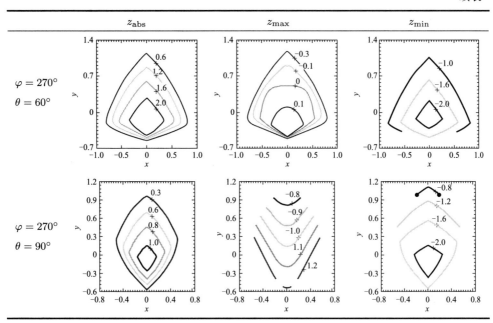

综合考虑表 6.4 中的数据分布, 可以确定平面 $O-xy$ 内的一个长方形区域, 其长和宽的范围为 $x \in [x_{\min}, x_{\max}], y \in [y_{\min}, y_{\max}]$。与之类似, 可以得到长方形值域内的点均满足约束 $\kappa \geqslant 0.7$ 时的 z' 值范围 $z' \in (z'_{\min}, z'_{\max})$, 如表 6.5 所示。对于给定的 $\varphi = 270°$ 和 θ, 可通过表 6.5 中的数据获得在 GTPW 内的无量纲的长方体工作空间, 其中 $x_{\mathrm{abs}} = x_{\max} - x_{\min}, y_{\mathrm{abs}} = y_{\max} - y_{\min}, z'_{\mathrm{abs}} = z'_{\max} - z'_{\min}$。

表 6.5 GTPW 内的无量纲长方体工作空间

$\varphi = 270°, \theta$	$\theta = 0°$	$\theta = 30°$	$\theta = 60°$	$\theta = 90°$
$x_{\min}$	−0.5	−0.5	−0.5	−0.26
$x_{\max}$	0.5	0.5	0.5	0.26
x_{abs}	1	1	1	0.52
$y_{\min}$	−0.3	−0.4	−0.3	−0.2
$y_{\max}$	0.4	0.4	0.45	0.3
y_{abs}	0.7	0.8	0.75	0.5
$z'_{\min}$	−0.79	−0.95	−1.01	−1.71
$z'_{\max}$	−0.11	−0.05	−0.25	−1.18
z'_{abs}	0.68	0.9	0.76	0.53

在表 6.5 中, 最小的无量纲长方体为 $0.52 \times 0.5 \times 0.53$。考虑到所需实际工作空间是 $200\,\mathrm{mm} \times 200\,\mathrm{mm} \times 200\,\mathrm{mm}$, 选择 $D = 200/0.5\,\mathrm{mm} = 400\,\mathrm{mm}$。则 $L = D \times l = 248\,\mathrm{mm}$, $R_1 = D \times r_1 = 864\,\mathrm{mm}$, $R_2 = D \times r_2 = 88\,\mathrm{mm}$, $W = D \times w = 534\,\mathrm{mm}$。由

此可得在 GTPW 内的长方体位置空间的实际长宽高值, 如表 6.6 所示。工作空间在绝对坐标系中的分布如图 6.26 所示。

表 6.6 和图 6.26 给出了 $\varphi = 270°$, $\theta = 0°, 30°, 60°, 80°, 90°$ 时的长方体工作空间。实际上, 当动平台在 $\varphi = 270°$, $\theta \in (0°; 90°)$ 的范围内自由转动时, 对于任意给定姿态, 均可获得体积大于 $200\ \text{mm} \times 200\ \text{mm} \times 200\ \text{mm}$ 的长方体工作空间。

表 6.6 GTPW 内的长方体工作空间的实际值

$\varphi = 270°, \theta$	$\theta = 0°$	$\theta = 30°$	$\theta = 60°$	$\theta = 80°$	$\theta = 90°$
$x_{\min}/\text{mm}$	−200	−200	−200	−130	−104
$x_{\max}/\text{mm}$	200	200	200	130	104
x_{abs}/mm	400	400	400	260	208
$y_{\min}/\text{mm}$	−120	−160	−120	−120	−80
$y_{\max}/\text{mm}$	160	160	180	150	120
y_{abs}/mm	280	320	300	270	200
$z'_{\min}/\text{mm}$	−316	−380	−404	−608	−684
$z'_{\max}/\text{mm}$	−44	−20	−100	−308	−472
$z'_{\text{abs}}/\text{mm}$	272	360	304	300	212

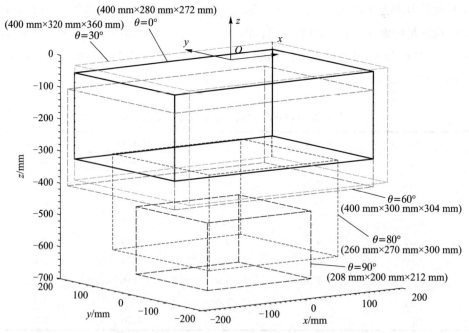

图 6.26 GTPW 内的长方体位置空间 ($\varphi = 270°$ 且 $\theta = 0°, 30°, 60°, 80°, 90°$)

为进一步探讨在长方体工作空间内给定位置 (x, y, z) 的转动能力, 定义所有满足 $\kappa \geqslant 0.7$ 的 (φ, θ) 的集合为给定位置下的优质传递姿态工作空间 (GTOW)。以两

个具体点 $(x = 0 \text{ mm}, y = 0 \text{ mm}, z = -440 \text{ mm})$ 和 $(x = 0 \text{ mm}, y = 0 \text{ mm}, z = -120 \text{ mm})$ 为例来说明 GTOW 的分布, 结果见图 6.27。当 $\varphi = 270°$, $z = -440 \text{ mm}$ 时, θ 值为 91.4° (点 a); 当 $\varphi = 90°$, $z = -120 \text{ mm}$ 时, θ 值为 23.55° (点 b)。图 6.27 中的结果表明, 优化后的机构参数不仅能使机构实现立卧工作模式转换 (即转动能力不小于 90°), 也使机构具有灵活的 2 自由度转动能力。

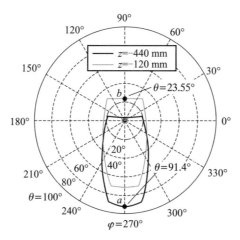

图 6.27 当 $(x = 0 \text{ mm}, y = 0 \text{ mm}, z = -440 \text{ mm}$ 和 $z = -120 \text{ mm})$ 时 GTOW 的分布

对于该机构, 绕给定轴 $(\varphi = 270°, \theta)$ 的转动能力对于实际应用来说非常重要, 这可以直接地反映出其转动能力 ψ。基于此, 定义参数 (φ', θ') 如图 6.28 所示, 其中, z' 轴与 $O'p'$ 轴共线, 当角度 (φ, θ) 确定了固定参考轴 $O'p'$ 时, $O''p''$ 绕 $O'p'$ 的转动能力可以用 (φ', θ') 描述。这里, 所有满足 $\kappa \geqslant 0.7$ 的 (φ', θ') 的集合称作相对于给定参考姿态 (φ, θ) 下的优质传递摆动工作空间 (GTSC)。

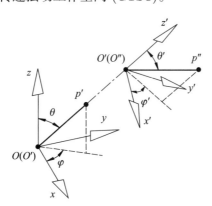

图 6.28 参数 (φ', θ') 的定义

以点 $(x = 0 \text{ mm}, y = 0 \text{ mm}, z = -440 \text{ mm})$ 为例, 可得关于参考轴 $(\varphi = 270°, \theta = 60°)$ 的 GTSC, 即 (φ', θ') 的分布如图 6.29 所示, 图中 θ' 的最小值为 31.2°。因此, $\theta'_{\min}$ 可作为对所需转动 ψ 变化范围的评价指标。

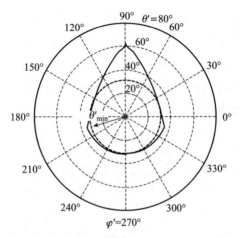

图 6.29 绕参考轴 ($\varphi = 270°, \theta = 60°$) 的 GTSC 分布

当参考姿态改变时, 即 $\varphi = 270°$, θ 变化时, $\theta'_{\min}$ 值的变化如图 6.30 所示。其中, 当 $\varphi = 270°$, $\theta \in (20°, 60°)$ 时, $\theta'_{\min}$ 值相对较大。图 6.29 中 $\theta'_{\min}$ 的分布说明, 在任意旋转参考下, 在点 ($x = 0$ mm, $y = 0$ mm, $z = -440$ mm) 处总有旋转角度 $\psi > 0°$。实际上, 在给定任意参考姿态 $\varphi = 270°$, $\theta \in (0°, 90°)$ 下, 总可以找到 $\theta'_{\min} > 0°$, 即 $\psi > 0°$。

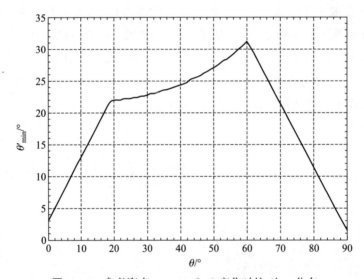

图 6.30 参考姿态 $\varphi = 270°$, θ 变化时的 $\theta'_{\min}$ 分布

根据以上分析, 机构的运动学优化结果可以满足应用要求, 所得尺寸参数可以用于图 6.20 所示加工机器人的开发。

第 7 章 4 自由度并联机器人的运动学设计

7.1 应用背景

随着各基础产业尤其是制造业发展水平的不断提升,进一步降低劳动力成本、提高生产效率已成为工业界的迫切需求,工业生产线的自动化水平正在不断面临新的挑战。而工业机器人技术的进步迎合了时代的发展需求,已广泛应用于航空航天、汽车制造、微电子、各类生产线以及现代物流等领域,实现了加工、搬运、喷涂、分选、包装、焊接等操作。可实现 SCARA (selective compliance assembly robot arm) 运动的工业机器人便是其中最典型也是最重要的一类,这类工业机器人在水平方向上的运动具有很好的柔性,而在垂直方向上的运动具有很好的刚性,已广泛应用于电子、食品、医药和轻工等行业,可高速完成插装、封装、包装以及分拣等操作。上述领域中,操作对象一般具有体积小、质量轻的特征,且一般需要避免污染,可实现 SCARA 运动的工业机器人已成为保障质量、提高效率、降低成本不可或缺的重要手段。随着劳动力成本和卫生条件的不断提高,食品、医药等包装行业对这类机械手的需求尤为迫切。

H4 型和 C4 型高速并联机器人是目前应用最好的能够实现 SCARA 运动的并联构型,此类构型继承了 DELTA 机构的优点,采用外转动副驱动和平行四边形结构,同时独创性地采用了双动平台结构,通过双平台的相对运动可实现大范围的转动输出。同时不难看出,此类机器人所具有的双动平台结构同时也带来了结构上的复杂性,增加了加工制造难度。因此,能否找到一种结构更加简洁的原理新构型,是值得尝试和探索的。

在本书第 2 章,采用基于 Grassmann 线几何和线图法的构型综合方法得到了如

图 2.67 所示的一种新型的 4 自由度并联机器人机构 X4, 本节则针对该机构开展运动学优化设计。

7.2 运动学逆解

图 2.67 所示的并联机器人 X4 的运动学简图如图 7.1 所示, 其中, $\Re : O - xyz$ 为全局坐标系; 平面 $O - xy$ 与位于水平面内的定平台重合; O' 为 $P_1 P_3$ 和 $P_2 P_4$ 的交点。如图 7.1 所示, 该机构具有 5 个几何参数 R_1、R_2、L_1、L_2 和 ξ。如果动平台的位置和姿态以 $O'(x, y, z)$ 和绕 z 轴的转角 θ 给出, 则可很容易获得输入角度 $\alpha_i (i = 1, 2, 3, 4)$。

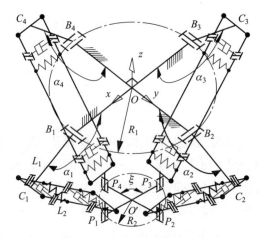

图 7.1 X4 机构的运动学简图

在全局坐标系 $\Re$ 下, 点 $B_i (i = 1, 2, 3, 4)$ 的坐标可表示为

$$\begin{cases} \boldsymbol{B}_1 = [R_1, 0, 0]^{\mathrm{T}}, \\ \boldsymbol{B}_2 = [0, R_1, 0]^{\mathrm{T}}, \\ \boldsymbol{B}_3 = [-R_1, 0, 0]^{\mathrm{T}}, \\ \boldsymbol{B}_4 = [0, -R_1, 0]^{\mathrm{T}} \end{cases} \tag{7.1}$$

点 $C_i (i = 1, 2, 3, 4)$ 的坐标可表示为

$$\begin{cases} \boldsymbol{C}_1 = [R_1 - L_1 \cos \alpha_1, 0, -L_1 \sin \alpha_1]^{\mathrm{T}} \\ \boldsymbol{C}_2 = [0, R_1 - L_1 \cos \alpha_2, -L_1 \sin \alpha_2]^{\mathrm{T}} \\ \boldsymbol{C}_3 = [-R_1 + L_1 \cos \alpha_3, 0, -L_1 \sin \alpha_3]^{\mathrm{T}} \\ \boldsymbol{C}_4 = [0, -R_1 + L_1 \cos \alpha_4, -L_1 \sin \alpha_4]^{\mathrm{T}} \end{cases} \tag{7.2}$$

令

$$\varphi = \frac{\xi - 90°}{2} \tag{7.3}$$

且

$$\boldsymbol{p}_1' = [R_2, 0, 0]^{\mathrm{T}}, \quad \boldsymbol{p}_2' = [0, R_2, 0]^{\mathrm{T}}, \quad \boldsymbol{p}_3' = [-R_2, 0, 0]^{\mathrm{T}}, \quad \boldsymbol{p}_4' = [0, -R_2, 0]^{\mathrm{T}} \quad (7.4)$$

而绕 z 轴的旋转矩阵

$$\boldsymbol{R}_z(\theta) = \begin{bmatrix} \cos\theta & -\sin\theta & 0 \\ \sin\theta & \cos\theta & 0 \\ 0 & 0 & 1 \end{bmatrix} \quad (7.5)$$

且位移矩阵

$$\boldsymbol{T} = [x, y, z]^{\mathrm{T}} \quad (7.6)$$

结合式 (7.3) ~ 式 (7.6), 在全局坐标系 $\Re$ 下点 $P_i(i = 1, 2, 3, 4)$ 的坐标可表示为

$$\begin{cases} \boldsymbol{p}_1 = \boldsymbol{R}_z(-\varphi + \theta) \cdot \boldsymbol{p}_1' + \boldsymbol{T} \\ \boldsymbol{p}_2 = \boldsymbol{R}_z(\varphi + \theta) \cdot \boldsymbol{p}_2' + \boldsymbol{T} \\ \boldsymbol{p}_3 = \boldsymbol{R}_z(-\varphi + \theta) \cdot \boldsymbol{p}_3' + \boldsymbol{T} \\ \boldsymbol{p}_4 = \boldsymbol{R}_z(\varphi + \theta) \cdot \boldsymbol{p}_4' + \boldsymbol{T} \end{cases} \quad (7.7)$$

进一步整理为

$$\begin{cases} \boldsymbol{p}_1 = [x_1, y_1, z]^{\mathrm{T}} = [x + R_2\cos(-\varphi + \theta), y + R_2\sin(-\varphi + \theta), z]^{\mathrm{T}} \\ \boldsymbol{p}_2 = [x_2, y_2, z]^{\mathrm{T}} = [x - R_2\sin(\varphi + \theta), y + R_2\cos(\varphi + \theta), z]^{\mathrm{T}} \\ \boldsymbol{p}_3 = [x_3, y_3, z]^{\mathrm{T}} = [x - R_2\cos(-\varphi + \theta), y - R_2\sin(-\varphi + \theta), z]^{\mathrm{T}} \\ \boldsymbol{p}_4 = [x_4, y_4, z]^{\mathrm{T}} = [x + R_2\sin(\varphi + \theta), y - R_2\cos(\varphi + \theta), z]^{\mathrm{T}} \end{cases} \quad (7.8)$$

将式 (7.2) 和式 (7.5) 代入约束方程 $|\boldsymbol{C}_i\boldsymbol{P}_i| = L_2(i = 1, 2, 3, 4)$, 可得

$$\alpha_1 = \arccos v_1 \text{ 或 } \alpha_1 = 2\pi - \arccos v_1 \quad (7.9)$$

式中, $v_1 = \cos\alpha_1 = \dfrac{-m(R_1 - x_1) \pm \sqrt{4L_1^2 z^2[z^2 + (R_1 - x_1)^2] - m^2 z^2}}{2L_1[z^2 + (R_1 - x_1)^2]}, m = L_2^2 - L_1^2 - z^2 - y_1^2 - (R_1 - x_1)^2$

$$\alpha_2 = \arccos v_2 \text{ 或 } \alpha_2 = 2\pi - \arccos v_2 \quad (7.10)$$

式中, $v_2 = \cos\alpha_2 = \dfrac{-p(R_1 - y_2) \pm \sqrt{4L_1^2 z^2[z^2 + (R_1 - y_2)^2] - p^2 z^2}}{2L_1[z^2 + (R_1 - y_2)^2]}, p = L_2^2 - L_1^2 - z^2 - x_2^2 - (R_1 - y_2)^2$

$$\alpha_3 = \arccos v_3 \text{ 或 } \alpha_3 = 2\pi - \arccos v_3 \quad (7.11)$$

式中, $v_3 = \cos\alpha_3 = \dfrac{-n(R_1 + x_3) \pm \sqrt{4L_1^2 z^2[z^2 + (R_1 + x_3)^2] - n^2 z^2}}{2L_1[z^2 + (R_1 + x_3)^2]}, n = L_2^2 - L_1^2 - z^2 - y_3^2 - (R_1 + x_3)^2$

$$\alpha_4 = \arccos v_4 \text{ 或 } \alpha_4 = 2\pi - \arccos v_4 \quad (7.12)$$

式中, $v_4 = \cos\alpha_4 = \dfrac{-q(R_1+y_4) \pm \sqrt{4L_1^2 z^2 [z^2 + (R_1+y_4)^2] - q^2 z^2}}{2L_1[z^2 + (R_1+y_4)^2]}$, $q = L_2^2 - L_1^2 - z^2 - x_4^2 - (R_1+y_4)^2$

通过式 (7.9) ～ 式 (7.12) 可以发现, 对于任意给定的输入均存在 4 组解, 但在给定位形下只能有一组解是正确的。因此, 需要从所有这 256 组解中辨识出正确的解。为了消除在其他位形下所获得的解, 还需考虑如下约束条件:

$$
\begin{cases}
\dfrac{\pi}{2} - \arctan\left(\dfrac{x_1 - R_1}{z}\right) < \alpha_1 < \dfrac{3\pi}{2} - \arctan\left(\dfrac{x_1 - R_1}{z}\right) \\[2mm]
\dfrac{\pi}{2} - \arctan\left(\dfrac{y_2 - R_1}{z}\right) < \alpha_2 < \dfrac{3\pi}{2} - \arctan\left(\dfrac{y_2 - R_1}{z}\right) \\[2mm]
\dfrac{\pi}{2} + \arctan\left(\dfrac{x_3 + R_1}{z}\right) < \alpha_3 < \dfrac{3\pi}{2} + \arctan\left(\dfrac{x_3 + R_1}{z}\right) \\[2mm]
\dfrac{\pi}{2} + \arctan\left(\dfrac{y_4 + R_1}{z}\right) < \alpha_4 < \dfrac{3\pi}{2} + \arctan\left(\dfrac{y_4 + R_1}{z}\right)
\end{cases}
\tag{7.13}
$$

经过约束条件 [式 (7.13)] 的筛选, 还存在 16 组解。事实上, 其中有 15 组解是在求解反三角函数时引入的错误的解, 可通过如下方程选出正确的解:

$$|C_i P_i| = L_2 \quad (i = 1, 2, 3, 4) \tag{7.14}$$

总之, 根据式 (7.9) ～ 式 (7.12) 以及辨识条件 [式 (7.13) 和式 (7.14)], 可获得图 7.1 所示的机构的逆解。

对于实际工程应用, 可实现 SCARA 运动的并联机器人的转动能力是一个非常重要的性能指标。大多数情况下, 其转动输出能力应达到 ±90°。因此, 有必要开展图 7.1 所示并联机构的优化设计。

7.3   性能指标

众所周知, 机器人工作在奇异位形处时, 会造成严重的后果。因此, 无奇异的工作空间是颇受欢迎的, 也是机器人优化设计的重要目标。并联机器人具有多闭环的结构特征, 而对于具有单闭环结构的机构, 研究显示具有良好运动/力传递性能的机构通常在速度、精度以及加速度特性能等方面表现良好。因此, 对于这里讨论的机构, 其优化设计应该对其运动/力的传递性能进行评价。根据第 3 章及第 4 章中介绍的性能评价及奇异评价方法, 这里选用如下指标。

根据图 2.57 中给出的约束空间, 图 7.1 所示机构的约束力旋量可表示为

$$\boldsymbol{S}_{\mathrm{C1}} = (0, 0, 0; 1, 0, 0), \quad \boldsymbol{S}_{\mathrm{C2}} = (0, 0, 0; 0, 1, 0) \tag{7.15}$$

第 i 条支链 ($i = 1, 2, 3, 4$) 的传递力旋量可由下式得出:

$$\boldsymbol{S}_{\mathrm{T}i} = \left(\frac{\boldsymbol{C}_i \boldsymbol{P}_i}{|\boldsymbol{C}_i \boldsymbol{P}_i|}; \frac{\boldsymbol{O} \boldsymbol{P}_i \times \boldsymbol{C}_i \boldsymbol{P}_i}{|\boldsymbol{C}_i \boldsymbol{P}_i|}\right) \tag{7.16}$$

4 个主动输入的旋转运动可表示为

$$\begin{cases} \boldsymbol{S}_{\mathrm{I}1} = (0,1,0;0,0,1) \\ \boldsymbol{S}_{\mathrm{I}2} = (-1,0,0;0,0,1) \\ \boldsymbol{S}_{\mathrm{I}3} = (0,-1,0;0,0,1) \\ \boldsymbol{S}_{\mathrm{I}4} = (1,0,0;0,0,1) \end{cases} \tag{7.17}$$

假设该机构的输出运动旋量可表示为

$$\boldsymbol{S}_{\mathrm{O}i} = (\boldsymbol{s}_i; \boldsymbol{r}_i \times \boldsymbol{s}_i) = (L_i, M_i, N_i; P_i, Q_i, R_i) \quad (i = 1,2,3,4) \tag{7.18}$$

式中, $\boldsymbol{S}_{\mathrm{O}i}$ 可由以下方程确定:

$$\begin{cases} \boldsymbol{S}_{\mathrm{O}i} \circ \boldsymbol{S}_{\mathrm{T}j} = 0 & (i \neq j) \\ \boldsymbol{S}_{\mathrm{O}i} \circ \boldsymbol{S}_{\mathrm{C}k} = 0 & (i,j = 1,2,3,4; k = 1,2) \\ |\boldsymbol{s}| = 1 \end{cases} \tag{7.19}$$

这样, 第 i 个支链 $(i = 1,2,3,4)$ 的输入传递指标 (ITI) 可表示为

$$\eta_i = \frac{|\boldsymbol{S}_{\mathrm{I}i} \circ \boldsymbol{S}_{\mathrm{T}i}|}{|\boldsymbol{S}_{\mathrm{I}i} \circ \boldsymbol{S}_{\mathrm{T}i}|_{\max}} \tag{7.20}$$

式中, $\eta_i \in (0,1)$; 如果 $\eta_i = 0$, 此时将发生输入传递奇异; η_i 值越大, 表示该位形越远离奇异。

类似地, 第 i 条支链 $(i = 1,2,3,4)$ 的输出传递指标 (OTI) 可表示为

$$\sigma_i = \frac{|\boldsymbol{S}_{\mathrm{T}i} \circ \boldsymbol{S}_{\mathrm{O}i}|}{|\boldsymbol{S}_{\mathrm{T}i} \circ \boldsymbol{S}_{\mathrm{O}i}|_{\max}} \tag{7.21}$$

式中, $\sigma_i \in (0,1)$; $\sigma_i = 0$ 意味着发生了输出传递奇异; σ_i 值越大表示该位形越远离奇异。

实际上, 输入传递指标 (ITI) 可以用来评价并联机构的运动传递性能, 输出传递指标可以用来评价相应的力传递性能。这里讨论的并联机器人其工况为高速、轻载, 因此, 运动传递性能的衡量标准 (ITI 指标值) 应该高于相应的力传递性能的衡量标准 (OTI 指标值)。考虑到运动/力传递性能的评价以及奇异特性, 在此处研究中采用以下约束条件: $\eta_i \geqslant 0.3$ 和 $\sigma_i \geqslant 0.05$。在此前提下, 对于任意给定的 $O'(x,y,z)$, 可确定其转动输出范围 $\theta \in (\theta_{\min}, \theta_{\max})(\theta_{\min} < 0 < \theta_{\max})$。为了探究其对称转动能力, 定义指标 θ_{ABS} 如下:

$$\theta_{\mathrm{ABS}} = \min\{|\theta_{\min}|, \theta_{\max}\} \tag{7.22}$$

为了清晰地解释式 (7.22) 中的定义并使得以下部分定义的其他指标更容易理解, 这里以图 7.1 所示且具有如下参数 $R_1 = 275$ mm, $R_2 = 100$ mm, $L_1 = 365$ mm, $L_2 = 805$ mm 和 $\xi = 120°$ 的机构为例进一步阐述说明。

对于该机构, 当转动输出给定为 $-180° \leqslant \theta \leqslant 180°$ 且点 O' 的位置给定为 $x = 300$ mm, $y = 0$, $z = -550$ mm, 可以根据式 (7.21) 画出各支链的 OTI 图谱, 结果如图 7.2 所示。其中, C 与 D 之间的范围为可用转动工作空间 (在 C 点和 D 点, $\sigma_i = 0$ 发生输出传递奇异); 范围 A 和 B 为无奇异工作空间 (即 $\sigma_i \geqslant 0.05$); 区域 A 为式 (7.22) 中指标 θ_{ABS} 所定义的工作空间。

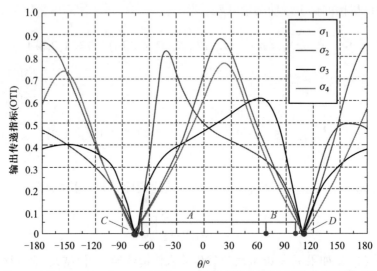

图 7.2 在 $x = 300$ mm, $y = 0$, $z = -550$ mm 时各支链的指标 OTI 分布图谱 (见书后彩图)

对于同样的机构, 通过限定 $\theta_{\text{ABS}} \geqslant 90°$, 可在由 $x = r\cos\omega, y = r\sin\omega [\omega \in (0, 2\pi)], z \in (-650$ mm, -440 mm$)$ 所定义的空间内获得一个不规则空间区域。该区域的中截面 [由 $z \in (-650$ mm, -440 mm$)$, $r \in (-200$ mm, 200 mm$)$, $\omega = 45°$ 确定] 如图 7.3 所示。基于此, 定义能够衡量在竖直方向上的工作空间指标如下:

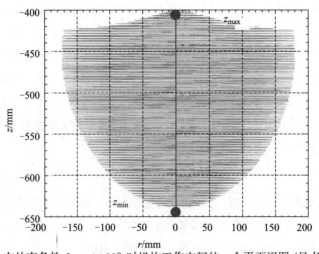

图 7.3 在约束条件 $\theta_{\text{ABS}} \geqslant 90°$ 时机构工作空间的一个平面视图 (见书后彩图)

$$z_{\text{cap}} = z_{\max} - z_{\min} \tag{7.23}$$

为了评价在水平方向上的工作空间, 对 $z = -550$ mm 时 $\theta_{\min}$ 和 $\theta_{\max}$ 的分布进行了全面研究, 结果如图 7.4a 和图 7.4b 所示。从中可知, $|\theta_{\min}|$ 和 $\theta_{\max}$ 可以大于 $90°$。基于上述图谱, 得到了 θ_{ABS} 的分布情况, 如图 7.5 所示。在满足 $\theta_{\text{ABS}} \geqslant 90°$ 的区域内, 可获得一个以 r_z 为半径的圆。这里, 定义 r_z 为反映水平方向上工作空间的指标。

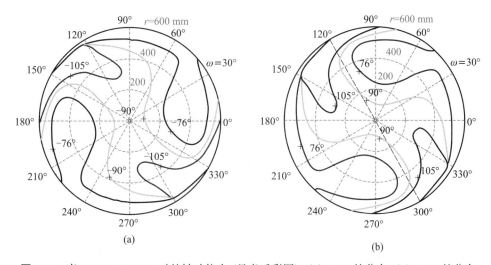

(a)   (b)

图 7.4 当 $z = -550$ mm 时的转动能力 (见书后彩图): (a) $\theta_{\min}$ 的分布; (b) $\theta_{\max}$ 的分布

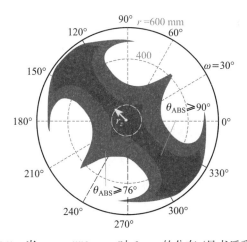

图 7.5 当 $z = -550$ mm 时 θ_{ABS} 的分布 (见书后彩图)

7.4 性能图谱及尺度综合

对于图 7.1 所示机构取 $\xi = 120°$, 主要是考虑到 ξ 越大会增加 4 个支链相互干涉的可能性。假设 $L_2 = \lambda L_1$, 通常 λ 的取值范围为 $1.8 \leqslant \lambda \leqslant 2.2$, 该数值是通过很多广泛应用的机器人如 DELTA 和 H4 获得的。初始值取为 $\lambda = 2.2$, λ 的取值会在后续进一步优化。这样, 对于该机构还有 3 个参数需要优化。令 $D = (R_1 + R_2 + L_1)/3$, 则可得到 $r_1 = R_1/D$, $r_2 = R_2/D$, $l_1 = L_1/D$。因此有

$$r_1 + r_2 + l_1 = 3 \tag{7.24}$$

对于图 7.1 所示的构型, 有

$$0 < r_1 - r_2 < (\lambda + 1)l_1 \tag{7.25}$$

由式 (7.24) 和式 (7.25), 可获得如图 7.6 所示的由三角形 ABC 所定义的参数设计空间。(s, t) 与 (r_1, r_2, l_1) 之间的映射关系可由以下方程表示:

$$\begin{cases} s = l_1 \\ t = \sqrt{3} - \dfrac{\sqrt{3}}{3}l_1 - \dfrac{2\sqrt{3}}{3}r_2 \end{cases} \quad \text{或} \quad \begin{cases} l_1 = s \\ r_1 = \dfrac{3 + \sqrt{3}t - s}{2} \\ r_2 = \dfrac{3 - \sqrt{3}t - s}{2} \end{cases} \tag{7.26}$$

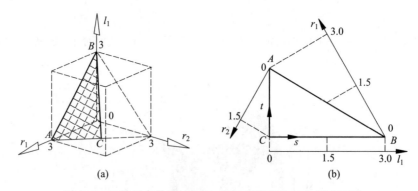

图 7.6　机构的参数设计空间: (a) 三维视图; (b) 平面视图

在图 7.6b 所给出的空间中, 根据式 (7.23) 中的定义, 可获得如图 7.7 所示的 z_{cap} 的分布图谱。类似地, r_z 的分布如图 7.8 所示。在上述图谱中, 以 $r_z \geqslant 0.5$ 和 $z_{\text{cap}} \geqslant 0.8$ 作为甄选条件, 可获得如图 7.9 所示的优化区域。在该区域内, 选择如下参数 $r_1 = 1.02, r_2 = 0.68, l_1 = 1.30$。此时, 相应的指标值为 $z_{\text{cap}} = 0.98$ 和 $r_z = 0.6$。

基于上述优化结果, 参数 λ 的影响需要进一步研究。图 7.10 给出了 λ 和 z_{cap} 之间的变化关系。由图可知, 当 $\lambda = 1.3$ 时 z_{cap} 达到其最大值, 并且在区间 $\lambda \in (1.3, 2.5)$ 内逐渐减小。

图 7.10 中的结果仅仅提供了 λ 对垂直方向上工作空间的影响。此外, 还需要研究 λ 对水平方向上工作空间的影响, 结果如图 7.11 所示。其中, $r_{z\text{-}\max}$ 表示在

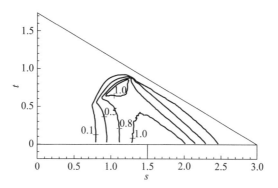

图 7.7 在参数设计空间内 z_{cap} 的分布

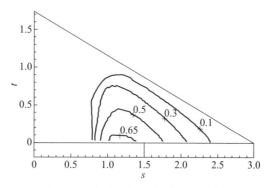

图 7.8 在参数设计空间内 r_z 的分布

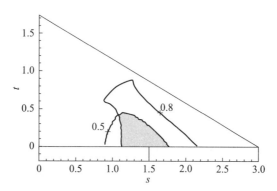

图 7.9 满足约束条件 $z_{\mathrm{cap}} \geqslant 0.8$ 和 $r_z \geqslant 0.5$ 的优化区域

由 $z \in (z'_{\min}, z'_{\max})$ (这里取 $z_{\mathrm{cap}} = z'_{\max} - z'_{\min}$) 定义的平面内 r_z 取值的最大值。从图 7.11 中可以看到, 当 $\lambda = 1.8$ 或 1.9 时 $r_{z\text{-}\max}$ 达到其最大值。同时考虑图 7.10 和图 7.11 所示的结果, 这里选取 $\lambda = 1.8$。则 $l_2 = \lambda l_1 = 2.34$。此时, 相应的性能指标值为 $z_{\mathrm{cap}} = 1.12$ 和 $r_z = 0.64$。

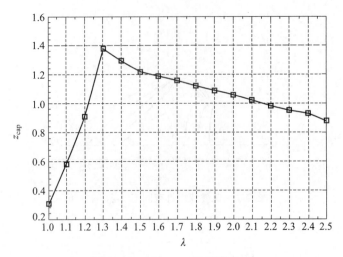

图 7.10 λ 和 z_{cap} 这间的关系

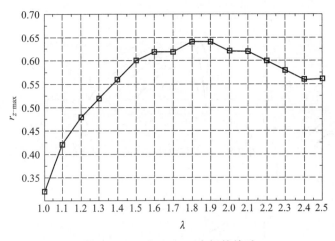

图 7.11 λ 和 $r_{z\text{-max}}$ 之间的关系

7.5 工作空间辨识

图 7.1 所示机构的参数为 $r_1 = 1.02, r_2 = 0.68, l_1 = 1.30$ 和 $l_2 = 2.34$。对于该机构, 需要根据实际应用情况辨识其工作空间。通过约束 $\theta_{\text{ABS}} \geqslant 90°$, 可获得一个边界不规则空间体。为了便于工作空间的分析及描述, 给出了如图 7.12 所示该空间体的一个中截面 ($\omega = 45°$)。在该区域内, 寻找适用于当前任务的一个规则的工作空间。

考虑到在水平方向上的工作空间应该足够大, 这里集中分析 $z \in (-1.65, -1.05)$ (图 7.12)。在由 $z = -1.05$ 定义的平面内, $\theta_{\min}$ 和 $\theta_{\max}$ 的分布如图 7.13a 和 7.13b 所示。基于这些图谱, 可获得如图 7.14a 所示的 $\theta_{\max} - \theta_{\min}$ 分布图谱。由图可知, 具有高转动能力的工作空间为沿 $\omega = 135°$ 方向上的狭长的区域。类似地, 可获得如图 7.14b 所示的 θ_{ABS} 图谱, 其中, 区域 I 满足 $\theta_{\text{ABS}} \geqslant 90°$。

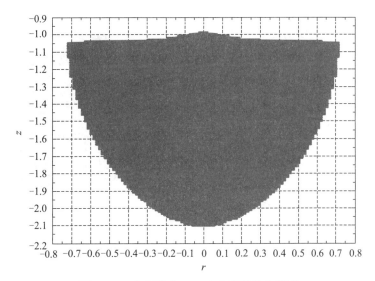

图 7.12 空间体由 $\omega = 45°$ 定义的中截面

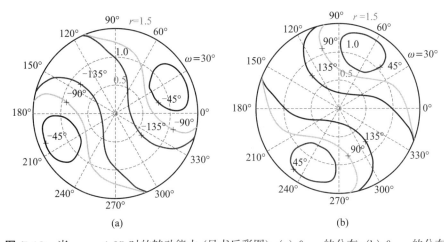

图 7.13 当 $z = -1.05$ 时的转动能力 (见书后彩图): (a) $\theta_{\min}$ 的分布; (b) $\theta_{\max}$ 的分布

这里也对 $z = -1.65$ 时的转动能力进行了研究。此时, $\theta_{\min}$、$\theta_{\max}$ 以及 θ_{ABS} 的分布如图 7.15a、图 7.15b 和图 7.16 所示。类似地, 当 $z = -1.25$ 和 $z = -1.45$ 时的转动能力在图 7.17 中给出。

图 7.14b、图 7.16、图 7.17a 和图 7.17b 中的 θ_{ABS} 的具体分布在表 7.1 中作了归纳总结。从中可知, 在这些图谱中标识为 I 的区域满足 $\theta_{ABS} \geqslant 90°$ 的约束条件。因此, 工作空间也应该从这些区域中选择。在图 7.18 中, 将 4 个区域画在一个图谱中, 并选择了一个最大的矩形区域 $P_{e1}P_{e2}P_{e3}P_{e4}\{P_{e1}(-0.69, 1.33), P_{e2}(1.33, -0.69), P_{e3}(0.69, -1.33), P_{e4}(-1.33, 0.69)\}$。在该区域内, 取如下参数:

$$P_{e1}P_{e2} = P_{e3}P_{e4} = 2.8 \tag{7.27}$$

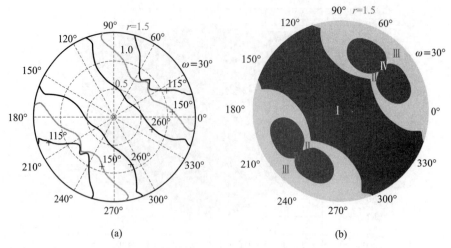

图 7.14　当 $z = -1.05$ 时的高转动能力工作空间 (见书后彩图): (a) $\theta_{\max} - \theta_{\min}$ 的分布; (b) θ_{ABS} 的分布

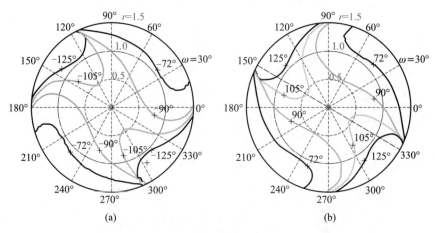

图 7.15　当 $z = -1.65$ 时的转动能力 (见书后彩图): (a) $\theta_{\min}$ 的分布; (b) $\theta_{\max}$ 的分布

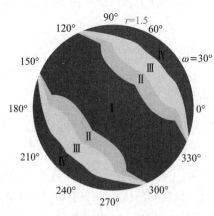

图 7.16　当 $z = -1.65$ 时 θ_{ABS} 的分布 (见书后彩图)

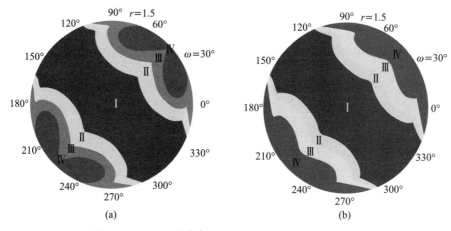

图 7.17 θ_{ABS} 的分布: (a) $z = -1.25$; (b) $z = -1.45$

和

$$L_{\text{fat-min}} = P_{e1}P_{e4} = P_{e2}P_{e3} = 0.9 \tag{7.28}$$

表 7.1 标记区域的转动能力

转动能力	$z = -1.05$	$z = -1.25$	$z = -1.45$	$z = -1.65$
$\theta_{\text{ABS}} \geqslant 90°$	I	I	I	I
$\theta_{\text{ABS}} \geqslant 80°$	—	—	I&II	I&II
$\theta_{\text{ABS}} \geqslant 70°$	—	I&II	I&II&III	I&II&III
$\theta_{\text{ABS}} \geqslant 60°$	—	I&II&III	I&II&III&IV	—
$\theta_{\text{ABS}} \geqslant 50°$	I&II	I&II&III&IV	—	I&II&III&IV
$\theta_{\text{ABS}} \leqslant 50°$	III&IV	—	—	—

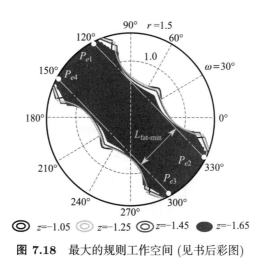

图 7.18 最大的规则工作空间 (见书后彩图)

在此处设计中, 参数 D 取 $225\,\text{mm}$。则

$$R_1 = Dr_1 = 229.5\,\text{mm} \tag{7.29}$$

$$R_2 = Dr_2 = 153 \text{ mm} \tag{7.30}$$

$$L_1 = Dl_1 = 292.5 \text{ mm} \tag{7.31}$$

$$L_2 = \lambda L_1 = 526.5 \text{ mm} \tag{7.32}$$

根据式 (7.27) 和式 (7.28), 本设计中所选择的工作空间为 $630 \text{ mm} \times 202.5 \text{ mm} \times 135 \text{ mm}$。实际上, 转动能力达到 $\pm 90°$ 的工作空间要远大于此长方体, 是一个由不规则曲面包络的空间体。

7.6 样机开发

基于以上工作, 开发了一台可实现 SCARA 运动的高速并联机器人 X4 试验样机, 并进行了功能原理的有效性等实验验证, 效果良好, 该高速并联机器人在电子、食品、医药和轻工等行业的分拣、包装生产线上具有广阔的应用前景。

开发的高速并联机器人 X4 整体外观如图 7.19 所示, 其内部视图如图 7.20 所示。X4 的详细规格参数列于表 7.2。

图 7.19 机器人 X4 的整体外观 (见书后彩图)

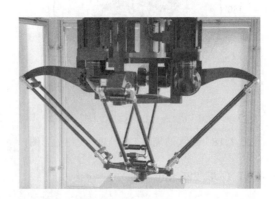

图 7.20 机器人 X4 的内部视图 (见书后彩图)

表 **7.2**　并联机器人 X4 的规格参数

性能指标	规格
轴数	4
马达功率	1.0 kW
减速比	14:1
载荷	2 kg (额定); 5 kg (最大)
能实现 $\pm90°$ 转动输出的工作空间	630 mm $\times$ 202.5 mm $\times$ 135 mm
最大速度	8 m/s
最大加速度	120 m/s^2
重复定位精度 (单方向)	±0.2 mm

　　基于所开发的样机, 进行了功能测试实验 (尤其是移动能力和转动能力)。在由 630 mm $\times$ 202.5 mm $\times$ 135 mm 所定义的长方体内, 对所需的转动能力 (即 $\pm90°$) 进行了测试并得到了证实。如图 7.21 和图 7.22 所示, 对该机器人分别进行了移动和转动能力测试。

图 **7.21**　移动能力测试 (见书后彩图)

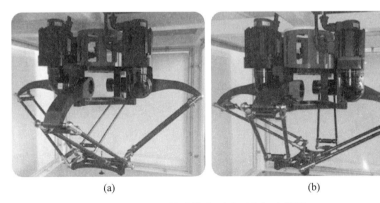

(a)　　　　　　　　　　　　　(b)

图 **7.22**　转动能力测试 (见书后彩图)

附录　旋量理论基础

旋量理论, 也称为螺旋理论 (Ball, 1900)。由于一个旋量不仅可以同时表示运动学中的线速度与角速度, 还可同时表示刚体力学中的力与力矩, 故采用旋量理论可以将物体的广义运动以及作用在物体上的广义力描述得十分简洁统一。此外, 旋量理论还具有几何概念清楚、物理意义明确、代数运算方便等优点, 且易于与其他方法如矢量法、矩阵法和运动影响系数法相互转化 (黄真等, 2006)。因此, 旋量理论成为空间机构学研究中一种非常重要的数学工具, 在复杂空间机构如并联机构的分析中得到了广泛的应用。本附录将参照文献 (黄真等, 2006; 于靖军等, 2008; 邹慧君等, 2007; 黄真等, 1997; 黄真等, 2011; Richard et al., 1997; Chen et al., 2007; Want et al., 2010) 给出旋量理论中与本书内容相关的一些基础概念。

A.1　旋量的定义

描述空间一条直线, 需要确定其方向以及该直线上任意一点的坐标, 如图 A.1 所示。其中, $s(L, M, N)$ 表示该直线的方向, 为单位向量且与原点的位置选择无关; 向量 p 表示直线上一点到坐标原点的向量。由于该点具有任意性, 可另取一点且其到原点的向量用 r 表示, 由于上述两点与直线共线, 则有

$$(p - r) \times s = 0 \tag{A.1}$$

即

$$p \times s = r \times s \tag{A.2}$$

上式可用 $s^0(P, Q, R)$ 表示

$$s^0 = r \times s \tag{A.3}$$

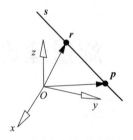

图 A.1 空间直线

可见, 当点在直线上运动时, 包含该点位置信息的 $s^0(P, Q, R)$ 保持不变, 则, $s(L, M, N)$ 和 $s^0(P, Q, R)$ 可确定上述直线。

由此可定义如下:

设 s 与 s^0 为三维空间的两个单位矢量, 且满足迁移公式 $s^{02} = s^{01} + (r_2 - r_1) \times s$, 则 s 与 s^0 共同构成一个单位旋量, 记作

$$\pmb{\$} = (s; s^0) = (s; s_0 + hs) = (s; r \times s + hs) = (L, M, N, P^*, Q^*, R^*) \tag{A.4}$$

或者

$$\pmb{\$} = \begin{bmatrix} s \\ s^0 \end{bmatrix} = \begin{bmatrix} s \\ r \times s + hs \end{bmatrix} \tag{A.5}$$

或者

$$\pmb{\$} = s + \in s^0 \tag{A.6}$$

式中, s 为旋量轴线方向的单位矢量, 可用 3 个方向余弦表示, 即 $s = (L, M, N), L^2 + M^2 + N^2 = 1$; r 为坐标系原点到旋量轴线上的任意一点的向量; s^0 为旋量的对偶部矢量, $s^0 = (P^*, Q^*, R^*) = (P + hL, Q + hM, R + hN)$; h 为节距, $h = (s \cdot s^0)/(s \cdot s) = LP^* + MQ^* + NR^*$。

注意: 式 (A.4) 是旋量的 Plücker 坐标表示形式, L, M, N, P^*, Q^*, R^* 称为 $\pmb{\$}$ 的正则化 Plücker 坐标; 式 (A.5) 是旋量的向量表示形式; 式 (A.6) 是旋量的对偶数表示形式, 其中 s 称为原部矢量, 线距 s^0 称为对偶部矢量。

当节距 h 为零 (即 $s \cdot s^0 = 0$) 时, 单位旋量退化为单位线矢量, 记作

$$\pmb{\$} = \begin{bmatrix} s \\ s_0 \end{bmatrix} = \begin{bmatrix} s \\ r \times s \end{bmatrix} \tag{A.7}$$

当原部矢量 s 为零时, 单位旋量退化为单位偶量, 记作

$$\pmb{\$} = \begin{bmatrix} 0 \\ s \end{bmatrix} \tag{A.8}$$

单位旋量满足 $s \cdot s = 1$ (归一化条件), 故 6 个 Plücker 坐标中需要 5 个独立的参数来确定。然而, 若用 Plücker 坐标表示一个任意的旋量, 还需要一个独立的参数 ρ 来表示旋量的大小, 记作 (本书中用黑斜体 $\boldsymbol{S}$ 表示旋量 \$ 的单位旋量)

$$\$ = (\vec{s}; \vec{s}^0) = \rho \boldsymbol{S} = \rho(s; s^0) \tag{A.9}$$

单位旋量的原部矢量 s 和节距 h 都与原点的位置选择无关, 而 s^0 与原点的位置有关。

将 s^0 分解为平行和垂直于 s 的两个分量 hs 和 $s^0 - hs$, 可得旋量的轴线方程

$$s_0 = r \times s = s^0 - hs \tag{A.10}$$

因此, 一个单位旋量可以分解成

$$\boldsymbol{S} = (s; s^0) = (s; s^0 - hs) + (0; hs) = (s; s_0) + (0; hs) \tag{A.11}$$

上式表明一个线矢量和一个偶量可以组成一个旋量, 而一个旋量可以看作一个线矢量和一个偶量的叠加。

A.2 旋量的基本运算

1. 旋量的加法

【定义 A.1】 两旋量 $\$_1$ 和 $\$_2$ 的代数和可表示如下:

$$\$_{\sum} = \$_1 + \$_2 = (\vec{s}_1 + \vec{s}_2) + \in (\vec{s}^{01} + \vec{s}^{02}) \tag{A.12}$$

$\$_{\sum}$ 的原部矢量和对偶部矢量分别是旋量 $\$_1$ 和 $\$_2$ 的原部矢量与对偶部矢量之和。旋量的加法满足交换律和结合律。

2. 旋量的数乘

【定义 A.2】 若有旋量 \$ 和纯数 ρ, 则旋量的数乘表示为

$$\rho\$ = \rho\vec{s} + \in \rho\vec{s}^0 \tag{A.13}$$

3. 旋量的互易积

互易积是旋量理论中一个十分重要的概念, 本书中将经常使用。互易积的定义如下。

【定义 A.3】 两旋量的互易积 (reciprocal product) 指将两旋量 $\$_1$ 和 $\$_2$ 的原部矢量与对偶部矢量交换后作点积之和, 记作

$$\$_1 \circ \$_2 = \vec{s}_1 \cdot \vec{s}^{02} + \vec{s}_2 \cdot \vec{s}^{01} \tag{A.14}$$

考虑到 $\$_1 = (\vec{s}_1; \vec{s}^{01}) = \rho_1(s_1; s^{01})$, $\$_2 = (\vec{s}_2; \vec{s}^{02}) = \rho_2(s_2; s^{02})$, 于是可得

$$
\begin{aligned}
\$_1 \circ \$_2 &= \vec{s}_1 \cdot \vec{s}^{02} + \vec{s}_2 \cdot \vec{s}^{01} \\
&= \rho_1\rho_2[s_1 \cdot (r_2 \times s_2 + h_2 s_2) + s_2 \cdot (r_1 \times s_1 + h_1 s_1)] \quad (A.15) \\
&= \rho_1\rho_2[(h_1 + h_2)(s_1 \cdot s_2) + (r_2 - r_1) \cdot (s_2 \times s_1)]
\end{aligned}
$$

或者

$$
\begin{aligned}
\$_1 \circ \$_2 &= \vec{s}_1 \cdot \vec{s}^{02} + \vec{s}_2 \cdot \vec{s}^{01} \\
&= \rho_1\rho_2(L_1 P_2^* + M_1 Q_2^* + N_1 R_2^* + L_2 P_1^* + M_2 Q_1^* + N_2 R_1^*) \quad (A.16)
\end{aligned}
$$

【定义 A.4】 若两旋量 $\$_1$ 和 $\$_2$ 的互易积为零, 则称旋量 $\$_1$ 和 $\$_2$ 互为反旋量; 即 $\$_2$ 为 $\$_1$ 的反旋量, 也称互易旋量 (reciprocal screw), 反之亦然。

一般情况下, 旋量 $\$$ 的反旋量用 $\$^r$ 表示。

同时, 根据式 (A.15) 可知 $\$_1$ 与 $\$_2$ 的互易积只与这两个旋量自身的参数以及相对位置有关, 与坐标系原点的位置, 也即与坐标系的选取无关。于是可得以下定理:

【定理 A.1】 两个旋量的互易积是坐标系不变量, 即与坐标系的原点选择无关。

证明: 有两个旋量 $\$_1$ 与 $\$_2$, 它们的互易积是

$$
\$_1 \circ \$_2 = s_1 \cdot s^{02} + s_2 \cdot s^{01} \quad (A.17)
$$

当坐标系原点从点 O 移动到点 A, 这两个旋量变成

$$
\$_1^A = (s_1; s_1^A) = (s_1; s_1^0 + AO \times s_1) \quad (A.18)
$$

$$
\$_2^A = (s_2; s_2^A) = (s_2; s_2^0 + AO \times s_2) \quad (A.19)
$$

这两个新的旋量的互易积为

$$
\$_1^A \circ \$_2^A = s_1 \cdot (s_2^0 + AO \times s_2) + s_2 \cdot (s_1^0 + AO \times s_1) = \$_1 \circ \$_2 \quad (A.20)
$$

由此可见, 互易积运算与坐标系原点的选择无关。

证毕。

A.3 旋量系及其基本性质

旋量理论作为一种实用的数学工具, 拥有完整的运算法则, 在此不再赘述 (黄真等, 2006; Duffy, 1980; Tsai, 1999; Dai, 2014)。这里简单介绍其中的线性相关性和对偶性, 这些性质将为本书中并联机构旋量子空间基底的建立奠定基础。

【**定义 A.5**】 设有一非空旋量集合 S, 若对任意常数 ρ 以及任何 $\$_1, \$_2 \in S$, 都有 $\$_1 + \$_2 \in S$ 且 $\rho\$_1 \in S$, 则称 S 为旋量集 (screw set)。由 n 个单位旋量 $\$_1$, $\$_2, \cdots, \$_n$ 的任意线性组合构成的向量空间即为旋量集, 可记作

$$S = \{\$_1, \$_2, \cdots, \$_n\} \tag{A.21}$$

【**定义 A.6**】 在旋量集 S 中, 若存在一组线性无关的单位旋量 $\$_1, \$_2, \cdots, \$_r$, 且 S 中所有旋量都是这 r 个旋量的线性组合, 则称此 r 个旋量为旋量集 S 的一组旋量基, 即所谓的旋量系 S; r 即为该旋量集的阶数或维数, 或称作该旋量集 (系) 的秩, 记作

$$r = \text{rank}(S) \tag{A.22}$$

【**定义 A.7**】 设有 n 个旋量 $\$_i (i = 1, 2, \cdots, n)$, 若存在一组不全为零的数 k_i, 使得

$$\sum_{i=1}^{n} k_i \$_i = 0 \tag{A.23}$$

则称这 n 个旋量线性相关。

若对任意一组不全为零的数 k_i, 均有

$$\sum_{i=1}^{n} k_i \$_i \neq 0 \tag{A.24}$$

则称这 n 个旋量线性无关。

【**定理 A.2**】 旋量集的相关性与坐标系的选择无关。

如前所述, 旋量是两个三维矢量的对偶组合, 可写为 Plücker 坐标形式, 含有 6 个分量。于是, 旋量集的线性相关性可由 Plücker 坐标表示的矩阵 A 的秩来判断, 该矩阵可表示为

$$A = \begin{bmatrix} L_1 & M_1 & N_1 & P_1 & Q_1 & R_1 \\ L_2 & M_2 & N_2 & P_2 & Q_2 & R_2 \\ \vdots & \vdots & \vdots & \vdots & \vdots & \vdots \\ L_n & M_n & N_n & P_n & Q_n & R_n \end{bmatrix} \tag{A.25}$$

若此矩阵的秩为 r, 则称该旋量集为 r 阶旋量系。显然, 该矩阵的秩最大为 6。因此, 三维空间中线性无关的旋量的数目最多为 6 个。表 A.1 给出了由线矢量、偶量或旋量组成的旋量系在不同几何条件下的维数。

【**定义 A.8**】 若 S 和 S^* 是非空旋量系 $(\$_1, \$_2, \cdots, \$_m) \in S$, $(\$_1^*, \$_2^*, \cdots, \$_n^*) \in S^*$, 若两旋量空间中任意旋量的内积为非零实数, 即 $\langle \$_i, \$_j^* \rangle = \delta_{ij} \neq 0$, 则称 S 和 S^* 互为对偶旋量系 (Murray et al., 1994)。

表 A.1　旋量系在不同几何条件下的维数

旋量系	不同的几何条件		
阶数	线矢量	偶量	旋量
1 阶	共轴	空间平行	
2 阶	平面汇交　共面平行	共面　两组空间平行	共轴
3 阶	空间共点　共面 空间平行 交3条公共直线 两平面汇交线束	空间任意分布	共面平行
4 阶	共面共点 交两条公共直线 交一条公共直线且交角一定		平面汇交 空间平行 正交一条直线

续表

旋量系	不同的几何条件		
阶数	线矢量	偶量	旋量

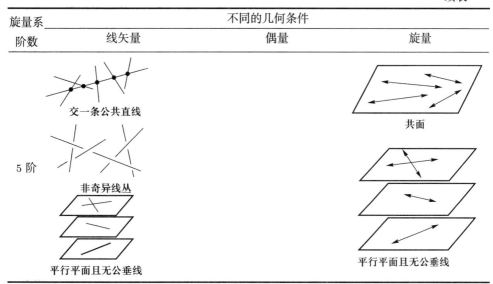

参考文献

Ball R S (1900) A treatise on the theory of screws. Cambridge University Press.

Chen C, Angeles J (2007) Generalized transmission index and transmission quality for spatial linkages. Mechanism and Machine Theory, 42(9): 1227-1237.

Dai J S (2014) Screw algebra and kinematic approaches for mechanisms and robotics. Springer, London.

Duffy J (1980) Analysis of mechanisms and robot manipulators. John Wiley and Sons, New York.

Murray R, Li Z X, Sastry S (1994) A mathematical introduction to robotic manipulation. CRC Press, Boca Raton.

Richard M M, 李泽湘, Sastry S S (1997) 机器人操作的数学导论. 北京: 机械工业出版社.

Tsai L W (1999) Robot analysis: The mechanics of serial and parallel manipulators. Wiley-Interscience Publication, New York.

Wang J S, Wu C, Liu X J (2010) Performance evaluation of parallel manipulators: Motion/force transmissibility and its index. Mechanism and Machine Theory, 45(10): 1462-1476.

黄真, 孔令富, 方跃法 (1997) 并联机器人机构学理论及控制. 北京: 机械工业出版社.

黄真, 刘婧芳, 李艳文 (2011) 论机构自由度. 北京: 科学出版社.

黄真, 赵永生, 赵铁石 (2006) 高等空间机构学. 北京: 高等教育出版社.

于靖军, 刘辛军, 戴建生, 等 (2008) 机器人机构学的数学基础. 北京: 机械工业出版社.

邹慧君, 高峰 (2007) 现代机构学进展: 第 1 卷. 北京: 高等教育出版社.

索　引

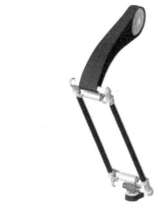

图 2.60 5 自由度运动支链 R (Pa*) R 的 CAD 模型

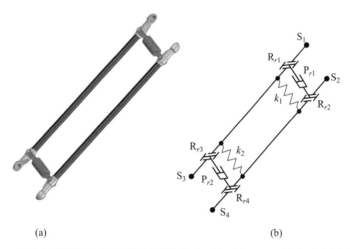

(a)   (b)

图 2.61 设计中采用的改进平行四边形机构 (Pa*): (a) CAD 模型; (b) 运动学简图

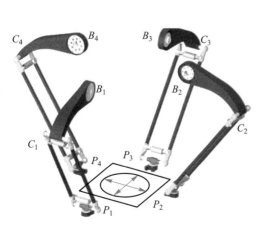

图 2.62 4 个支链的布置形式

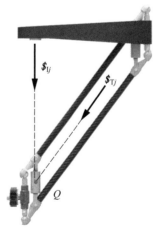

图 2.66 一种输入传递奇异

图 2.67　新并联机器人的 CAD 模型

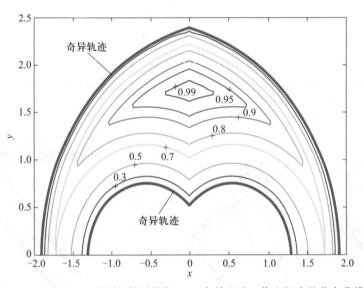

图 3.18　平面 5R 并联机构的指标 LTI 在其理论工作空间内的分布曲线

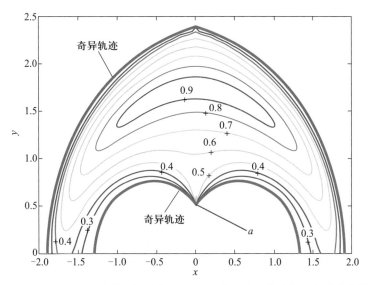

图 3.19 平面 5R 并联机构的指标 LCI 在其理论工作空间内的分布曲线

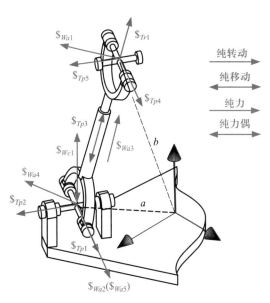

图 3.20 UPU 支链

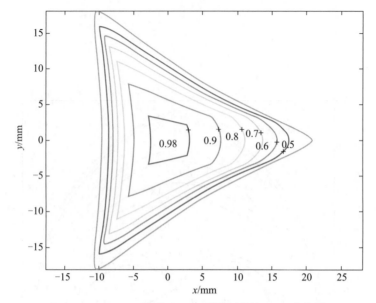

图 3.23 Tricept 机构在 $x - y$ 平面内的 OCI 分布图

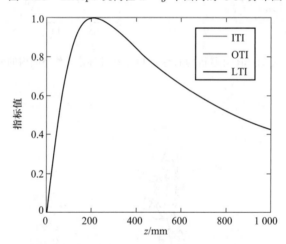

图 3.26 动平台位置为 $(x, y) = (0, 0)$ 的运动/力传递特性指标 (ITI、OTI 和 LTI) 与 z 值关系

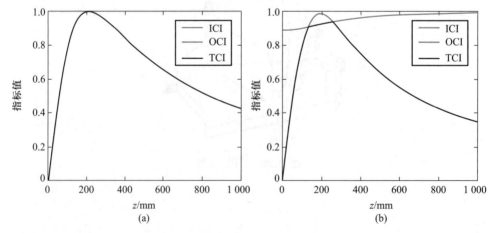

图 3.30 不同位姿下系列约束指标与 z 值的关系: (a) 动平台位置为 $(x, y) = (0, 0)$; (b) 动平台位置为 $(x, y) = (100, 100)$

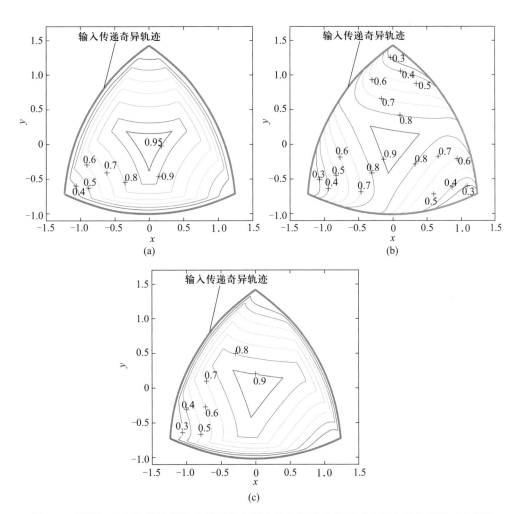

图 4.9 平面 3-<u>R</u>RR 并联机构在其工作空间内的指标分布曲线: (a) ITI; (b) OTI; (c) LTI

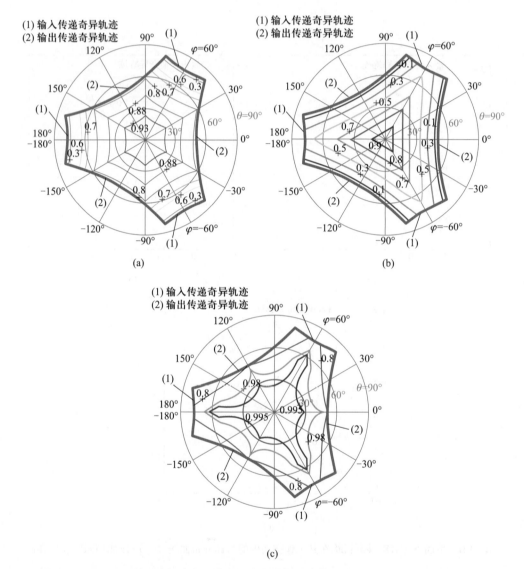

图 4.13 4-$\underline{P}$RS 并联机构姿态工作空间内的指标分布曲线: (a) ITI; (b) OTI; (c) OCI

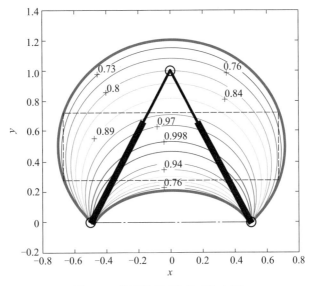

图 5.9　优质传递/约束工作空间

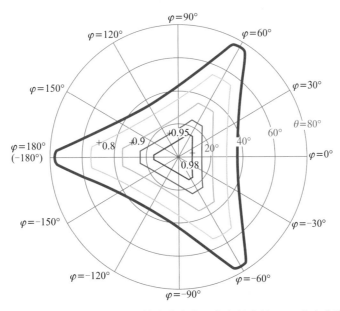

图 5.14　一优选 3–PRS 机构在其姿态工作空间内的 LDI 分布曲线

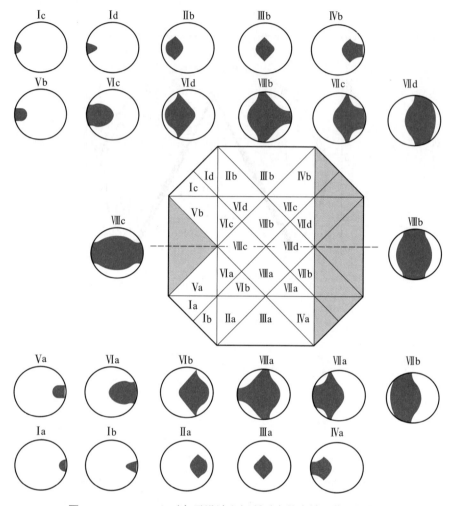

图 5.19 $\alpha_0 = 45°$ 时各子设计空间所对应的有效工作空间的形状

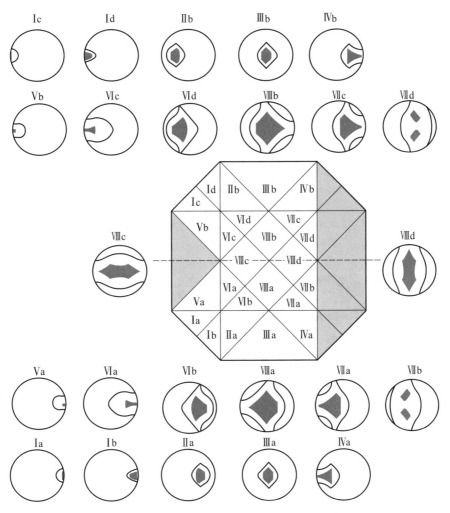

图 5.20 $\alpha_0 = 45°$ 时各子设计空间所对应的优质传递工作空间的形状

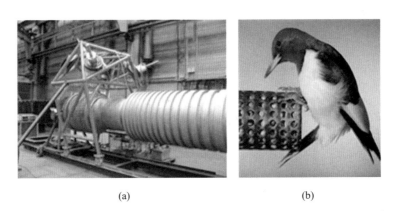

(a)	(b)

图 6.1 基于啄木鸟行为仿生学的制造装备概念: (a) 5 轴并联联动加工装备;
(b) 啄木鸟行为仿生

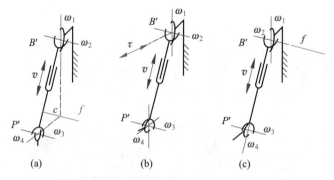

图 6.4 典型的 5 自由度 UPU 型运动支链及其约束

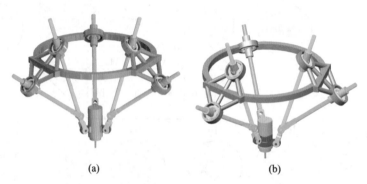

图 6.6 5 自由度空间并联机构 CAD 模型

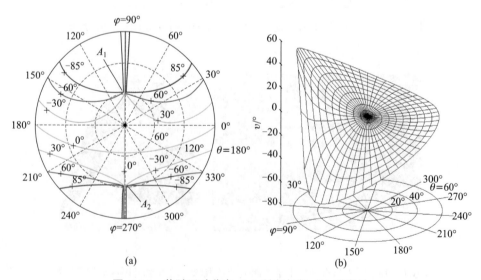

图 6.12 伴随运动分布: (a) 所有方向; (b) 无奇异

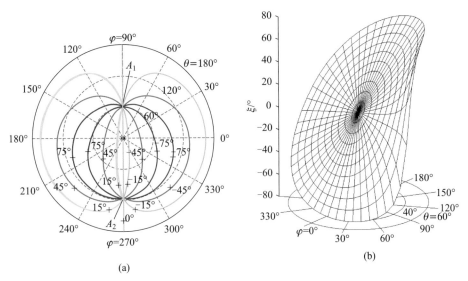

(a)

(b)

图 6.14 角 ξ 的分布: (a) 所有方向; (b) 无奇异范围内

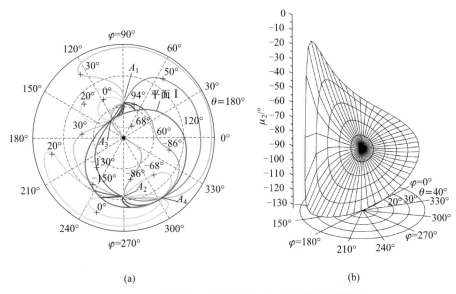

(a)

(b)

图 6.15 μ_2 的分布: (a) 所有方向; (b) 无奇异范围内

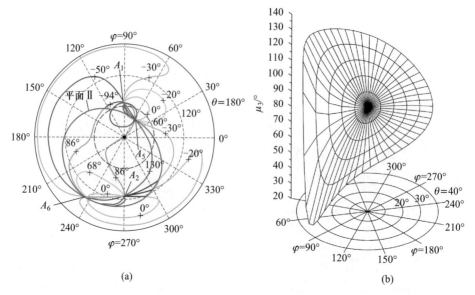

(a)

(b)

图 6.16 μ_3 值的分布: (a) 所有方向; (b) 在无奇异的范围内

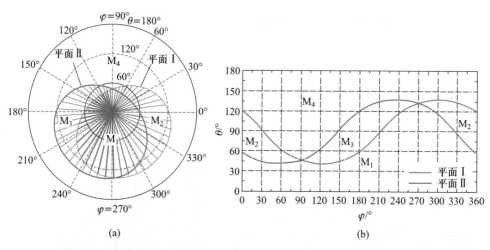

(a)

(b)

图 6.17 工作模式: (a) 基于 T&T 角的描述方法; (b) 角 φ 和 θ 的关系

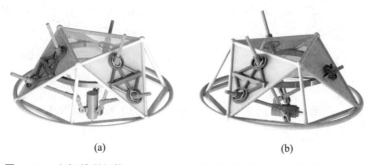

(a)

(b)

图 6.20 空间并联机构 DiaRoM: (a) 立式工作模式; (b) 卧式工作模式

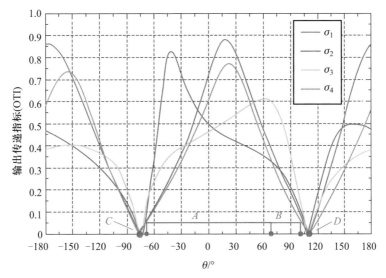

图 7.2 在 $x = 300$ mm, $y = 0$, $z = -550$ mm 时各支链的指标 OTI 分布图谱

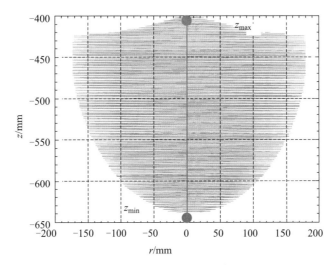

图 7.3 在约束条件 $\theta_{\mathrm{ABS}} \geqslant 90°$ 时机构工作空间的一个平面视图

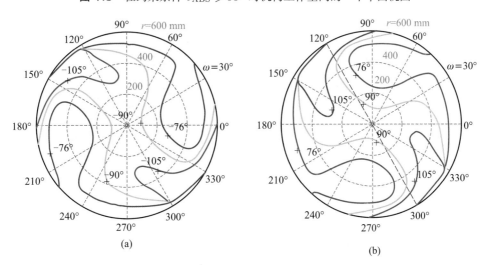

图 7.4 当 $z = -550$ mm 时的转动能力: (a) $\theta_{\min}$ 的分布; (b) $\theta_{\max}$ 的分布

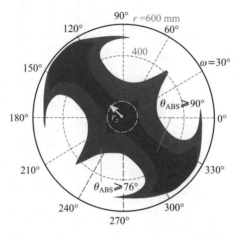

图 7.5 当 $z = -550$ mm 时 θ_{ABS} 的分布

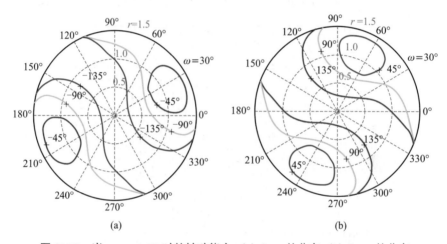

图 7.13 当 $z = -1.05$ 时的转动能力: (a) θ_{min} 的分布; (b) θ_{max} 的分布

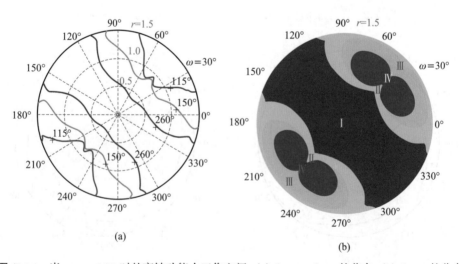

图 7.14 当 $z = -1.05$ 时的高转动能力工作空间: (a) $\theta_{max} - \theta_{min}$ 的分布; (b) θ_{ABS} 的分布

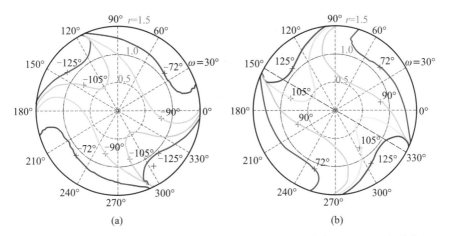

(a)   (b)

图 7.15　当 $z = -1.65$ 时的转动能力: (a) $\theta_{\min}$ 的分布; (b) $\theta_{\max}$ 的分布

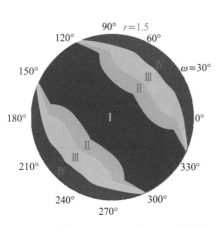

图 7.16　当 $z = -1.65$ 时 θ_{ABS} 的分布

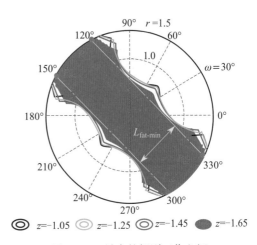

$z=-1.05$　　$z=-1.25$　　$z=-1.45$　　$z=-1.65$

图 7.18　最大的规则工作空间

图 7.19　机器人 X4 的整体外观

图 7.20　机器人 X4 的内部视图

图 7.21 移动能力测试

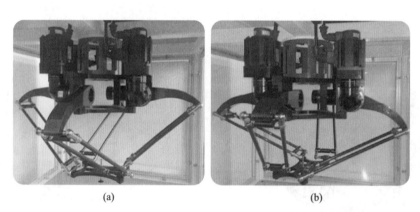

(a)   (b)

图 7.22 转动能力测试

图书在版编目（CIP）数据

并联机器人机构学基础 / 刘辛军，谢福贵，汪劲松
著 . -- 北京：高等教育出版社，2018.10
（机器人科学与技术丛书；4）
ISBN 978-7-04-050604-4

Ⅰ.①并… Ⅱ.①刘… ②谢… ③汪… Ⅲ.①机器人
机构 Ⅳ.①TP24

中国版本图书馆 CIP 数据核字（2018）第 210936 号

策划编辑	刘占伟	责任编辑	刘占伟	封面设计	杨立新	版式设计	杜微言
插图绘制	于 博	责任校对	吕红颖	责任印制	韩 刚		

出版发行	高等教育出版社	咨询电话	400-810-0598
社　　址	北京市西城区德外大街4号	网　　址	http://www.hep.edu.cn
邮政编码	100120		http://www.hep.com.cn
印　　刷	北京汇林印务有限公司	网上订购	http://www.hepmall.com.cn
开　　本	787mm×1092mm 1/16		http://www.hepmall.com
印　　张	17.75		http://www.hepmall.cn
字　　数	360千字	版　　次	2018 年 10 月第 1 版
插　　页	8	印　　次	2018 年 10 月第 1 次印刷
购书热线	010-58581118	定　　价	89.00 元

机器人科学与技术丛书